深入浅出
ICT热点系列

U0745655

深入浅出
算力网络

钱 岭 胡臻平 赵立芬 支敏慧◎编著

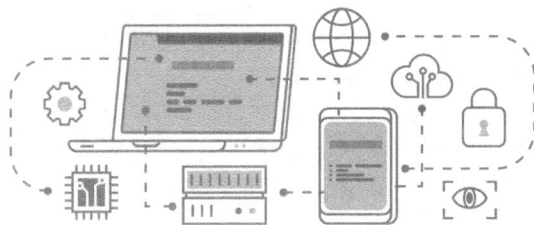

人民邮电出版社
北 京

图书在版编目（CIP）数据

深入浅出算力网络 / 钱岭等编著. -- 北京：人民
邮电出版社，2025. --（深入浅出）. -- ISBN 978-7
-115-65814-2

Ⅰ. TP393

中国国家版本馆 CIP 数据核字第 2024X2D083 号

内 容 提 要

　　本书立足数字经济时代背景，系统阐述了算力网络的核心概念、技术体系与实践应用，勾勒出其作为数字经济关键基础设施的全貌，并探讨其对经济社会发展的深远影响。本书首先回顾算力网络的技术演进脉络，界定算力网络的概念，系统介绍算力和网络的一系列技术；接着讨论由算网协同向算网融合演进的总体思路和核心技术，探讨绿色与安全的实现路径；然后在应用层面，结合"东数西算"、智慧交通、智能安防等典型场景，剖析算力网络赋能产业转型的实践模式，并重点解读算力并网新模式的创新与对数据要素流通的支撑；最后总结算力网络的现状及未来。

　　本书既可为管理人员、从事通信行业的非技术人员提供参考，又适合对算力网络感兴趣的读者阅读。

◆ 编　　著　钱　岭　胡臻平　赵立芬　支敏慧
　　责任编辑　高　扬　康　荣
　　责任印制　马振武

◆ 人民邮电出版社出版发行　　北京市丰台区成寿寺路 11 号
　　邮编　100164　　电子邮件　315@ptpress.com.cn
　　网址　https://www.ptpress.com.cn
　　固安县铭成印刷有限公司印刷

◆ 开本：720×960　1/16
　　印张：17.5　　　　　　　　　2025 年 6 月第 1 版
　　字数：285 千字　　　　　　　2025 年 6 月河北第 1 次印刷

定价：89.80 元

读者服务热线：(010)53913866　印装质量热线：(010)81055316
反盗版热线：(010)81055315

序一

在数字经济深刻重塑全球竞争格局的当下，算力网络作为智能时代的关键基础设施，正通过资源协同与技术创新推动信息技术与产业逻辑的变革。本书沿着"算力即服务、网络即连接、智能即未来"这一脉络，系统阐释算力网络的技术架构、生态图景与社会价值，既是对"全国一体化算力网""算力高质量发展"等国家战略的呼应，又是对新一代信息技术融合创新的前沿探索。

算力网络致力于推动算力资源像水电一样，提供"一点接入、即取即用"的社会级服务，最终实现"网络无所不达、算力无所不在、智能无所不及"的愿景。这打破了传统"算力中心+通信管道"的简单组合，实现了从"资源堆砌"向"能力生成"的关键跃迁。当前，我国算力总规模已位居全球第二，但网络与算力不匹配造成算力供需"剪刀差"，东部地区算力需求旺盛却资源紧张，西部地区算力资源充沛却利用率不足。算力网络的战略意义在于通过"数据高铁"实现跨区域数据资源协同，将西部地区的绿色能源转化为东部地区的智慧动能，构建绿色集约的数字经济新格局。然而，算力网络的建设不是简单的硬件互联，而是计算机体系结构、分布式系统与网络通信技术、全局动态调度等技术的深度融合。

算力网络最终愿景的达成需要跨越技术融合、生态重构与价值跃迁三重维度。在技术层面，新型智算中心、量子计算等前沿算力技术的协同突破将重构算力边界，长距智能无损网络技术使"云-边-端"协同响应时间降至毫秒级。在生态层面，跨行业算力联邦通过标准化协议、开源社区、分布式账本等构建产业联盟和跨行业共同体，破解"数据孤岛"与"算力割裂"的困境。在价值层面，算力资源从"效率工具"升格为助力"AI+"智能化转型的基础要素，推动数据渲染、远程医疗等关键场景的效率实现数量级提升。

回望科研生涯，我深切体会到：技术创新的价值，永远在于服务国家战略与人类福祉。当前，全球算力竞争已进入"深水区"，唯有坚持"硬科技突围"与"软生态培育"双轮驱动，方能在这场智能革命中把握先机。本书以"深入浅出"为旨，既剖析算网融合的技术内核，亦探讨其对社会治理、产业升级的深层影响。期待它能成为一盏明灯，为政策制定者、技术从业者与社会公众架起理解算力网

络的桥梁。我们以系统思维驾驭算力洪流，以生态视野构筑智能基座，必将在数字文明的星辰大海中，写下属于中国的新篇章。

中国工程院院士　郑纬民

2025 年 3 月于北京

序二

当前，以数智化为主要特征的新一轮科技革命和产业变革深入发展，数据成为新生产要素，算力成为新基础能源，人工智能成为新生产工具，推动经济社会从"互联网+""5G+"向"AI+"加速转变，为算网基础设施演进带来新机遇、提出新要求。

ChatGPT、DeepSeek 等大模型掀起全球人工智能产业发展的浪潮，人工智能的应用越来越广泛，其算法、模型的参数量和复杂度不断提升，对数据中心算力、网络的需求不断增长，能耗需求也随之增长。而在我国算力版图中，东部占比 60%、西部占比仅为 20%，东西部算力与能源资源供需失衡挑战突出。中国移动作为云计算国家队、算力网络概念提出者，勇担"科技创新、产业控制、安全支撑"中央企业使命职责，率先实践，破解算力资源与能源禀赋空间错配的难题。

2021 年，在多年深耕云计算技术并将云计算作为公司战略性、基础性业务的基础上，中国移动在战略层面超前布局，提出"算力网络"原创性理念，并联合各方力量，以移动云为承载主体，围绕"算力多元化、算网一体化、全域 AI 化" 3 个关键方向强化产业实践，取得一系列显著成效。

在算力多元化方面，中国移动自建"4+N+31+X"多级通用算力布局，形成百万级服务器规模的泛在算力覆盖；为满足 AI 发展需求，建设 13 个智算中心节点，打造哈尔滨、呼和浩特等多个超大规模智算中心，智算规模超 43EFLOPS；开创性地提出社会算力并网新模式，汇聚 21 个智算中心、3 个国家级超算中心及 3 个量子计算中心，可调度算力资源占全国的六分之一。

在算网一体化方面，中国移动率先建成覆盖国家八大枢纽的 400G 超高速骨干直联网络，完成 5000 千米超长距高吞吐试验，创新性提出"数据快递"技术，对网络的使用从固定月租变为按使用量计费，大幅度降低超算数据传输、数据渲染等业务的总体使用成本，并成为贵州等国家算力枢纽的首选技术。

在全域 AI 化方面，中国移动研发算网大脑且规模商用，并在京津冀、长三角等 4 个枢纽级、区域级算力节点落地，特别是支撑"长三角芜湖集群算力公共服务平台"建设上线，打造全国首个"四算合一"的国家枢纽算力调度平台，持续提升算网资源利用效率。全域 AI 化标志着算力网络进入智能跃升新阶段，不但完成日均上亿次跨域调度决策，而且实现算网产品服务全面注智，发布"灵犀"智能体，推动 24 款云服务产品 AI 升级，累计服务 1.9 亿用户。依托中训边推、跨域热迁等创新服务模式，已落地超过 4 万个标准化 AI 解决方案，持续释放算力网络的社会价值。

经过几年的探索实践，中国移动初步建成"一点接入、即取即用"的社会级算力网络服务和产业链生态。算力网络逐渐形成产业共识，但仍处于发展和应用推广的关键阶段。中国移动团队撰著此书，旨在通过十二章的系统推演，从历史演进到技术突破，从架构解构到生态重构，层层展现算力网络的演进脉络——它既是光缆与协议编织的算力"高速公路"，又是驱动千行百业数字化转型的"神经网络"；既是高性能计算与量子革命的竞技场，又是平衡效率与安全的新范式。

分布式云重构调度逻辑，智算中心激活智能基因，算网融合已突破传统技术边界。我们坚信，只有以算力网络为锚，打通数据要素流通脉络，淬炼绿色安全技术基座，方能在全球数字版图重构中打造既高效又可持续的中国算力引擎。愿此书与读者共同探索属于中国的"算网之道"，见证算力即生产力的时代变革。

中国移动科学技术委员会副主任　高同庆

2025 年 3 月于北京

　　在数字经济成为全球增长核心引擎的时代，算力网络作为新型基础设施的"数字底座"，正以前所未有的深度重构人类社会的生产与生活方式。本书以"算力+网络"的深度融合为主线，系统揭示了这一技术的底层逻辑、系统架构与应用图景，既是对国家战略的呼应，又是对产业实践的前沿探索。

　　算力网络是数字时代的核心基础设施。从"东数西算"工程启动到全国一体化算力网布局，我国正加速构建"云-边-端"协同的算力网络体系。这一体系通过整合异构算力资源、优化网络传输效能，实现了"算力像水电一样按需流动"的愿景。

　　本书开篇即点明，算力网络并非简单的技术叠加，而是通过算网深度融合，推动计算模式从"局部优化"迈向"全局智能"。其核心命题包括：构建多元智能的设施体系（如超算、智算、边缘计算协同）、建立跨域协同的调度机制（以标准化打破资源孤岛）、培育开放共享的服务生态（通过普惠算力激活中小企业创新）。这些命题的突破，将重塑数字经济的生产力布局。

　　本书的独特价值在于其"技术全景图"与"产业落地指南"的双重定位。作者团队不仅剖析了算网编排、异构兼容、智能调度等关键技术，还深入挖掘了中国移动"网随算动"、华为"算网一体"等企业实践。例如，中国移动基于5G专网的"云边协同"方案，已在多行业落地；鹏城实验室的"中国算力网"通过统一调度全国超算中心，已支撑近千个国产人工智能模型训练任务与人工智能算法发布。这些案例印证了算力网络的核心价值：以需求为导向的系统性创新。

　　值得关注的是，书中对"算网大脑"的前瞻性论述。作为算力网络的"操作系统"，算网大脑通过AI与大数据技术，实现资源动态感知、智能决策与闭环优化。这种"自智化"能力，不仅支撑了"中训边推""数据快递"等新型服务模式，而且将推动算力网络从"工具型基础设施"向"赋能型生态平台"演进。

　　当前，我国算力规模已突破200EFLOPS，算力网络覆盖90%的地市级行政区。但挑战依然存在：异构算力的高效调度、绿色低碳的可持续发展、开源生态的自主可控。本书提出了算网大脑解决方案，向下能够实现泛在算力的跨层、跨区域、跨主体融通，向上能够提供多要素融合供给和算网一体化服务支撑，为我国当前算力挑战提供了可靠解决方案。

　　本书不仅是写给技术从业者的"百科全书"，更是献给关注数字未来读者的"启示录"。在算力网络的浪潮中，中国正以"新基建"为支点，撬动全球数字经济格局的变革。期待本书能成为读者探索算力网络的"导航图"，共同见证计算能力如何抵达每一个需要的角落，为人类文明的数字化跃迁注入强劲动能。

中国通信标准化协会理事长　闻库

2025 年 3 月于北京

前　言

全球正处在一场前所未有的历史变革之中，百年未有之大变局正在重塑着国际秩序与全球经济格局，科技与产业转型已然成为变局中取胜的关键因素，数字经济成为驱动国家发展的新引擎。因此，各国政府积极布局战略性新兴产业，加大科技创新投入，推进新型基础设施建设，以期在新一轮科技革命和产业变革中抢占先机，实现经济社会高质量发展。

伴随着 5G 时代的全面开启，以及 6G 等更先进通信技术的前瞻布局，云计算、物联网等信息技术的革新与发展日新月异，从智能制造到智慧金融，从车联网到卫星互联网，我们身边涌现出一系列"高算力、大连接、强安全"的应用场景。这催生了持续攀升的算力和网络需求，社会数智化转型的深入推进使得算力规模出现了爆发式的增长。此外，人工智能应用已渗透工业制造、零售医疗、电信服务等多个行业领域，实现了从生产流程优化、个性化推荐系统到实时信息传输与决策支持等一系列功能的智能化升级，传统单一、分散的算力供给方式已无法满足现实需要，算力供给方式逐步向集群生态转变。

在此背景下，我国政府适时提出了新基建战略，在其宏伟蓝图中，"东数西算"工程以其独特的定位和深远的影响扮演着举足轻重的角色。该工程立足于优化全国范围内的数据中心布局，充分利用东西部地区的资源禀赋差异，实现跨区域的互补合作和协同联动。"东数西算"工程不仅是解决数据中心能耗问题、促进绿色可持续发展的创新实践，更是实施区域协调发展，缩小东西部数字鸿沟，助力产业数字化转型、科技发展，推动形成以国内大循环为主体、国内国际双循环相互促进的新发展格局的重要抓手。

为推动国家新基建战略的落实和"东数西算"工程走向纵深，中国移动充分发挥中央企业"网络强国、数字中国、智慧社会"主力军作用，深化创世界一流"力量大厦"战略，积极构建"连接+算力+能力"新型信息服务体系，创新性地提出算力网络的全新理念，制定算力网络总体发展策略，提出算力网络全新发展计划，并于 2021 年 11 月 2 日在中国移动全球合作伙伴大会上发布了《中国移动算力网络白皮书》，向业界系统地介绍了算力网络的定义内涵和愿景目标，明确了算网基础设施层、编排管理层和运营服务层的三层体系架构，提出了泛在协同、

融合统一和一体内生的 3 个发展阶段,并联合 10 余家合作伙伴发起了算力网络发展倡议,引发了业界的广泛关注和热烈讨论。三年多以来,算力网络的愿景理念已经得到了业界的一致认可,在产学研各界同人的共同努力下,算力网络的标准和开源体系、产品研发、产业生态正逐步完善。

算力网络聚焦于"算力"与"网络"的深度协同与一体化发展,通过整合并统一调度异构计算资源、网络资源及存储资源,运用先进的智能化技术进行精准编排调度,构建一种融合性、智能化且安全可靠的新型服务模式。该模式不仅提升了资源利用效率,还从根本上重构了网络服务方式和计算模式,使之更加符合现代数字经济社会的发展要求。

对于产业,算力网络的重要价值不言而喻。首先,它驱动了新一轮内生性经济增长,将数字经济转变为拉动宏观经济发展的关键引擎,通过吸引大规模投资涌入相关领域,极大地激活了市场活力。其次,算力网络的建设和发展有助于关键技术实现重大突破,尤其是在芯片设计、分布式计算、数据安全等方面,能够助力我国乃至全球科技产业链条的转型升级,提升核心竞争力。最后,算力网络赋能地方经济实现全面转型,借助其强大的计算能力,传统产业得以实现数字化改造,焕发新生机;新兴产业则依托算力网络形成的生态系统迅速集聚,形成区域经济新的增长极。

本书旨在全面深入地探讨算力网络这一核心概念的内涵与外延,通过详细剖析其理论基础、构成、技术架构及实际应用,为读者勾勒出一幅清晰而立体的算力网络全景图。

本书由钱岭、胡臻平、赵立芬、支敏慧编著完成,王肖斌、原超负责统稿和完善整体内容,杜宇健、王燕、牛红韦华、李莉、严仍义、仲阳、李向瑜、尚宇翔、黄智国、张久仙、蔡敦波、沈玉良、郭旸、王肖斌、原超、郝文杰、李旭东、姚飞、贾玉等参与内容编写。此外,感谢人民邮电出版社对本书的出版工作给予支持和帮助。

算力网络在实践中不断深入和完善优化,相关领域也处于研究发展阶段,限于作者的认知水平,书中相关的观点不一定非常准确,不足之处在所难免,欢迎读者不吝赐教。

目 录

1

第 1 章

算力网络的由来

1.1 算力发展

在全球步入数字化时代的当下，算力成为各界关注的核心议题。学术界和产业界的专家们不断强调其对科技进步、经济发展的关键作用，并指出算力不仅是衡量一个国家或地区数字经济发展水平的重要指标，更是未来全球竞争中的战略资源。那么，算力是什么？它是如何影响社会科技与经济的发展？下面我们将探讨这些问题，帮助读者全面了解算力的定义及广泛影响。

算力，也被称为计算力，是衡量生产工具对数据处理能力的统称，它广泛存在于人类生产、生活的各种设备中，是现代社会的核心生产力。我们日常使用的智能手机、平板计算机、个人计算机（PC），以及数据中心的服务器、交换机和路由器等各种设备都蕴藏着或大或小的算力。算力的核心是各类计算芯片，包括中央处理器（CPU）、图形处理单元（GPU）、神经网络处理器（NPU）、数据处理单元（DPU）、专用集成电路（ASIC）等，此外，算力还包含基于底层算力资源封装后的上层服务，如云计算、边缘计算、超算算力、智算算力等。

近几年来，我国算力规模快速增长，截至 2024 年底，我国算力总规模达280EFLOPS（每秒百亿亿次浮点运算，以 FP32 单精度计算），其中智能算力规模达90EFLOPS（FP32），占比达 32%。我国算力规模排名全球第二，算力已经成为像水、电、燃气一样的基础资源。根据《2022—2023 全球计算力指数评估报告》，算力与国内生产总值（GDP）走势呈现正相关关系。当计算力指数达到 40 分以上时，国家的计算力指数每提升 1 点，对 GDP 增长的推动力将提高到 40 分以下时的 1.3 倍；而当计算力指数值达 60 分以上时，国家的计算力指数每提升 1 点，其对于 GDP 增长的推动力将提高到 40 分以下时的 3.0 倍，对经济的拉动作用变得更加显著，如图 1-1所示。算力已成为数字经济核心驱动力，直接影响数字经济发展的速度，并决定着社会智能的发展高度。

如同电力改变了人类的生活一样，算力作为信息化时代的不可或缺的元素，融入了人类生活的点点滴滴，也让人们的生活变得更加便捷和智能。想象一下，早晨醒来我们使用手机查看新闻和天气预报，然后使用电饭煲选择煮粥模式，接

着戴上运动手表、蓝牙耳机出门跑步。上午我们来到公司，通过人脸识别完成考勤打卡，来到工位打开计算机开始一天的工作。中午，来到食堂点餐，手机扫码完成支付，下午来上一杯咖啡，打开会议软件开始开会。晚上，打开视频软件跳个操，睡前打开 kindle 开始阅读。在这个过程中，我们享受到的各种音视频查看、电话或微信等通信服务，都是借助各种电子设备对信息进行了计算而提供的；完成的每一次人脸识别、每一次语音文字的转换，都需要硬件设备的算力支撑。可以说，算力存在于各种智能设备中，没有算力，我们的生活将无法享受到这些便利，如图 1-2 所示。

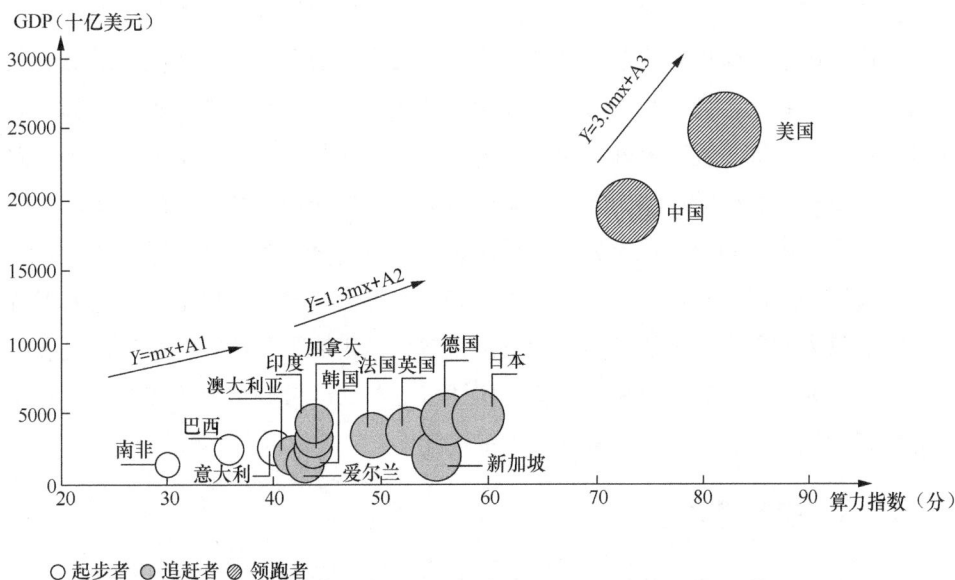

图 1-1 算力直接带动数据产业化发展

图 1-2 算力无处不在

算力的提升不仅为人们的日常生活带来便利，还带动了各行各业的飞速发展。比如，近几年热门的科幻电影如《流浪地球》《三体》《哪吒》等，影片中的太空基建、战机等很多画面，需要很强的算力才能进行渲染，而这项后期渲染工作有一部分就是在算力中心完成的。事实上，大到模拟核试验、太空探索、人类基因测序、医药研发、气候预测，小到日常的打车、购物、指纹开锁、订外卖等，都要靠算力设施来处理海量数据。特别是近期人工智能领域大模型的出现，更是展示了高算力支持下的无限潜力。算力作为支撑数字经济蓬勃发展的重要底座，也成了驱动各行各业数字化转型及智能化的新引擎。

算力重塑了人类的生活方式，而且是推动各行各业迅猛发展的核心动力。算力的发展经历了从简单到复杂、从低级到高级的漫长演变和不断突破。最初，人类通过石子计数、结绳计数、算筹、算盘、计算尺等初级算力工具进行计算。随着晶体管、芯片等里程碑事件的出现，算力实现了质的飞跃。本章以自动化算力工具——电子计算机的产生为起点，按照算力支撑的应用领域的发展脉络，系统梳理算力历史的不同阶段：首先介绍通用算力，概述早期的大型计算机和微型计算机的起源和发展；其次讲解高性能算力和智能算力，描述大模型和其他人工智能技术对算力的需求及发展；然后探讨量子算力，讲述量子计算的原理、发展历程及其应用前景；最后分析算力云化，阐述云计算如何改变算力的分布和服务模式，包括虚拟化和集群技术在云计算中的应用。

1.1.1　通用算力

通用算力是指计算机执行多种计算任务的能力。通常情况下，通用算力的度量指的是计算机处理器的运算性能，如 CPU 的运算频率、整数运算速度、浮点运算速度、内存容量和硬盘存取速度等。通用算力的目标是在各种不同的应用场景中，如数据处理、游戏娱乐等，提供高效、稳定的计算性能。

通用算力的起源可以追溯到 20 世纪 40 年代。美国宾夕法尼亚大学研制的电子数字积分计算机（ENIAC）是初代真正的通用、可编程、电子式计算机，从此电子计算机登上了人类历史的舞台。ENIAC 使用近 20000 个真空管，通过手动设置开关和插线板来执行复杂的数学运算，在当时具有显著优势。

随着贝尔实验室的约翰·巴丁（John Bardeen）、沃尔特·布拉顿（Walter Brattain）

和威廉·肖克利（William Shockley）发明了晶体管及德州仪器公司的杰克·基尔比（Jack Kilby）发明了集成电路，计算机的体积越来越小，性能也得到了极大的改善。在理论方面，艾伦·图灵（Alan Turing）、克劳德·香农（Claude Shannon）等人从数学理论上为电子计算机的发展铺平了道路。在技术实现方面，操作系统、高级编程语言、软件技术的蓬勃发展为计算技术的发展带来源源不断的需求和丰富的应用场景。技术的发展大多建立在冯·诺依曼体系结构的基础上。

1945 年，数学家冯·诺依曼提出一种新的计算机体系结构，即冯·诺依曼体系结构，如图 1-3 所示，计算机被分为 5 个独立的模块，并各自分工，具体如下。

运算器：执行各种算术和逻辑运算。

控制器：管理计算机的操作流程，包括从内存中取出指令并控制其执行。

存储器：保存程序指令和数据。

输入设备：接收外部数据输入计算机系统。

输出设备：向用户或外部环境输出信息。

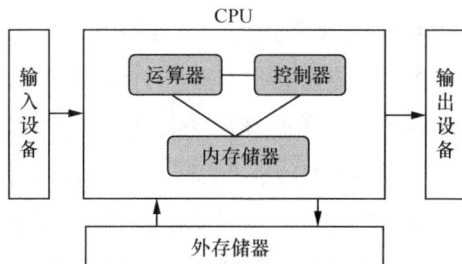

冯·诺依曼强调了使用二进制数字

图 1-3　冯·诺依曼体系结构

系统的重要性，这种数字化的方式使得数据处理更为简洁高效。计算机按照预设的程序序列依次执行指令。从内存中获取指令、译码指令、执行指令、将结果存入内存。这里涉及芯片的一个重要的概念——指令集，是链接上层软件和底层处理单元的桥梁。指令集体系结构（ISA）是芯片用来完成计算和控制的一套指令集合，类似于一个指导规范手册，规定了芯片的功能和操作，如加减乘除、与或非等。

基于冯·诺依曼体系结构，CPU 作为计算机的核心组件经历了显著的发展。1971 年，由英特尔生产的第一款处理器 4004 在美国硅谷诞生，开创了微型计算机的新时代。在"Tick-Tock"（钟摆）模式的指导下，英特尔的 CPU 通过制程技术的改进和指令集微架构的改进，性能得到急速提升，逐步形成了一个超级"生态帝国"。同时，英特尔的创始人戈登·摩尔提出了大名鼎鼎的"摩尔定律"，即集成电路上可容纳的晶体管数目每经过 18～24 个月便会增加一倍。换言之，处理器

5

的性能大约每两年翻一倍，同时价格下降为之前的一半。摩尔定律并不是一个物理定律或科学定理，而是一种经验观察和预测趋势，它描述了集成电路技术的发展速度，这在过去几十年中一直相当准确地反映了行业发展规律。然而，随着时间推移和技术的进步，业界一直在讨论摩尔定律是否能够持续下去，因为继续缩小晶体管尺寸以实现更高的集成度正面临着物理极限的挑战。事实上，从 2015 年之后，CPU 性能每年提升只有 3%，摩尔定律逐渐放缓。

CPU 根据指令集体系结构的不同可以分为 x86 体系结构与非 x86 体系结构。x86 体系结构是英特尔（Intel）公司首先开发并长期主导的一系列基于 x86 指令集的处理器，属于传统通用型 CPU。该架构适用于逻辑控制、串行运算，并支持通用负载。由于其卓越的性能、强大的扩展能力和丰富的软件生态，x86 体系结构 CPU 占据着大部分处理器市场份额。

x86 体系结构 CPU 的计算能力与核心数量、主频以及相应的微体系结构密切相关。当前全球两大最主要的 CPU 制造商，即 Intel 和 AMD，都在生产专为服务器设计的 x86 体系结构 CPU 芯片。其中，Intel 生产的主要是至强系列芯片，而 AMD 则专注于霄龙系列芯片。这两大制造商通过不断推出新的产品，不仅满足了市场需求，同时也为用户提供了更高性能和更灵活的解决方案。在处理器市场中，x86 体系结构 CPU 因其卓越的表现和广泛的应用领域而保持着显著的竞争优势。

非 x86 体系结构的制造商比较多，近年来崛起速度很快。非 x86 体系结构的类型主要有 ARM、MIPS、POWER、RISC-V、Alpha 等。特别是 ARM 体系结构的 CPU，最初应用于低功耗和计算资源有限的场景，如智能手机、穿戴设备和物联网等领域，但随着 ARM 技术的不断进步，其多核性能显著提升，ARM 逐渐拓展到服务器和数据中心领域。

ARM 体系结构的 CPU 采用 RISC，其内核结构简单紧凑，能够在相同功能性能下，实现芯片占用面积小、功耗低、集成度更高，并展现出更出色的并发性能。此外，ARM 架构支持 16 位、32 位、64 位多种指令集，能够良好兼容从物联网、终端到云端的各类应用场景。随着技术的不断演进，ARM 体系结构的芯片在企业构建高性能、低功耗的新计算平台方面具有广阔的发展前景。目前，ARM 体系结构的芯片主要应用于移动设备领域，主要生产厂商包括高通、三星、华为等。

随着服务器领域的不断发展，华为公司在这一趋势下积极聚焦开发基于 ARM 体系结构的鲲鹏处理器核心技术。

通用算力架构如图 1-4 所示，主要包括指令集、内存管理、输入/输出（I/O）和总线。

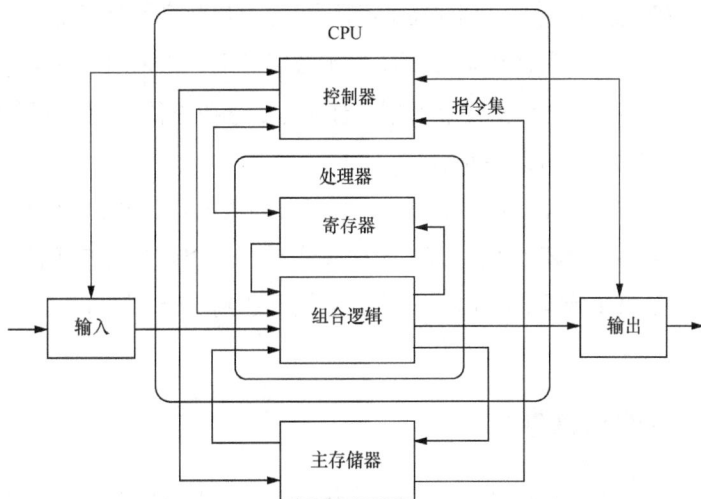

图 1-4　通用算力架构

指令集定义了处理器能够执行的操作指令集合，直接影响到计算机的指令执行能力和程序的编写方式。

内存管理是关键的系统功能，负责管理计算机的内存资源，包括内存分配、地址转换和数据交换，直接关系到系统的运行效率和性能。

I/O 负责处理器与外部设备的数据输入和输出，涉及数据传输、设备控制和中断处理等关键功能。

总线则连接计算机内部各个组件，实现了它们之间的通信和数据传输。

这一体系结构为计算机提供了通用的计算和处理能力，使得计算机系统能够灵活应对不同的应用场景和任务需求。在通用算力的发展过程中，不断优化和升级这些关键的组成部分，以适应新兴技术和不断演进的计算需求，是保持计算机性能和功能创新的重要方向。

在通用算力领域，互联网行业仍是算力需求最大的行业，占了通用算力需求 39%的份额；随着电信行业不断加强对算力基础设施的投入力度，电信行业算力份额首次超过政府行业，位列第二。政府、服务、金融、制造、教育、运输行业分别位列第三～第八。

互联网行业涵盖了搜索引擎、社交媒体、电商平台等多个领域，这些服务需要大量的计算资源来支持用户的搜索、推荐和交互等操作。电信行业近年来不断加强对算力基础设施的投入，用于支持网络管理、优化和大数据分析等任务，这使得电信行业的算力需求持续增加，超过了政府行业。政府部门主要使用通用算力进行数据分析、决策支持和城市规划等任务。尽管在总体算力份额上稍有下降，但政府仍然是通用算力的重要需求方。

根据《数字中国发展报告（2024 年）》发布的数据，截至 2024 年底，全国在用算力中心标准机架数超过 900 万。电源使用效率（PUE）持续下降，行业内先进绿色数据中心 PUE 已降低到 1.1 左右，最低已达到 1.05 以下，达到了世界先进水平。

1.1.2 高性能算力

高性能计算（HPC）也被称为超级计算或超算，是通过集群（互联组）形式协同多个节点（计算机）进行操作，能够在短时间内执行海量计算，以应对规模庞大且高度复杂的工作负载。HPC 主要应用于科学计算领域，例如，在天气预报中分析海量的气象数据，精准地预测未来的天气情况；在诊断疾病中加速基因测序的过程，帮助医生更快地找到治疗疾病的方法；在工程设计中仿真模拟各种情况，提前解决可能出现的问题。

我国在高性能计算领域的发展历程可追溯至 1975 年，当时巨型计算机研制工程刚启动。1983 年，我国成功研制出"银河-I"巨型计算机，使中国成为全球能够研制亿次巨型计算机的国家之一。2009 年 9 月，我国成功研制出首台千万亿次级别的"天河号"超级计算机，如图 1-5 所示，在性能上实现了从百万亿次到千万亿次的飞跃，使我国成为继

图 1-5 "天河一号"部分设施

美国之后世界上第二个能够研制千万亿次超级计算机的国家。

"天河一号"在 2010 年 11 月 16 日的世界超级计算大会上以峰值运算速度为每秒 4700 万亿次的绝对优势夺得世界超级计算机 TOP500 排名第一。我国超级计算机的发展仅用了短短 40 年，就实现了从"银河"到"天河"等一系列超级计算机的历史性突破，我国超级计算机在世界超算榜单上持续刷新纪录。

美国在 2015 年将国防科技大学、国家超级计算长沙中心、国家超级计算广州中心和国家超级计算天津中心列入实体清单，限制这些机构与美国企业合作。即使面临技术封锁，我国在高性能计算领域依然取得了重大突破。在 2016 年 6 月的世界超级计算机 TOP500 中，中国的"神威·太湖之光"登顶，"神威·太湖之光"全部使用国产 CPU，使我国成为继美国、日本之后全球第三个能够采用自主 CPU 建设千万亿次超级计算机的国家。

2016 年中国科学院软件研究所、清华大学和北京师范大学组成的研究团队，凭借在"神威·太湖之光"上运行的"千万核可扩展全球大气动力学全隐式模拟"应用，一举摘得"戈登·贝尔"奖，实现了我国在该奖项上的零突破。设立于 1987 年的"戈登·贝尔"奖被称为"高性能计算领域的诺贝尔奖"，是国际高性能计算应用领域的最高学术奖项，由美国计算机协会与 IEEE 联合颁发，曾长期被美国和日本等国家"垄断"。

1.1.3　智能算力

近年来，人工智能技术飞速发展。2016 年，谷歌旗下的 DeepMind 公司研发的 AlphaGo 在与韩国围棋冠军李世石的对决中取得胜利，掀起了一场全球性的人工智能技术热潮。2020 年，AI 从"小模型+判别式"转向"大模型+生成式"，从传统的人脸识别、目标检测、文本分类，升级到如今的文本生成、3D 数字人生成、图像生成、语音生成、视频生成。大语言模型在对话系统领域的典型应用是美国 OpenAI 公司的 ChatGPT 及我国的 DeepSeek，采用预训练基座大语言模型，引入亿级的训练语料和千亿级训练参数，在数学、代码、自然语言推理等任务上性能优异。

早期人工智能是将智能任务变成人工智能算法，将硬件和系统软件都接入通用计算平台。随着深度学习计算系统的发展，人工智能参数和数据量也

大幅增加，这对计算能力提出了更高的要求，因此算力载体也在不断进化。以英伟达（NVIDIA）公司为代表，它发布了多款高性能 GPU 芯片，特别是推出了计算统一设备体系结构（CUDA），赋予了 GPU 可编程的能力。这不仅使 GPU 能够执行游戏和图形渲染任务，还使其具备了强大的通用并行计算能力，显著提升了处理大规模数据和复杂算法的效率。随着大模型的发展，智能计算迈向了新的高度。大模型是以"大"取胜：首先是参数大，GPT-3 有1750 亿个参数，DeepSeek V3 有 6710 亿个参数；其次是训练数据大，GPT 大约使用 570GB 训练数据，DeepSeek V3 使用 14.8T 训练数据；最后是对算力的需求大，GPT-3 需要上万块 V100 GPU 进行训练，DeepSeek 也需要大量的H800 GPU 算力。为满足大模型对智能算力爆炸式增加的需求，国内外都在大规模建设耗资巨大的新型智算中心。2025 年 1 月，美国政府宣布正式启动"星际之门"项目，计划在 4 年内投入 5000 亿美元建成全球最大的人工智能算力基础设施。

AI 芯片可以分为两类路线，一类是在传统的芯片架构（如 CPU、GPU）上增加相应的 AI 加速功能，如 Intel 的 Matix Extension 指令和 Nvidia GPU 的 TensorCore；另一类是领域专用体系结构（DSA），如 Google TPU、Graphcore IPU、SambaNova RDU、Cerebras WSE、Tesla Dojo D1 等。

（1）GPU

GPU 被用于加速深度学习算法，是当前应用最成熟的 AI 芯片之一。作为显卡核心，GPU 最初主要被用于图形渲染，但由于其强大的计算能力，逐渐演变为用于通用计算（通用 GPU）。在矩阵计算和并行计算方面，GPU 相较于 CPU 具有明显优势，因此在深度学习兴起初期，GPU 首先被应用于 AI 计算，并迅速在数据中心得到广泛应用。

GPU 并非专门为执行 AI 算法而设计，相较于专用的 AI 处理器，其在执行深度学习算法时存在一些缺点，如能耗较高、效率相对较低。尽管如此，NVIDIA一直在不断挖掘 GPU 在深度学习算法方面的潜力。例如，NVIDIA 的 Tesla V100除了拥有 GPU 核心，还专门为深度学习设计了张量计算核心（Tensor Core），它能够提供高达 120TFLOPS（每秒 120 万亿次浮点运算次数）的处理能力。此外，NVIDIA GPU 还拥有相对完善的软件开发环境，使其成为 AI 训练领域使用最广

泛的平台之一。同时，国内 GPU 芯片奋起直追，并取得了不错的进展。例如，华为的 Ascend 系列 GPU 以高效能著称，支持大规模神经网络运算，广泛应用于 AI 训练与推理。寒武纪公司专注于 NPU，其产品在 AI 领域表现出色，尤其在视觉、语音处理等任务中展现了高性能与低功耗的优势。

（2）DSA 芯片

DSA 芯片的两种主要技术路线是现场可编程门阵列（FPGA）和 ASIC。这两种技术在 AI 推理加速中各有优势，适用于不同的应用场景。

FPGA 是一种半定制化的硬件，具有高度的灵活性和可重构性。它可以通过编程实现特定的逻辑功能，适用于需要快速迭代和灵活调整的场景。FPGA 的主要特点如下。

① 灵活性：FPGA 可以根据不同的算法需求进行重新配置，适合算法尚未稳定或需要频繁更新的场景。

② 低时延：FPGA 在处理特定任务时，能够通过硬件级别的并行计算实现低时延，尤其适合实时推理任务。

③ 功耗优势：相比 GPU，FPGA 在功耗和能效比上表现更好，适合边缘计算和低功耗设备。

FPGA 在 AI 推理中的应用场景包括图像识别、语音处理和自动驾驶等，尤其是在需要快速响应和低功耗的场景中表现突出。例如微软在其数据中心中大规模部署 FPGA，主要用于加速计算密集型任务和通信密集型任务，以提升数据中心的性能和能效比。

ASIC 是一种全定制化的硬件，专为特定任务设计，具有极高的性能和能效比。ASIC 的主要特点如下。

① 高性能：ASIC 针对特定任务进行硬件级别的优化，能够在特定应用中实现极高的计算效率和性能。

② 低功耗：由于 ASIC 是为特定任务定制的，因此其功耗通常比 FPGA 更低，适合大规模部署和高能效要求的场景。

③ 高成本：ASIC 的设计和制造成本较高，且一旦设计完成，难以修改，适合算法稳定且需求量大的场景。

ASIC 在 AI 推理中的应用场景包括大语言模型推理（如 Groq 的 LPU）、智能驾驶芯片（如特斯拉的 FSD 芯片）等。Google 的张量处理器（TPU）就是一种专为 AI 任务设计的 ASIC 芯片，主要用于深度学习的训练和推理。

随着对智能计算需求的不断增加，选择合适的芯片对于提升计算效率和优化成本至关重要。然而单靠高效的芯片不足以应对大规模的数据处理和复杂的计算任务。为了进一步提升计算能力和资源利用率，构建集成化的智算中心成为必然趋势。根据国家信息中心发布的《智能计算中心规划建设指南》中的定义，智能计算中心是基于最新人工智能理论，采用领先的人工智能计算架构，提供人工智能应用所需算力服务、数据服务和算法服务的公共算力新型基础设施。通过算力的生产、聚合、调度和释放，智能计算中心能够高效支撑数据开放共享、智能生态建设和产业创新聚集，有力促进 AI 产业化、产业 AI 化及政府治理智能化。

AI 算力需求激增如图 1-6 所示。

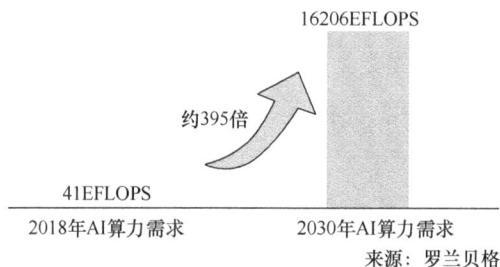

图 1-6　AI 算力需求激增

智算中心不仅汇聚多种高性能计算资源，还实现数据的高效调度和管理，确保各类应用能够实时获取所需的计算能力。当前各国政府已纷纷发布政策，全面布局和引导 AI 的发展。美国能源部及国家科学基金会主导，将智算中心和超算中心结合，建设超大规模智算中心，如图 1-7 所示，为科学研究提供高性能计算资源。例如，橡树岭国家实验室的 Summit（3.4EFLOPS）、阿贡国家实验室的 Polaris 和 Aurora（约10EFLOPS）、劳伦斯·伯克利国家实验室的 Perlmutter（3.8EFLOPS）等，这些智算中心往往具有单体算力大、技术领先等特点。此外，美国科技巨头也是智算中心的主要建设者，包括谷歌的开放机器学习中心（9EFLOPS）、特斯拉的 Dojo 集群（据称 2024 年年底规模将达到 100EFLOPS）、Meta 的 AI 超级计算机（9.9EFLOPS）等。2025 年，美国政府宣布启动"星际之门计划"，软银、

OpenAI、甲骨文等科技巨头联合推动，注资高达 5000 亿美元。项目包括建设大型数据中心和部署数十万块英伟达芯片，首期投资 1000 亿美元。星际之门的算力将主要用于支持 OpenAI 的模型训练和推理任务，预计可满足其 75% 的算力需求。此外，项目还计划每年提升 10 倍的芯片生产能力，结合芯片性能的 10 倍提升和模型能力的 10 倍提升，理论上可实现每年 1000 倍的算力增长。这一庞大的算力投资将显著推动全球 AI 基础设施的发展。

图 1-7　美国超大规模智算中心

美国最先发展智算中心，具备单体算力大和科研实验室众多的特点。在我国，智算中心的建设主要由政府和相关企业主导，同时基础设施提供商也积极参与。国内的智算中心热潮始于 2020 年，截至 2024 年 6 月，我国已建和正在建设的智算中心超 250 个。国内互联网和 AI 企业自建的智算中心是国内智能算力的重要组成部分，如阿里巴巴在张北和乌兰察布建设的总规模达 15EFLOPS 的智算中心，旨在结合智能驾驶、智慧城市等业务，探索云服务后的智算服务新业态；百度在山西阳泉建设规模为 4EFLOPS 的智算中心，孵化国内首个正式发布的大模型"文心一言"；商汤作为国内头部 AI 企业，投资 56 亿在上海临港建设人工智能计算中心，规模超 4EFLOPS，主要面向智慧商业、智慧城市、智慧生活和智能汽车 4 大板块，发展人工智能即服务（AIaaS）。此外，电信运营商也在积极布局智算中心的建设，例如，中国移动的呼和浩特智算中心，算力总规模为 6.7EFLOPS，支持多个行业的大模型训练及应用；哈尔滨智算中心算力总规模 6.9EFLOPS，国产

化率达到100%，能够为万亿级模型训练提供高效、稳定的算力底座。

结合行业发展，智算中心的典型应用将集中在模型训练、AI+视频、科研应用、多媒体渲染、自动驾驶、元宇宙、智慧医疗等多个场景中。基础大模型的训练需要极高的智能算力支撑，并且正加速向重点行业落地。

1.1.4 量子算力

随着摩尔定律逐渐失效，传统计算机的性能提升面临瓶颈，量子计算的出现为计算能力的突破提供了新的方向。量子计算能够在某些特定问题上实现指数级的计算速度提升，如密码学、材料科学、药物研发等领域，有望解决传统计算机无法处理的复杂问题。量子计算是"第二次量子革命"的重要标志，可以带动计算能力实现跨越式发展，重塑传统技术体系对于信息处理和问题解决的模式，为经济社会发展带来前所未有的机遇。

量子（Quantum）是现代物理的重要概念，该词源自拉丁语 Quantus，意为"有多少"，代表"相当数量的某物质"，最早由德国物理学家马克斯·普朗克（Max Planck）在 1900 年提出。普朗克假设黑体辐射中的辐射能量是不连续的，只能取能量基本单位的整数倍。换言之，吸收或发射电磁辐射只能以"量子"方式进行，每个"量子"的能量相同。这一假设很好地解释了黑体辐射实验现象。

自从普朗克提出量子概念以来，爱因斯坦、玻尔、德布罗意、海森堡、薛定谔、狄拉克、玻恩等人先后对其进行完善，初步建立了完整的量子力学理论。

后来的研究表明，不只能量有不连续的分离化性质，其他物理量如角动量、自旋、电荷等也都存在不连续的量子化现象。这与以牛顿力学为代表的经典物理有根本的区别。量子化现象主要表现在微观物理世界，描述微观粒子运动规律的物理学理论是量子力学。

量子计算是以量子比特为基本单元，利用量子叠加和干涉等原理实现信息处理的一种计算方案，具有经典计算无法比拟的信息表征能力和超强的并行处理能力，为解决特定计算的复杂问题提供指数级加速。

什么是量子比特呢？

在经典计算中，最底层的信息存储和处理单元是比特（bit），每比特只能处于 0 或 1 两种状态之一。通过电路可以将大量的比特连接在一起，并执行一系列的逻辑操作，最终获取存储计算结果的比特状态，从而实现各种各样的运算。与比特不同，量子比特是信息编码和存储的基本单元。基于量子力学的叠加性原理，一个量子比特可以同时处于 0 和 1 两种状态的相干叠加，即可以同时表示 0 和 1，如电子可以同时处于自旋向上和自旋向下的叠加态。以此类推，n 个量子比特便可表示 2^n 个状态的叠加，这意味着一次量子操作原则上可以同时处理 2^n 个叠加的量子态，实现并行运算，相当于传统计算机进行 2^n 次操作。因此，量子计算提供了一种从底层原理上实现并行计算的思路，具备极大的超越传统计算机运算能力的潜力。

量子计算第一次被提出是在 1981 年，由美国麻省理工学院举办的计算物理学第一届会议上。在本次大会上，著名物理学家理查德·范曼（Richard Feynman）发表了题为 *Simulating Physics with Computers*（用计算机模拟物理学）的演讲，他提出了一个革命性的观点：传统计算机无法有效地模拟量子系统的行为，而一种基于量子力学原理的新计算模型或许能解决这个问题。2019 年，IBM 公司推出了首个可用于商业的 53 量子比特的量子计算机，如图 1-8 所示。随后，谷歌公司的研究团队声称其已经实现了"量子霸权"（Quantum Supremacy），由超导材料制成的 54 量子比特 Sycamore 处理器在短短 200s 内就完成了一次计算，这意味着量子计算机在某个特定问题上实现了对当时传统计算机的性能超越。

图 1-8　IBM 量子计算机

2020 年，中国科学技术大学团队与中国科学院上海微系统与信息技术研究所等成功研制了 76 个光子的量子计算原型机——"九章"，如图 1-9 所示，并在 2023 年升级到 255 个光子的"九章三号"，实现了量子计算优越性。

图 1-9 "九章"量子计算原型机

与传统计算机类似，量子计算机也可以沿用图灵机的框架，通过对量子比特进行可编程的逻辑操作，执行通用的运算过程，从而实现计算能力的大幅提升，甚至是指数级的加速。一个典型的例子是 1994 年提出的快速质因数分解量子算法——Shor 算法。分解质因数是广泛使用的 RSA 公钥密码算法的基础。例如，如果使用每秒运算万亿次的传统计算机来分解一个 300 位的数，需要 10 万年以上；而如果使用同样运算速率、执行 Shor 算法的量子计算机，则只需要 1s。

当前，量子计算处于从前沿研究向应用落地突破的关键阶段，广泛而活跃的多方应用探索是推动量子计算技术走向应用的关键。业界正在积极寻找匹配行业需求的特定应用场景，目标是在未来为不同行业应用提供服务。典型应用包括金融领域的金融风险管理、投资组合分析、模拟量化交易、金融市场预测等，化工领域的模拟化学分子结构、化学反应等，生物领域的早期疾病诊断、药物研发与筛选、药物测试、基因组数据研究、蛋白质结构预测等，交通领域的交通流量优化算法与实时预测、路径即时动态规划等。人工智能与量子计算结合形成的量子人工智能技术，也可以在多行业领域提供更高性能的服务。

1.1.5 算力云化

计算机为人们提供了计算能力，但应用通常不是仅用一台计算机来承载的，

伴随着计算机发展的还有与之配套的"数据中心"。早在 20 世纪 60 年代，人们就提出了"服务器农场"的概念，这就是最早期的数据中心雏形。20 世纪 90 年代起，微型计算机产业逐步繁荣，企业部署 IT 服务对网络提供商和主机托管商提出了新的要求，推进数据中心成为一种新的服务模式，意味着算力从实体资源形式转向了托管式服务，用户通过网络连接就可以获取算力。

随着业务和应用的不断增加，IT 系统的规模不断扩大，数据中心内的资源紧张、资源利用不充分、资源使用不灵活、管理效率不高等问题逐步凸显，推动了虚拟化技术的大范围应用。虚拟化技术本质是在计算机系统中加入一个虚拟化层，将下层的资源抽象成另一种形式的资源，整合为一个共享资源池统一提供给上层应用使用，包括计算虚拟化、存储虚拟化和网络虚拟化。虚拟化技术可以让资源的使用更为灵活，IT 运维管理效率更高，在底层资源利用率上，也可通过共享和调度让硬件利用更加充分。

虚拟化技术起源很早，早在 19 世纪 60 年代就被提出过，当时研究人员尝试在一台物理机运行多个操作系统，进而支持运行多个程序，但虚拟化技术并未发展起来。20 世纪 70 年代，虚拟机的概念被推出，并被用来充分利用大型机系统的集中计算能力。1998 年，VMware 率先开发和应用基于 x86 架构的服务器虚拟化产品，1999 年推出了该产品并进行商用，VMware 虚拟机提供了"Hypervisor"（虚拟机监视器）的作业平台，用户可以在其上建立与执行客体操作系统和软件，之后 VMware 又陆续推出了 VMware Workstation、VMware ESX Server、VMware Server、VMware Fusion 等各种特色产品。几年后，英国剑桥大学的团队也发布了一个 x86 虚拟化的项目 Xen。红帽在发布 RHEL 5.0 时，也将 Xen 加入自己的默认特性中，在 Linux 服务器领域，Xen 似乎成为 VMware 之外的最佳虚拟化选择。2008 年 9 月，红帽收购了一家名叫 Qumranet 的以色列小公司，由此入手了一项叫作 KVM（基于内核的虚拟机）的虚拟化技术，后续红帽就宣布新的产品线彻底放弃 Xen，集中精力进行 KVM 的工作，KVM 后续被集成在 Linux 的各个主要发行版本之中，作为 Linux 内核的一部分，能够很好地保持兼容性。

虚拟化解决了服务器资源利用率、IT 运行灵活性的问题，但是并未解决如何满足持续增加的业务对资源的灵活变化的需求、如何提供高效的管理能力等，由此云计算应运而生。云计算是利用虚拟化技术，将大规模的 IT 计算能力以服务的形式提供给客户，支撑客户能够使用弹性扩展、按需服务的 IT 资源。1996 年，Compaq 公司在一份内部文件中首次使用了"云计算"这个术语，但当时的云计算概念与今天人们所理解的还相去甚远。真正标志着云计算时代的来临是在 2006 年，当时谷歌（Google）首席执行官埃里克·施密特在一次演讲中提到了"云"，并以此描述 Google 正在构建的一种新型计算模型。随后，亚马逊推出了 Amazon Web Services（AWS），这是第一个商业化的云计算平台，该平台提供了一系列的服务，包括计算、存储和数据库等。这是云计算从概念走向实际应用的转折点。AWS 的成功引起了其他科技巨头的关注，包括微软、IBM 和谷歌等公司也纷纷投向云计算市场，推出了各自的云服务产品。

我国的云计算发展起步相对较晚，但近年来取得了显著的进步，并已成为全球第二大公有云服务市场，是全球云计算市场的重要组成部分。中国移动、中国电信、华为、阿里巴巴、腾讯、百度等企业陆续推出自己的云计算服务，云计算的角逐正式拉开帷幕。其中，移动云近年来发展迅猛，已稳居国内云服务提供商第一阵营，并在赋能政务、教育、金融等行业取得显著成果，助力数字化转型和产业升级。我国云计算企业虽然发展迅速，但在全球市场上仍面临来自亚马逊 AWS、微软 Azure 和谷歌云等国际巨头的竞争压力。与此同时，我国云计算企业也在积极拓展国际市场，通过海外数据中心建设和合作项目等方式提升其国际影响力。

1.2　网络发展

算力网络通过网络整合海量用户数据与多级算力服务，将云、边、端三者无缝衔接。网络能够将海量数据传输至各级算力基础设施，并根据不同业务的时延需求，智能调度数据至城市内的边缘计算节点、城市群的数据中心集群及骨干集约化大数据中心，从而构建多层次、分布式的计算资源体系。

下面将重点阐述移动网络、传输网络、IP 网络和数据中心网络的发展历程及应用场景，并对未来网络愿景目标进行概要介绍。

1.2.1　移动网络发展

纵观移动通信发展史，人类对于通信的要求从能交流信息、简单通话，到现在的低时延、高可靠、大容量的 5G 通信，最终将迈向"信息随心至，万物触手及"的终极愿景。这一过程中技术不断革新，标准不断演进，每一次代际更迭都标志着移动通信技术的进步。从 1G 到 5G，移动通信经历了模拟时代、数字时代、数据时代、移动宽带时代，最终步入了多场景融合发展的 5G 时代。以 5G 为代表的移动网络将提供差异化服务保障和确定性带宽/时延，成为移动互联网、产业互联网发展的重要驱动力量；面向 2030 年信息通信数据的需求，6G 将在 5G 的基础上进一步支持数字化，并结合人工智能等技术，实现智慧的泛在可取，全面赋能万事万物，推动社会走向虚拟与现实结合的"数字孪生"世界，实现"数字孪生、智慧泛在"的美好愿景。

1. 1G 至 5G 的移动通信发展史

1978 年，美国贝尔实验室成功研制了 1G 移动通信系统，正式开启了移动通信时代。该系统采用模拟通信传输技术，仅能提供语音业务，且由于标准不统一，所以无法支持漫游业务（跨运营商之间互联互通）。摩托罗拉作为主要的设备供应商，凭借其第一部模拟移动电话"大哥大"，成为 1G 时代当之无愧的王者。我国的第一代模拟移动通信系统于 1987 年在广东第六届全国运动会上开通并正式商用。

1991 年，芬兰率先开始 2G 运营，正式开启了 2G 时代，2G 用数字通信方式代替了 1G 模拟调制方式，在通信质量、安全保密性和通信系统容量方面产生了重大突破。2G 除语音和短信业务外，还提供 9.6～14.4kbit/s 的数据传输能力，同时支持漫游业务。2G 同时开始了移动通信标准的争夺战，分别是以美国为代表的码分多址（CDMA）标准和欧洲的全球移动通信系统（GSM）标准，最终 GSM 标准因其在全球范围更广泛使用而胜出，CDMA 被迫出局。同期诺基亚成功超越摩托罗拉成为全球移动手机行业霸主。1994 年时任中国邮电部部长的吴基传用诺基亚 2110 拨通了我国移动通信史上第一个 GSM 电话，这标志着我国正式迈入 2G 时代。

2008 年，乔布斯发布了支持 3G 的苹果手机，3G 技术采用了更先进的数字通信技术，传输速度可达 384kbit/s，支持基本的网页浏览、邮件收发，甚至在线视频和视频通话等多媒体业务，人们正式迈入了移动多媒体时代。3G 时代主要有三大通信标准，以欧洲为代表的宽带码分多址（WCDMA）、以美国为代表的 cdma2000，以及我国提出的时分同步码分多址（TD-SCDMA），这也是我国参与国际移动通信标准的重要里程碑。

2013 年 12 月，工业和信息化部向三大运营商发放了 4G 牌照，标志着我国正式启动 4G 商用。4G 网络的速度理论上可以达到 1Gbit/s，极大地满足了移动多媒体业务的需求，这使得高清视频、移动直播、移动支付、在线游戏等创新移动应用走进了大众生活。目前我国 4G 网络的人口覆盖率已经超过 98%，即使在地铁、高铁等环境下，用户仍然能够畅快地使用手机，而大部分欧美用户因为网络覆盖不足，在地铁里还只能读书看报。4G 有 TD-LTE 和 FDD-LTE 两大标准，分别对应时分和频分，使用相对广泛的是 FDD-LTE，国内包括中国电信、中国联通都使用该模式，中国移动则采用了 TD-LTE 模式，相较于 FDD-LTE 天然将上下行用不同频率区分，TD-LTE 仅在时隙上进行上下行区分；考虑到 4G 以下行业务为主，TD-LTE 的灵活时隙配置相较于 FDD-LTE 的上下行均分，反而更有优势；在终端方面，老牌厂商如摩托罗拉、诺基亚纷纷没落，令人唏嘘，取而代之的是苹果、三星、华为等智能手机厂商，而设备制造商也从最初的十几家，到目前只剩华为、中兴、爱立信、诺基亚几个核心设备制造商。

2019 年 10 月 31 日，国内三大运营商发布了 5G 商用套餐，并于 11 月 1 日正式启动 5G 商用服务。5G 的网络速度理论上是 4G 的 10 倍，达到了惊人的 10Gbit/s，增强现实（AR）与虚拟现实（VR）、4K/8K 超高清视频、云游戏等大带宽应用均不在话下。同时物联网设备的大规模部署、移动流量及终端设备的大幅度激增也象征着人们正式迈入了万物互联时代。5G 时代，全球只有一个标准，以华为、中兴为代表的我国设备商在 5G 专利数量上稳居第一，中国成为全球 5G 技术发展的引领者。移动通信发展历程如图 1-10 所示。

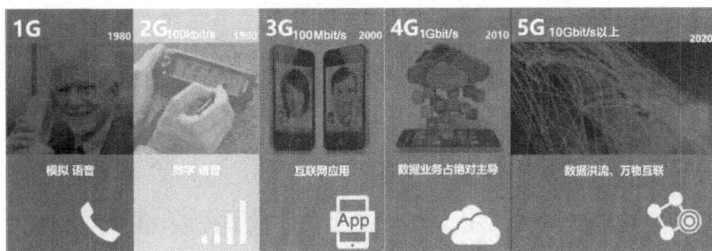

图 1-10　移动通信发展历程

2. 6G 发展愿景和进展

2023 年 6 月，国际电信联盟完成了《IMT 面向 2030 及未来发展的框架和总体目标建议书》。面向 2030 年信息通信数据的需求，6G 将在 5G 的基础上全面支持数字化，并结合人工智能、卫星通信、通感一体等技术的发展，实现智慧泛在，全面赋能万事万物，推动社会迈向"数字孪生、智慧泛在"的美好愿景。

IMT-2030（6G）定义了六大场景。如图 1-11 所示，在 IMT-2020（5G）"铁三角"的基础上，IMT-2030（6G）往外延伸，拓展出一个六边形。在六边形最外围的圆圈上，列出了适用于所有场景的四大设计原则，即可持续性、泛在智能、安全/隐私/弹性、连接未连接的用户。同时 6G 将覆盖包括沉浸式通信、超大规模连接、超高可靠低时延通信、泛在连接、通信 AI 一体化、通信感知一体化六大业务场景。

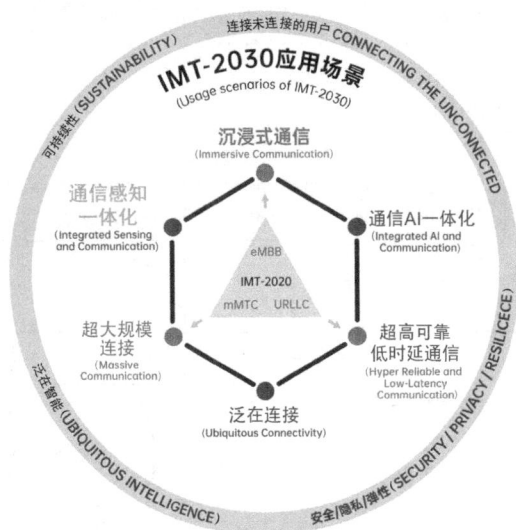

图 1-11　IMT-2030（6G）的六大场景

从愿景不难看出，6G 不再局限于通信技术的升级迭代，而是开始尝试进行业务与通信的融合，这一点与本书介绍的算力网络内涵本质上是相同的。通过网络与业务的融合，可以更好地服务最终用户。

随着第一个重要里程碑——全球 6G 愿景——的达成，6G 标准化之旅正式启航，6G 预计在 2030 年左右实现商用，在此之前 6G 将经历关键技术验证、关键绩效指标（KPI）体系构建、标准制定、原型开发等多个阶段。中国移动作为全球领先的 5G 运营商，已经在架构设计、标准制定、关键技术研究等多个领域展开工作并取得了令人瞩目的成绩。未来中国移动将继续携手业内同行继续深入研究，共同迎接 6G 的美好未来。

1.2.2 传输网络发展

如果将整个通信网络看作一棵树，移动网络类似这棵树的叶片节点，而传输网络就是连接这些叶片节点的枝干，它是通信网络的基础。传输网络的发展经历了从电路到光路、从低速到高速、从单一信号到多路信号的阶段。回顾传输网络的发展历史，每一次移动通信迭代都伴随了传输技术的演进。传输网络技术的演进历程如图 1-12 所示。

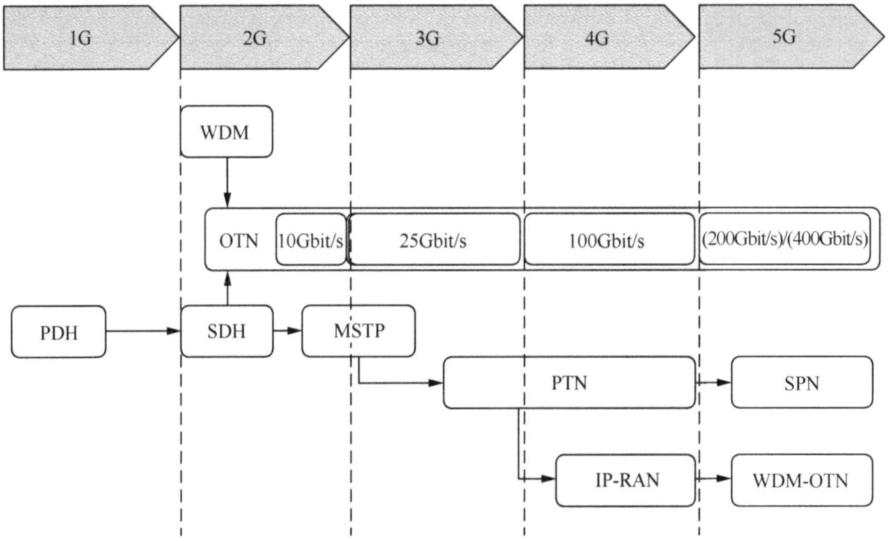

图 1-12　传输网络技术的演进历程

传输网络技术相关名词解释如表 1-1 所示。

表 1-1　　　　　　　　　　　　　传输网络技术名词解释

简称	解释	说明
PDH	准同步数字系列	早期语音业务
SDH	同步数字系列	早期数据业务
WDM	波分复用	提高光传输容量
OTN	光传送网	更高的光传输容量
MSTP	多业务传送平台	同时支持语音和数据业务传输
PTN	分组传送网	灵活的带宽分配和多业务接入
IP-RAN	IP 无线接入网	基于 IP 的数据传输和接入
SPN	切片分组网	专为 5G 设计的传输网络
WDM-OTN	波分复用光传送网	高容量、高速率、高可靠的光传输网络

在算力时代，光网需在确定性体验保障的基础上持续提升资源调度效率，如在行业数字化、云化（行业算力）场景中，高安全可靠的网络连接是基本要求；从算力、大数据场景（超算、智算）催生海量数据任务式的安全传输需求；强交互式视频应用（视频算力）需要确定性低时延和大带宽保障用户体验，因此，需构建面向算力网络 CHBN（即个人移动业务、家庭业务、政企业务、新兴业务）全面融合的光电联动运力网目标架构。本节重点描述 SDH 和 MSTP 技术结合支撑的移动通信等综合业务，面向未来光电协同网络重点阐述 SPN 和 OTN 的技术特点和应用场景。

1. SDH/MSTP，时代的王者

20 世纪 80 年代诞生的 PDH 技术主要解决了传输效率、距离、带宽问题，但是它的缺点也很明显，如没有统一标准、不易管理、维护成本高等，因此，在进入 20 世纪 90 年代后，PDH 很快就被 SDH 取代了。

SDH 除了统一标准，还完全兼容 PDH，主要用于承载语音业务，所以在 2G 时期，即便只用 2Mbit/s 的接口速率对接基站，也足以满足需求。

进入 3G 时期，随着数据业务的逐渐增加，SDH 的传输带宽成为瓶颈，因此，SDH 与当时大红大紫的以太网、异步传输模式（ATM）技术结合后就诞生了 MSTP 技术。MSTP 将基站接口速率提升至 10～20Mbit/s，以满足 3G 业务需求，并且同时支持语音和数据。在 3G 后期，随着数据业务逐渐增多，PTN 登场了，PTN 不仅将基站接口速率提升到最大 10Gbit/s，同时引入了服务质量概念，依靠灵活的带宽分配能力及更高的数据吞吐能力，有效支撑了 3G 到 4G 的平滑演进。PDH、MSTP、SDH、PTN 设备图示例如图 1-13 所示。

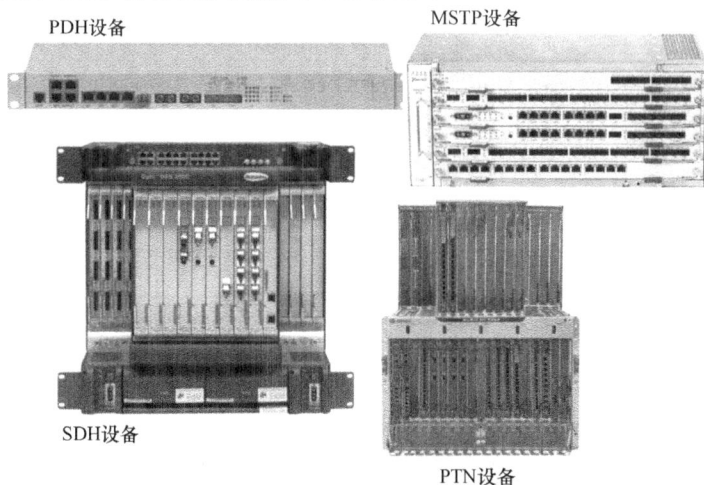

图 1-13　PDH、MSTP、SDH、PTN 设备图示例

在 4G 时期，进入全 IP 时代。传送网从 MSTP 到 PTN 全面演进。IP-RAN 也正式登场，虽然初期 IP-RAN 与 PTN 各有优劣，但随着技术逐渐发展，经历了相互取长补短的过程，目前它们的能力已基本一致。

2. SPN，5G 时代业务综合承载主流

随着 5G 时代的到来，不同的行业、业务及用户对网络的带宽、时延、可靠性等都有了更高的需求。承载网不仅要提供灵活调度、组网保护和管理控制等功能，还要提供带宽、时延、同步和可靠性等方面的性能保障。原有的 PTN 已难以支撑这些需求，中国移动联合各大设备商，在融合 PTN、OTN、WDM 等技术之后，提出了基于以太网内核的新一代融合承载网架构——SPN。

SPN 作为中国移动专为 5G 设计的承载技术标准，具备如下特点。

① 超大带宽：50Gbit/s 接入带宽，最高 400Gbit/s 汇聚带宽。

② 超低时延：端到端时延低至 10ms，故障倒换时延小于 50ms。

③ 灵活切片：不同用户使用专属链接，数据物理隔离，保证用户体验的同时兼顾信息安全。

④ 智能管理：智能化运维管理平台，网络状况实时可见可管。

基于上述优势，SPN 一经推出，便受到国内外业界广泛关注，并很快被国际标准组织采纳接受。

3. OTN，算力网络时代品质运力底座

算力网络需要强有力的算力基础设施来支撑，更离不开大带宽、低时延、高可靠、易调度的全光网络底座——OTN。过去数十年，光纤网络已经成为信息时代的主要承载方式，奠定了移动通信、宽带、互联网、云计算等一系列业务发展的根基。

光传送网历经 40 余载的发展，经历了 PDH、SDH/MSTP、WDM/OTN 等技术发展和代际革新。我国在全光网的发展上一直走在世界前列，并持续引领着光产业的发展方向。由此引出了全光网发展的两个产业代际，即以全光纤网为特征的全光网 1.0 时代和以全光自动调度为特征的全光网 2.0 时代。

自 1998 年开始，国际电信联盟电信标准化部门（ITU-T）提出了 OTN 的框架标准，遵循"先标准，后实现"的原则构建，因此 OTN 避免了不同厂家因具体实现方面差异而导致的争议，在理论架构上更加合理。随着国内三大运营商相继开启 400G 光网，以及自动化管控系统的商用部署，我国已经全面迈入全光网 2.0 时代，由此也为行业创新应用的孵化创造了更多可能性。

下一代 OTN（NG OTN，即第五代）技术的出现，为全光网走向千行百业奠定了坚实基础。2019 年 12 月，中国通信标准化协会（CCSA）完成 NG OTN 技术行业标准立项；2020 年 2 月，中国移动在山东青岛完成业界首个 NG OTN 现网试点；2020 年 5 月，中国电信率先完成 M-OTN 样机测试，标志着 NG OTN 技术实现了里程碑式的突破，该技术支持更多的业务连接数、更高的网络资源利用率，可以灵活适配各类新兴业务的按需承载需求。2023 年，中国移动发布了世界最长距离 400G 光传输现网技术试验网，创造了 400G 长距离传输 3 项世界纪录，同时还带动国内产业打造了从芯片、器件、模块到设备、系统的自主可控能力。同年10 月，中国移动启动了省际骨干传送网 400G OTN 新技术试验网设备集中采购招标。在 800G 领域，ITU-T、光互联论坛（OIF）、电气电子工程师学会（IEEE）802.3、CCSA 等国内外标准组织都在积极投入研发和标准制定，国内中兴通讯、华为等厂商也在这一领域积极布局芯片、模块、系统设备等，2023 年年底，华为发布了业界首款 800G 可调超高速光模块，内置的芯片也由华为自主研发。

以全光网 2.0 为代表的新型基础设施建设作为算力网络的基石，将推动 OTN 在新时代的浪潮中发挥更重要作用，助力我国算力网络持续高质量发展。

1.2.3　IP 网络发展

20 世纪 70 年代，美国科学家罗伯特·卡恩和温顿·瑟夫提出了"传输控制协议（TCP）/网际互联协议（IP）"的概念，并在 IEEE 期刊上发表了一篇题为《关于分组交换的网络通信协议》的文章，正式提出了 TCP/IP，宣告了互联网的诞生。

1981 年，IP 版本 4（IPv4）被详细规定下来，IP 为端到端传递提供寻址和路由功能；1984 年，域名系统（DNS）被提出，DNS 可将域名解析为 IP 地址；1995 年，互联网服务提供商（ISP）开始向企业和个人提供网络接入服务。1996 年，超文本传送协议（HTTP）被推出，万维网开始使用 HTTP。

目前被广泛使用的 IPv4 存在一个明显的问题，即网络地址资源有限。理论上，IPv4 技术可使用的 IP 地址有 43 亿多个，其中北美占用了 3/4，而中国只占用了其中的 3000 多万个，这严重影响了我国互联网行业的发展。因此，在 1996 年，互联网协议第六版（IPv6）标准发布，IPv6 也成为解决 IP 短缺的最佳途径。但使用 IPv6 资源地址就意味着运营商需要大规模更换网络设备，这意味着需要投入更多的成本，这也是目前限制 IPv6 推广的主要原因之一。

IPv6 作为下一代互联网的基础承载协议，具有地址资源丰富、安全可靠、灵活扩展等优势，它能够支撑 5G、物联网、人工智能、边缘计算等新兴产业的海量地址需求，并提供更加高质量和智能化的连接，是下一代互联网升级演进和技术创新的必然趋势。IPv6 为网络升级、技术创新、社会发展等提供了重大契机，受到产业界及各国政府的高度重视，全世界范围内的 IPv6 大规模商用部署正在快速展开。

2014 年，伴随云计算业务的普及，SD-WAN 被提出。SD-WAN 即软件定义广域网，它的架构如图 1-14 所示，它可以将企业的分支、总部和云连接起来，是一种新兴的广域网技术。"软件定义"即将硬件的更多能力抽取出来，采用统一的软件去控制管理，从而达到硬件简化和通用化的效果。SD-WAN 的优势在于它具有较强的开放性、精确性，它能兼容多种接入方式，将流量准确分为不同服务等级应用，并指向不同的方向；并且部署简单，服务稳定性较强，能够实现监控云平台，集中资源下发，以及集中大数据分析的应用。

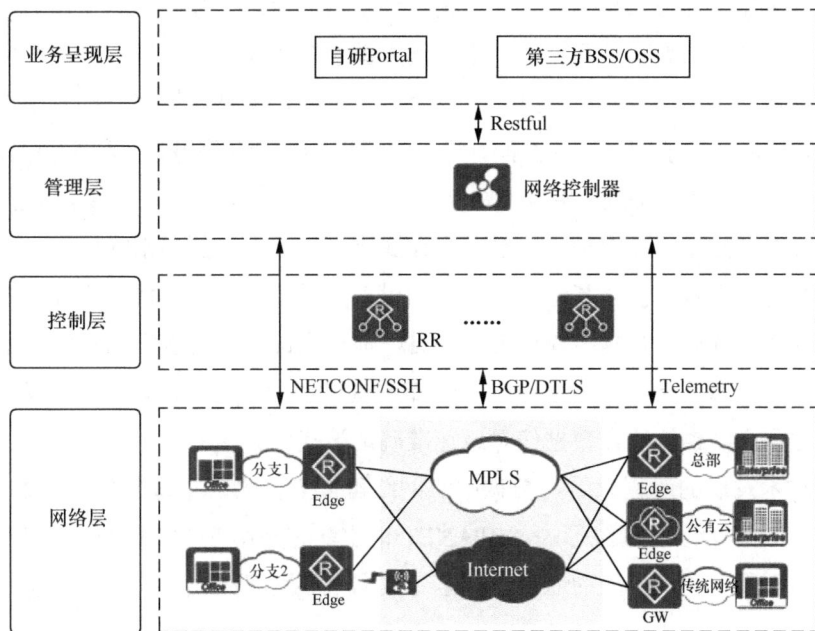

图 1-14　SD-WAN 架构

随着 IPv6 的逐渐普及，SRv6 也逐渐走入人们的视野，作为新一代 IP 承载协议，其采用现有的 IPv6 转发技术，通过灵活的 IPv6 扩展头实现网络可编程，可满足更多新业务的多样化需求，并提供高可靠性，尤其在云计算业务中，SRv6 展现了良好的应用前景。

1.2.4　数据中心网络发展

在当今时代，我们依赖手机、计算机等设备接入互联网，而这些设备都需要一个"栖息地"，使它们能够相互沟通并与其他设备连接。这个至关重要的"栖息地"就是数据中心。起初，数据中心可能只是一个容纳少量计算机和服务器的小房间，但随着人类存储和交换的数据量持续增长，数据中心也逐步演变为规模更大、结构更复杂的设施。数据中心的基础网络则是支撑这些设备和数据高效运作的核心框架。

就如同一个不断扩张的图书馆，数据中心内部的服务器如同排列有序的书架，承载着各类丰富的信息资源。基础网络则好比图书馆内的道路与指示牌，帮

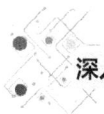

助数据（类比于寻找书籍的人）快速定位到所需的信息。起初，这个图书馆规模较小，仅有几个书架和几条通道。随着涌入图书馆的新书（数据）日益增多，通道变得拥挤不堪，查找资料的过程愈发困难。因此，图书馆管理员们开始寻求解决方案，他们扩建了图书馆的空间，增设了更多的书架（服务器）和宽阔的道路，并设置了有效的指示系统（相当于网络设备），以加快读者找书的速度。尽管如此，随着馆藏图书数量持续增加，问题并未彻底解决。于是，图书馆管理员们着手研发更为先进的技术来优化基础网络。他们引入光纤技术，仿佛将小路升级为高速公路，极大地提升了数据传输速度；同时，他们还部署了智能指示系统（智能网络设备），能自动引导用户选择最快捷、最畅通的路径。这样，即使面对庞大且复杂的数据中心，也能确保数据信息迅速准确地被找到。

从技术发展的历程来看，数据中心网络可以划分为若干重要阶段。20 世纪 70 年代初，作为互联网雏形的 ARPANET 诞生，它采用 TCP/IP 协议族和分组交换技术实现了不同机器间的通信，标志着数据中心网络的起步，奠定了现代网络通信的基石。

到了 20 世纪 80 年代，伴随着微计算机产业的蓬勃发展，Client-Server 架构模式崭露头角，催生了主机托管及外部数据中心的发展需求。这一时期的数据中心网络主要服务于主机托管和外部数据中心，提供数据存储和管理服务。其网络架构普遍采用层次分明的树形结构，自下而上依次为接入层、汇聚层及核心层，这种分层设计有利于扩展和管理，因此得到了广泛应用。

进入 21 世纪以来，互联网迎来爆炸式增长，PC 端应用的广泛普及对连续不断的网络连接提出了更高要求，这进一步推动了数据中心的快速发展。此时，数据中心的建设和运维更加专业化，成本投入显著增加。与此同时，分布式系统架构日趋成熟，并在数据中心服务架构中得到广泛应用。面对大规模、大带宽、低时延、高可靠性的新需求，数据中心网络架构开始从传统的三层结构向 Spine-Leaf 架构转变。

综上所述，数据中心网络的发展历程紧随计算机技术和互联网的发展脚步，从早期的 ARPANET 和 Client-Server 模型，到如今云计算和大数据技术的崛起，数据中心网络的功能与性能不断提升和完善，以满足日益增长的数据处理和存储需求。数据中心基础网络的发展如同一个不断成长的孩子，在适应我们的需求和技术进步的同时，也在不断进化，变得更加复杂、智能且高效。

1.3 国家或地区政策新要求

在数字经济时代，世界各国都在聚焦"计算+网络"基础设施建设。美国凭借云计算优势，提出了 2 万亿美元新基建计划，投入 500 亿美元发展半导体、高级计算等技术，并通过 1000 亿美元投资支持全美高速宽带的覆盖。2023 年，美国通过的《国家量子计划法案》增加对量子计算机科学和软件工程的研发投资，包括量子算法、应用程序、软件以及软件开发工具。欧盟则致力于构建自主可控的数据安全 ICT 体系，以德国和法国倡议的"Gaia-X"项目为核心，打造欧洲主权云设施，强化数据保护、安全互操作性，降低对美国、亚洲云服务的依赖，提升数字主权竞争力；2021年 3 月欧盟委员会发布的《2030 数字指南针：欧洲数字十年之路》提出，到 2030 年部署 1 万个边缘计算节点，确保所有家庭实现千兆连接和人口密集区 5G 全覆盖。

根据中国信息通信研究院的测算，在全球算力规模方面，2023 年美国、中国、欧洲、日本在全球算力规模中的份额分别为 34%、33%、14% 和 5%，如图 1-15 所示。但目前随着全球化形势变化，西方发达国家均发布了相关国家战略和政策，限制关键材料、计算芯片、设计软件、制造设备出口，以维持其在关键原材料、计算芯片设计、半导体制造设备等方面

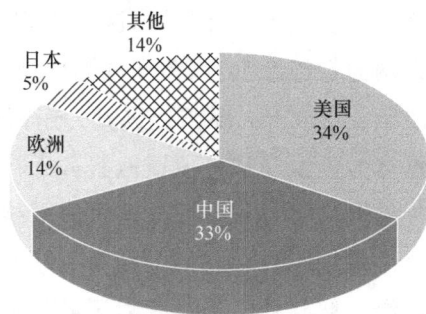

来源：中国信息通信研究院，IDC、Gartner、TOP5000

图 1-15　2023 年全球算力规模分布情况

的领先优势，给我国算力网络技术创新及产业生态带来新挑战。

我国算力规模持续增长，但同时也存在算力分布不均、供需失衡等问题，导致社会算力利用率难以提升，大量闲置算力资源亟待盘活使用。截至 2023 年年底，我国算力总规模超 230EFLOPS，存力总规模超过 1200EB，算力核心产业规模超过 2 万亿元。然而，算力利用率仅约 30%，大量算力仍处于闲置状态。因此我国大力推动建设算力网络，整合算力资源，解决算力布局不均衡、结构不合理等问题，并出

台了一系列指导性政策，如表 1-2 所示。

表 1-2　　　　　　　　　　　　　相关政策脉络

时间	政策名称
2021.3	《中华人民共和国国民经济和社会发展第十四个五年规划和 2035 年远景目标纲要》
2021.5	《全国一体化大数据中心协同创新体系算力枢纽实施方案》
2023.2	《数字中国建设整体布局规划》
2023.10	《算力基础设施高质量发展行动计划》
2023.12	《深入实施"东数西算"工程加快构建全国一体化算力网的实施意见》

《中华人民共和国国民经济和社会发展第十四个五年规划和 2035 年远景目标纲要》提出"建设高速泛在、天地一体、集成互联、安全高效的信息基础设施，增强数据感知、传输、存储和运算能力"。《数字中国建设整体布局规划》要求夯实数字中国建设基础，打通数字基础设施大动脉。从规划中可以看出，算力作为数字经济时代的新生产力，对于提升社会治理效能、驱动产业升级以及促进经济高质量发展的战略意义。

《全国一体化大数据中心协同创新体系算力枢纽实施方案》《算力基础设施高质量发展行动计划》《深入实施"东数西算"工程 加快构建全国一体化算力网的实施意见》《关于推动新型信息基础设施协调发展有关事项的通知》等政策相继发布，要求促进算力东西部平衡发展、提升算力供给质量和效率，确保算力资源能够更便捷地服务于社会各行各业。

我国发布的一系列政策紧密围绕着算力网络的高质量发展展开，旨在通过全面规划、科学布局、创新驱动和市场化运作，构建起覆盖全国、智能高效、绿色低碳的现代化算力服务体系，从而赋能全社会数字化转型，支撑数字经济发展和数字中国建设迈向新的高度。

1.3.1　加快建设新型基础设施

加快新型基础设施建设是党中央、国务院作出的重大决策部署，也是《中华人民共和国国民经济和社会发展第十四个五年规划和 2035 年远景目标纲要》（以下简称"十四五"规划）中的一项重要任务。"十四五"规划针对建设现代化基础设施体系提出了明确要求，即围绕强化数字转型、智能升级、融合创新支撑，布局建设信息基础设施、融合基础设施、创新基础设施等新型基础设施。

建设高速泛在、天地一体、集成互联、安全高效的信息基础设施，增强数据感知、传输、存储和运算能力。加快 5G 网络规模化部署，用户普及率提高到56%，推广升级千兆光纤网络。前瞻布局 6G 网络技术储备。扩容骨干网互联节点，新设一批国际通信出入口，全面推进互联网协议第六版（IPv6）商用部署。实施中西部地区中小城市基础网络完善工程。推动物联网全面发展，打造支持固移融合、宽窄结合的物联接入能力。加快构建全国一体化大数据中心体系，强化算力统筹智能调度，建设若干国家枢纽节点和大数据中心集群，建设 E 级和 10E 级超级计算中心。积极稳妥发展工业互联网和车联网。打造全球覆盖、高效运行的通信、导航、遥感空间基础设施体系，建设商业航天发射场。加快交通、能源、市政等传统基础设施数字化改造，加强泛在感知、终端联网、智能调度体系建设。发挥市场主导作用，打通多元化投资渠道，构建新型基础设施标准体系。

1.3.2　数字中国整体布局规划

2023 年 2 月，中共中央、国务院印发了《数字中国建设整体布局规划》（以下简称《规划》），并发出通知，要求各地区、各部门结合实际认真贯彻落实。数字中国建设整体框架如图 1-16 所示。

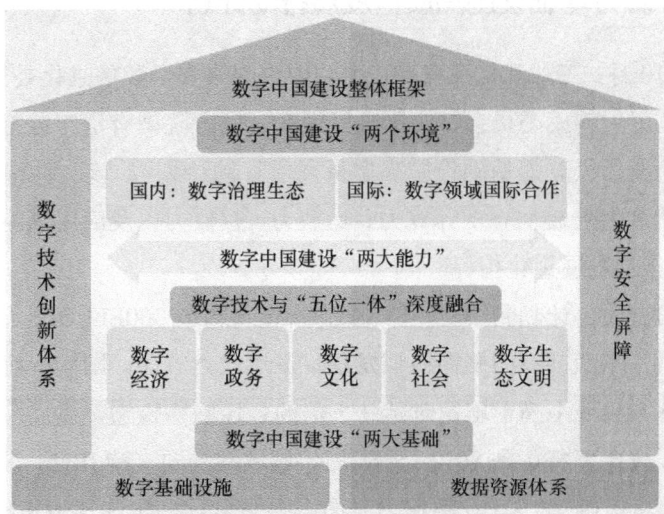

图 1-16　数字中国建设整体框架

《规划》指出，建设数字中国是数字时代推进中国式现代化的重要引擎，是构筑国家竞争新优势的有力支撑。加快数字中国建设，对全面建设社会主义现代化国家、全面推进中华民族伟大复兴具有重要意义和深远影响。

《规划》明确提出，数字中国建设按照"2522"的整体框架进行布局，即夯实数字基础设施和数据资源体系"两大基础"，推进数字技术与经济、政治、文化、社会、生态文明建设"五位一体"深度融合，强化数字技术创新体系和数字安全屏障"两大能力"，优化数字化发展国内、国际"两个环境"。《规划》还指出，要夯实数字中国建设基础。一是打通数字基础设施大动脉。加快5G网络与千兆光网协同建设，深入推进IPv6规模部署和应用，推进移动物联网全面发展，大力推进北斗规模应用。系统优化算力基础设施布局，促进东西部算力高效互补和协同联动，引导通用数据中心、超算中心、智能计算中心、边缘数据中心等合理梯次布局。整体提升应用基础设施水平，加强传统基础设施数字化、智能化改造。二是畅通数据资源大循环。构建国家数据管理体制机制，健全各级数据统筹管理机构。推动公共数据汇聚利用，建设公共卫生、科技、教育等重要领域国家数据资源库。释放商业数据价值潜能，加快建立数据产权制度，开展数据资产计价研究，建立数据要素按价值贡献参与分配机制。

1.3.3　算力基础设施高质量发展行动计划

2023年10月，工业和信息化部、中共中央网络安全和信息化委员会办公室、教育部、国家卫生健康委员会、中国人民银行、国务院国有资产监督管理委员会6部门联合印发了《算力基础设施高质量发展行动计划》。该文件根据算力基础设施产业现状和发展趋势，从计算力、运载力、存储力以及应用赋能4个方面提出了到2025年的发展量化指标。

在计算力方面，计划到2025年，算力规模将超过300EFLOPS，智能算力占比将达到35%，东西部算力平衡协调发展。在运载力方面，国家枢纽节点数据中心集群间将基本实现不高于理论时延1.5倍的直连网络传输，重点应用场所光传送网（OTN）覆盖率将达到80%，骨干网、城域网全面支持IPv6，将SRv6等新技术使用占比将达到40%。在存储力方面，存储总量将超过1800EB，先进存储容量占比将达到30%以上，重点行业核心数据、重要数据灾备覆盖率达到100%。

在应用赋能方面，打造一批算力新业务、新模式、新业态，工业、金融等领域算力渗透率显著提升，医疗、交通等领域应用实现规模化复制推广，能源、教育等领域应用范围进一步扩大。每个重点领域打造 30 个以上应用标杆。

该行动计划共部署 25 项重点任务，在完善算力综合供给体系方面，从优化算力设施建设布局、推动算力结构多元配置、促进边缘算力协同部署、推动算力标准体系建设方面进行部署；在提升算力高效运载能力方面，从优化算力高效运载质量、强化算力接入网络能力、提升枢纽网络传输效率、探索算力协同调度机制方面进行部署；在强化存力高效灵活保障方面，从加速存力技术研发应用、持续提升存储产业能力和推动存算网协同发展方面进行部署；在深化算力赋能行业应用方面，从构建一体化算力服务体系和"算力+工业""算力+教育""算力+金融""算力+交通""算力+医疗""算力+能源"方面进行部署；在促进绿色低碳算力发展方面，从提升资源利用和算力碳效水平、引导市场应用绿色低碳算力、赋能行业绿色低碳转型方面进行部署；在加强安全保障能力建设方面，从增强网络安全保障能力、强化数据安全保护能力、强化产业链供应链安全、保障算力设施平稳运行方面进行部署。

1.3.4　全国一体化算力网

为加快推动数据中心绿色高质量发展，建设全国算力枢纽体系，2021 年 5 月 24 日，国家发展和改革委员会、中共中央网络安全和信息化委员会办公室、工业和信息化部、国家能源局联合印发了《全国一体化大数据中心协同创新体系算力枢纽实施方案》（以下简称《方案》），其中明确提出"要推动数据中心合理布局、供需平衡、绿色集约和互联互通，构建数据中心、云计算、大数据一体化的新型算力网络体系，促进数据要素流通应用，实现数据中心绿色高质量发展"。这也标志着"算力网络"被正式纳入国家新型基础设施发展建设体系。

2023 年 12 月，国家发展和改革委员会、国家数据局、中共中央网络安全和信息化委员会办公室、工业和信息化部、国家能源局 5 部门联合印发的《关于深入实施"东数西算"工程 加快构建全国一体化算力网的实施意见》（以下简称《实施意见》）明确提出，到 2025 年年底，惠普易用、绿色安全的综合算力基础设施体系初步成型，东西部算力协同调度机制逐步完善，通用算力、智能算力、超级算力等多元算力加速集聚，国家枢纽节点地区各类新增算力占全国新增算力的 60%以上，国家枢纽节点算力资源使用率显著超过全国平均水平。1ms 时延城市算力网、5ms 时延区域算力网、20ms 时延跨国家枢纽节点算力网在示范区域内初步实现。算力电力双向协同机制初步形成，国家枢纽节点新建数据中心绿电占比超过 80%。用户使用各类算力的易用性明显提高、成本明显降低，国家枢纽节点间网络传输费用大幅降低。算力网关键核心技术基本实现安全可靠，以网络化、普惠化、绿色化为特征的算力网高质量发展格局逐步形成。具体措施如下。

一是要统筹通用算力、智能算力、超级算力的一体化布局，包括促进多元异构算力融合发展，加强各类算力资源科学布局，提升算力服务普惠应用水平。

二是要统筹东中西部算力的一体化协同，包括提升算力网络传输效能，探索算网协同运营机制，构建跨区域算力调度体系。

三是要统筹算力与数据、算法的一体化应用，包括推动算力、数据、算法融合发展，深化行业数据和算力协同应用，构建可信计算网络环境。

四是要统筹推动算力与绿色电力的一体化融合，包括促进数据中心节能降耗、创新算力电力协同机制。

五是要统筹算力发展与安全保障的一体化推进，包括完善算网安全保障体系，构建促发展、保安全机制。

六是保障措施，包括强化统筹协调力度、创新政策激励方式、加强共性技术研发。

1.4 产业环境需求

数字经济时代，新技术、新业态、新场景和新模式不断涌现，国家发布的"十四五"规划高度重视数字经济的发展，把"网络强国、数字中国"作为新发展阶段的重要战略进行部署。根据中国信息通信研究院的研究报告，数字经济产业已成为支撑我国经济复苏的重要动力，其中，产业数字化产业成为我国数字经济产业的主导产业，产业数字化产业占数字经济产业比重由 2007 年的 52.9%提升至

2022 年的 81.7%。

随着数字经济的发展，数字经济和实体经济进一步深度融合。《国家信息化发展报告（2023 年）》指出，2023 年我国数字经济核心产业增加值超 12 万亿元，占 GDP 比重达 10%左右，智慧农业、重点工业、服务业等数字化绿色化协同转型提速增效，累计建设 196 个国家示范标杆绿色数据中心，"双化协同"综合试点扎实推进。数字企业发展活力增强。数据资源开发利用水平明显提升。2023 年，我国数据生产总量达 32.85ZB，大数据产业规模达 1.74 万亿元，同比增长 10.45%。数据资源质量持续提升，面向大模型训练的数据资源加速增长，数据总量规模超 612TB。全国一体化政务服务平台数据共享枢纽累计发布数据资源 2.06 万类，支撑各地区各部门共享调用 5300 余亿次。2023 年，我国已有 226 个省级和城市的地方政府上线数据开放平台，开放的有效数据集达 34 万个，数据集数量增长达 22%。上下联动、横向协同的数据工作体系基本形成。

算力作为数字化时代的基础设施和核心动能，数字化的推进对算力的"质"和"量"都提出了更高要求，推动算力向分布式、异构化方向发展。为了实现算力的可用和便捷易用，网络成为连接算力、数据和用户的桥梁，与算力深度融合，共同构建高效、敏捷的新型基础设施。

算力网络正加速从互联网、电子政务等传统领域向服务、电信、金融、制造、教育等各行业、各领域渗透。在通用算力领域，互联网行业仍是算力需求最大的行业，占通用算力 39%的份额；在智能算力领域，互联网行业对数据处理和模型训练的需求不断提升，成为智能算力需求最大的行业。我国各行业算力应用分布情况如图 1-17 所示。

在数字经济的大背景下，无人驾驶、智慧金融、VR 等智慧化部署场景不断涌现，对算力网络服务提出了大连接、高算力、强安全的要求。例如在无人驾驶领域，实时计算和网络传输是最主要的两大能力要求。以 L4 级别的无人驾驶汽车为例，与当前处于 L3 级别的汽车信息化水平相比，L4 级别的汽车信息化水平需要全面提升现有设备的处理能力，在芯片算力方面，需要约 5000 倍的能力增长；在网络质量方面，需要至少 100Mbit/s 网络带宽以及 5～10ms 的网络时延。在 VR/AR 技术应用领域，智慧商场、游戏、智慧课堂等场景落地同样需要实时计算和网络传输两大能力的支撑。

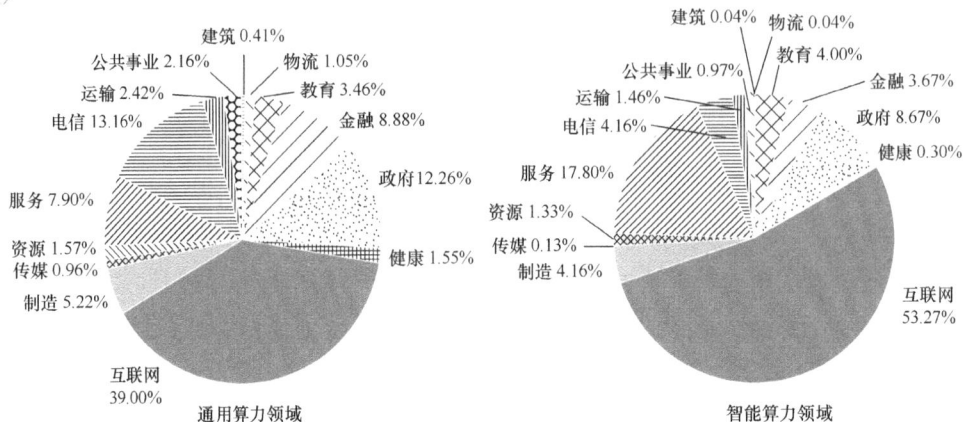

（资料来源：中国信息通信研究院，IDC）

图 1-17　我国各行业算力应用分布情况

自 OpenAI 于 2022 年 11 月 30 日发布 ChatGPT 后，生成式 AI 浪潮席卷全球。伴随人工智能领域大模型技术的快速发展，我国不少地方政府出台相关支持政策，以加快大模型产业的持续发展。当前，北京、上海、广东、安徽、福建、深圳、杭州、成都等地均发布了 AI 大模型的相关产业政策。

国内科技行业在大模型技术的研发上展现了显著的积极性和创新能力。百度公司推出 "文心一言" 大模型，标志着其在通用 AI 大模型领域的领先地位。紧随其后，阿里巴巴集团发布"通义千问"大模型，科大讯飞推出"星火认知"大模型。深度求索公司推出了 DeepSeek 大模型，在算法优化与模型架构方面取得了创新性进展，提供了高效的解决方案以应对复杂的 AI 挑战。除了这些面向广泛用途的通用大模型，行业内也出现了专注于特定领域应用的大模型。例如，中国移动基于自研的九天通用大模型，构建了面向多领域的行业大模型，推出九天·客服、九天·海算政务、九天·网络、九天·企业通话、九天·川流出行等 40+行业大模型，对特定行业需求进行了定制化开发，以满足不同行业的专业化需求。在端侧大模型方面，汽车行业多家公司发布了大模型，能够在终端设备上直接运行，为用户提供更快速的响应和更安全的数据处理能力。这标志着 AI 技术正逐渐从云端向终端设备延伸，为用户带来更加个性化和高效的智能体验。

AI 大模型技术正与各行各业紧密融合，催生出多样化的应用需求。在办公自动化、制造业、金融服务、医疗健康以及政务管理等多个关键领域场景中分别实现降本增效、自动化生产、风险降低、诊断准确率提高、政务服务效率提高，AI 大模型技术展现出其独特的价值和潜力。随着 AI 大模型技术的不断进步和创新，以及在相关领域的深入应用，大模型产业的发展势头强劲，正迅速成为推动社会进步和经济增长的重要力量。在办公领域，微软率先发布 Microsoft 365 Copilot，作为一款基于 GPT-4 和 Microsoft Graph 的 AI 办公助手，Microsoft 365 Copilot 能够自动化重复工作流程，为用户提供一种全新的工作方式，提升了工作效率，也对算网服务质量提出了更高的要求。

2024 年 2 月 16 日，OpenAI 推出了其首个文本到视频的多模态模型——Sora。该模型能够根据用户输入的文本指令，迅速生成长达一分钟的高清视频内容。Sora 模型的开发和运行对硬件资源提出了极高的要求，特别是在芯片性能、计算能力和电力消耗方面。OpenAI 在其技术文档中指出，随着模型训练过程中计算量的显著增加，生成样本的质量得到了显著提升。这一现象进一步证实了在多模态 AI 时代，算力需求正逐渐成为技术发展的关键瓶颈之一。Sora 模型的成功不仅展示了多模态大模型在内容生成上的潜力，同时也突显了为满足这些先进模型的算力需求所面临的挑战。

随着人工智能大模型技术的迅猛发展，对计算能力的需求也随之急剧上升。AI 大模型在进行训练和推理过程中，需要使用大量的计算资源。以 GPT-3 模型为例，它拥有庞大的参数量，并且在训练中处理了海量的样本，因此需要部署大量的 A100 GPU 来满足算力需求，相当于需要上百台 DGX A100 服务器。

随着大模型参数量的不断增长，多模态大模型技术的快速发展，以及大模型在各个行业的应用变得越来越广泛和深入，人类对于算力的需求还会持续增长。

1.5　算力网络应运而生

以算力和网络发展为基础，在国家新基建、双碳、东数西算等政策背景下，算力网络理念被全新阐述。发展"算力网络"不仅是国家、社会、产业发展的战略要求，也是行业转型发展的重要机遇。

从行业算力发展的现状及趋势来看，行业数字化转型对数据处理的实时性和

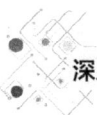

安全性提出了更高的要求，算力分布式部署成为主要形态。虽然算力也在自发性迭代中不断进步，但仍无法完全满足全行业的计算需求，并出现了以下 4 个难点：①海量数据计算需求增加，而算力呈现东多西少、互联网多且传统行业少等特点，导致区域及行业分布不均，供求失衡；②算力自身架构不断迭代，GPU、DPU、FPGA 等异构芯片的出现增加了算力度量和统筹管理的难度；③算力逐渐渗透各行业和场景，但对偶发性算力需求激增的场景仍缺乏弹性应对措施；④IDC 厂商、运营商、云厂商等对数据中心的建设使得算力布局更加复杂，各行业全级别计算需求对算力各节点的稳定性与安全性提出更高要求。为解决这些难点，需要通过对泛在网络和分布式、异构的算力进行感知，并实现网与算力的统筹连接和调度，以匹配行业计算需求。

因此，算力网络应运而生。随着算力与网络的深度融合，算力网络服务向极简一体化方向转变。算力网络通过对算、网资源的统一管理和编排调度来支撑东数西算服务，将数据存储到西部或在西部进行数据计算和模型训练、在东部进行模型推理等，因此可以看出，算力网络是盘活算力资源的关键。

第2章

算力网络的概念

2.1 什么是算力网络

2.1.1 算力网络的定义和内涵

"算力网络"近年来成为产业研各界的一个热点话题。有一种观点认为，算力网络是指面向承载网的新型网络技术，又称为算力感知网络、算力路由等。但自国家布局"东数西算"工程以来，业内对算力网络的内涵和外延有了更深刻的理解。《全国一体化大数据中心协同创新体系算力枢纽实施方案》明确提出，构建数据中心、云计算、大数据一体化的新型算力网络体系。这里的算力网络就不只是指算力感知网络、算力路由等具体技术，而是一种涵盖数据中心、云计算、大数据等并通过网络实现其互联互通的新型技术和服务体系。

中国移动在 2021 年发布了《中国移动算力网络白皮书》，提出了算力网络这一全新的理念和定义，算力网络是以算为中心、以网为根基，深度融合网（网络）、云（云计算）、数（大数据）、智（人工智能）、安（安全）、边（边缘计算）、端（端算力）、链（区块链）（ABCDNETS）、提供一体化服务的新型信息基础设施。算力网络的目标是实现"算力泛在、算网共生、智能编排、一体服务"，逐步推动算力网络成为与水网、电网一样，可"一点接入、即取即用、按需调度"的社会级服务，达成"网络无所不达、算力无所不在、智能无所不及"的愿景。

算力网络有如下几个核心要义。

1. 以算为中心、以网为根基

算力网络为何以算为中心呢？因为在行业数字化转型的过程中，个人及行业对信息网络的主要需求已从以网络为核心的信息交换逐渐转变为以算力为核心的信息数据处理。算力成为信息技术发展的核心和生产力。因此，算力网络由云向算演进，算力将更加立体泛在，既需要做到跨区域、多层次、融通东西的物理空间中的算力融通，又需要做到云、边、端泛在算力逻辑上的融通，还需要做到 CPU、GPU、NPU 等异构算力的融通。

算力网络又为何以网为根基呢？因为网络是连接用户、数据与算力的桥梁，

可连接泛在化的算力资源；同时，利用网络集群优势，可突破单点算力的性能极限，提升算力的整体规模。

算力网络将推动算力和网络由"网随算动、算网融合"走向算网一体化，实现"网在算中、算在网中"，形成以算力为载体、融合多要素的算网一体化新型基础设施。

2. 深度融合 ABCDNETS

面向社会更广泛的业务需求，算力网络在提供算力和网络的基础上，需要融合丰富的技术要素为用户提供多要素深度融合的一体化服务。结合当前技术发展趋势，算力网络将深度融合 ABCDNETS 八大核心要素。其中，云、边、端（Cloud/Edge/Terminal）作为信息社会的核心生产力，共同构成了多层立体的泛在算力架构；网络（Network）作为连接用户、数据和算力的桥梁，通过与算力的深度融合，共同构成算力网络这一新型基础设施；大数据（Data）和 AI 是影响社会数智化发展的关键，算力网络需要通过融数注智，构建算网大脑，打造统一、敏捷、高效的算网资源供给体系；区块链（Blockchain）作为可信交易的核心技术，是基于信息和价值交换的信息数字服务的关键，是实现算力可信交易的基石；安全（Security）是保障算力网络可靠运行的基础，需要融入算力网络体系中，形成内生的安全防护机制。

3. 提供一体化服务

在服务能力上，算力网络通过算、网、数、智等多原子的灵活组合，实现算力服务从传统简单的云网组合服务，向多要素深度融合的一体化服务转变。在服务体验上，算力网络将实现从分产品分段质量保障向提供端到端质量一致性体验升级。在服务模式上，算力网络逐渐从"资源式"向"任务式"转变，可为用户提供融合、智能、无感、极简的算网服务。同时，算力网络通过吸纳多方云池和泛终端设备等社会闲散算力资源，实现算力并网、算力交易的创新业态。

水利发展离不开水网，电力发展离不开电网，算力发展离不开"算力网络"。为了让用户享受随时随地的算力服务，发展算力网络需要重构网络，使其成为继水网、电网之后的国家新型基础设施，如前文所述，成为可"一点接入、即取即用、按需调度"的社会级服务。最终达成"网络无所不达、算力无所不在、智能无所不及"的愿景。

2.1.2　算力网络与云计算、云网融合的关系

算力网络不仅包括算网基础设施，还包括实现算网融合调度和多要素统一编排的算网操作系统，即算网大脑，以及各种算网服务。其中，"算"包括异构多样、多运营主体的算力，比"云计算"的涵盖范围更广，还包括智算中心、超算中心、边缘计算、端算力、量子算力等。云计算是算力网络的重要载体。

与之前业界热议的云网融合相比，算力网络在理念和服务创新、要素升级、技术创新等方面均实现了质的飞跃。在理念和服务创新方面，云网融合更多的是着眼于运营商云和网在基础设施层面的整合和互联互通，而算网融合则引领了以算为核心的服务范式的变革，致力于提供以算力为核心载体、多要素融合的一体化服务，如任务即服务（TaaS）、模型即服务（MaaS）等。在要素升级方面，算网融合将"算"的意义提升到新高度，算力资源的多元化需求促使我们实现跨地域（东部和西部）、跨内核（通算、智算、超算、量算等不同算力）、跨层级（云、边、端）及跨主体（社会算力）的纳管和调度；除算之外，算力网络还强调网络、大数据、人工智能、安全、边缘计算、端计算、区块链等多要素的融合，并且致力于编排和调度各类资源和能力，以提供更好的服务。在技术创新方面，算网融合是涵盖了新型计算、全光网络、算网大脑、算网一体化等方向的全新技术栈，明确了近中长期的技术发展方向。算力网络的最终目标是实现算网一体化，即"算""网"在协议和设备层面实现真正融合，如在网计算和算力路由等创新技术。

2.2　算力网络的发展目标

为了支撑数字经济发展，推进产业数字化和数字产业化，算力网络的发展目标是实现"算力泛在、算网共生、智能编排、一体服务"。

2.2.1　算力泛在

以算为中心，构筑云、边、端泛在、立体的算力体系。算力泛在体现为 3 个

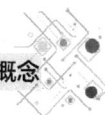

方面的融通：第一，由于应用对算力专业化的要求越来越高，计算硬件出现了多样化的异构形态，算力网络通过构建统一的基础设施层，纳管 x86、ARM、RISC-V 等多样性芯片架构，并通过统一的接口对外提供 CPU、GPU、FPGA 等多样性算力，实现异构算力的融通和多样性算力的统一供给；第二，为进一步满足业务低时延、数据不出场等需求，算力将形成云—边—端泛在分布，实现算力能力在逻辑上的融通；第三，面向跨区域建设的算力枢纽及区域内多层次的算力资源，打造高品质网络基础设施，拉通不同区域、不同层级的算力资源，实现算力能力在物理空间中的融通。

2.2.2 算网共生

算力与网络在形态和协议方面深度融合，形成一体化基础设施。这种融合推动算力和网络由算网协同、算网融合走向算网一体化，最终打破网络和算力基础设施之间的边界，实现算网共生的目标。在这个过程中，网络从简单的支持连接算力，演变为能够感知算力、承载算力。现在，网络和算力已经实现了真正的共生，即实现了"网在算中、算在网中"。

2.2.3 智能编排

算力网络通过融数注智，构建算网大脑，算网大脑向下实现算网全领域资源拉通，向上实现算网融合类全业务支撑。通过融合 AI、大数据技术，不断提升产品设计、编排调度、运维优化等方面的数智化能力，以实现算网统一编排、调度、管理、运维，打造算力网络资源一体设计、全局编排、灵活调度、高效优化的能力。未来，"算网大脑"还将融合意图引擎、数字孪生等技术，实现自学习、自进化，升级为真正智慧内生的"超级大脑"。

2.2.4 一体服务

基于算网基础设施和算网统一编排、调度，我们旨在为用户提供 ABCDNETS 等多要素融合的一站式服务和端到端的一致性质量保障。一体服务包含 3 方面的融合供给。第一，算力网络实现了 ABCDNETS 等多要素的深度融合，可提供多层次叠加的一体服务，实现多要素的融合供给。第二，算力网络通过与区块链技术的紧密结合，构建可信算网服务统一交易和运营平台，支持引入多方算力提供者，打造新型算网服务及业务能力体系，并衍生出平台型共享经济模式，实现社会算力的融合供给。第三，算力网络通过提供基于"任务式"量纲的新服务模式，可以让应用在无须感知算力和网络的前提下，实现对算力和网络等的随需使用和一键式获取，为用户提供智能无感的极致体验，实现数智服务的融合供给。

2.3 算力网络体系架构

算力网络体系架构按逻辑功能分为基础设施层、编排管理层和运营服务层，如图 2-1 所示。

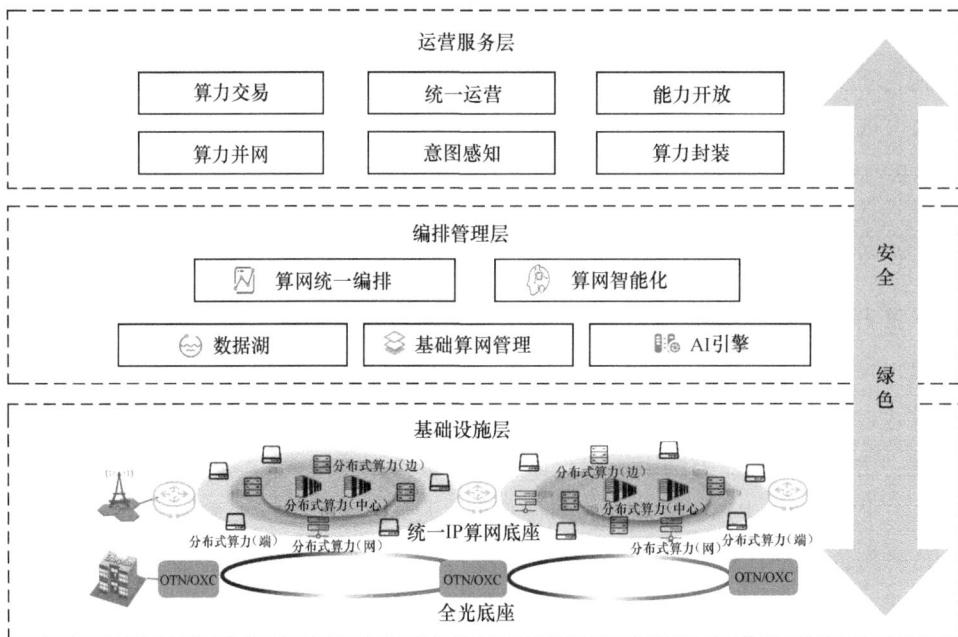

图 2-1 算力网络体系架构

2.3.1 基础设施层

基础设施层是算力网络的坚实底座，该层以高效能、集约化、绿色安全的新型一体化基础设施为基础，通过无所不达的网络连接云、边、端多层次、立体泛在的分布式算力。在满足中心级、边缘级和现场级的算力需求的同时，该层提供了低时延、高可靠、高带宽的网络质量保障。

2.3.2　编排管理层

编排管理层是算力网络的调度中枢，该层通过将算网原子能力灵活组合，结合 AI 与大数据等技术，向下实现对算网资源的统一管理和编排、智能调度和全局优化，提升算力网络效能，向上提供算网调度能力接口，支撑算力网络多元化服务。

2.3.3　运营服务层

运营服务层是算力网络的服务和能力提供平台，该层通过将算网原子化能力封装并融合多种要素，实现算网一体化服务供给，使客户享受便捷的一站式服务和智能无感的体验。同时，该层通过吸纳社会多方算力，结合区块链等技术构建可信算网服务统一交易和售卖平台，提供"算力电商"等新模式，打造新型算网服务及业务能力体系。

2.4　算力网络的演进

基于此，中国移动提出了算力网络的 3 个实现阶段，即泛在协同、融合统一和一体内生。算网服务会从云+网服务融合的泛在协同与融合统一阶段，向算网深度融合和灵活组合的一体化服务阶段演进，该过程对算网资源、技术和产品体系提出了新的要求，并通过基础设施层、编排管理层和运营服务层的不断突破，最终实现算网一体化的目标架构。

2.4.1　阶段一：泛在协同

该阶段是算力网络的起步阶段，其核心理念是"协同"。在这一阶段中，尽管算和网依然是两个独立的个体，各自进行编排调度，但开始向布局协同和运营协同的方向发展，通过协同算网服务入口，实现资源互调，满足了用户一站开通的需求。该阶段的算力网络架构如图 2-2 所示。

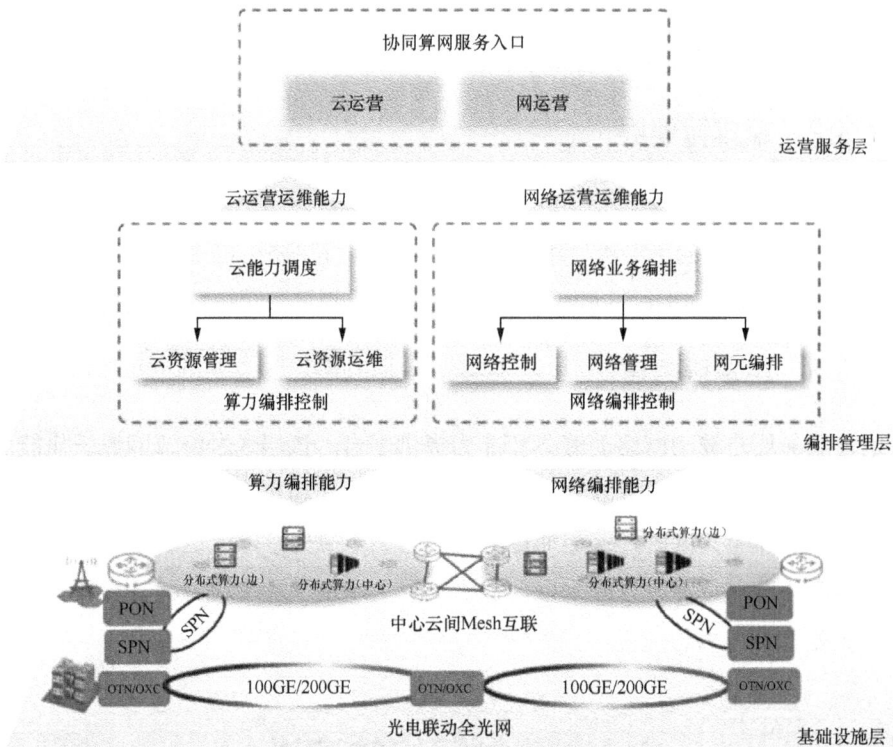

图 2-2 泛在协同阶段的算力网络架构

该阶段的算力网络的主要特征包括网随算动、协同编排、协同运营和一站式服务。

1. 网随算动

算力基础设施布局从集中式向分布式转变，兼顾能源、气候、站址等多方面因素，形成了东西地域协同、云边多级协同的算力基础设施布局。同时，网络基础设施以算力高效互联为目标完成架构升级，中心算力节点间骨干网全 Mesh 互联，边缘算力节点间分支网络则按需高效组网，实现了算网协同布局。

2. 协同编排

算力网络通过多云管理器对云、边等分布式算力进行统一纳管，实现算力跨层调度；通过网络编排器对接跨域、跨专业的连接网络，实现网络端到端拉通。二者被上层运营系统协同调用，共同实现算网服务的一键式开通。

3. 协同运营

通过算力运营入口和网络运营入口的协同互调，算力网络可提供一站式算网业务开通的服务，因此算力网络在逻辑上呈现出统一的服务入口。

4. 一站式服务

通过算网协同服务入口，有多种渠道可以为用户提供可一键受理、一键开通的算力和网络"固定"组合产品，实现一站式服务的提供。

在该阶段中，关注以边缘计算、云原生、无服务器计算、异构计算、SDN、SRv6/G-SRv6、SD-WAN、光电联动全光网络、隐私计算、算力度量为代表的技术，它们将支撑算网在各自领域深入发展。

2.4.2　阶段二：融合统一

该阶段是算力网络的发展阶段，其核心理念是"融合"。在这一阶段中，算与网开始向融合发展，尽管还是两个独立的"身体"，但负责管理编排的"大脑"开始融合统一，实现在算网资源层面的统一管理、编排和调度，该阶段的算力网络架构如图 2-3 所示。

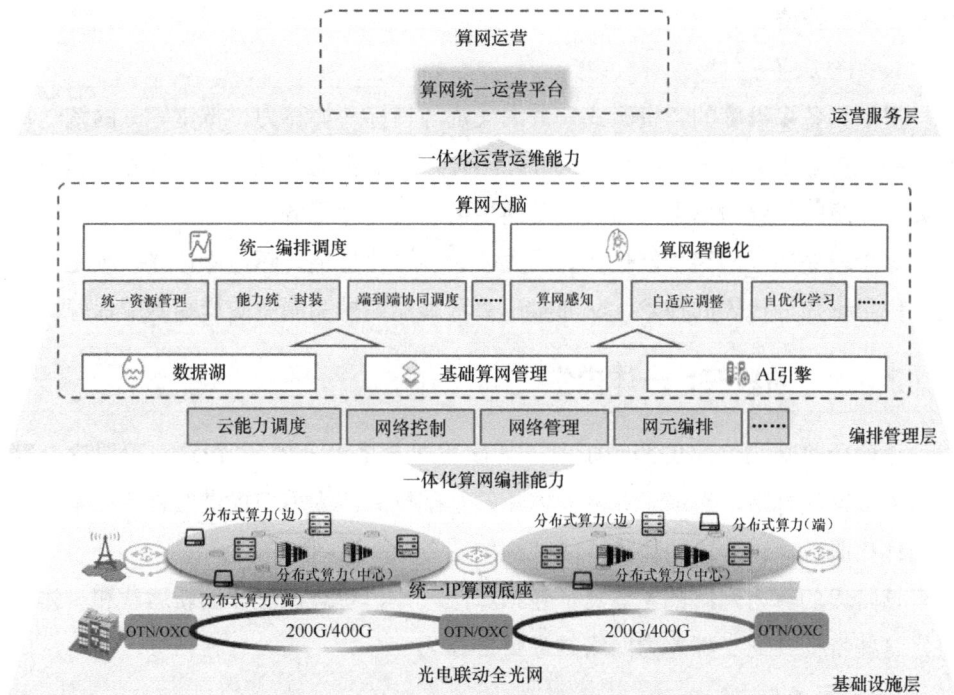

图 2-3　融合统一阶段的算力网络架构

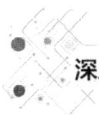

该阶段的算力网络的主要特征包括算网融合、智能编排、统一运营和融合服务。

1. 算网融合

网络持续朝着平台原生化、性能极致化和功能定制化方向发展，与算力的融合程度也随之加深。面向云原生的网络演进正在打造一个敏捷灵活的算网底座；DPU 的逐步成熟使得网络和计算任务可以同时卸载至智能网卡上，实现极致性能；边缘计算的广泛应用正驱动着网络开始感知算力的类型和位置，实现就近分流，从而推动算网融合的平台服务向纵深发展。

2. 智能编排

算网大脑通过对算网原子服务能力进行组合和封装，并结合 AI、大数据等技术，实现算网资源的数据统一纳管与服务灵活编排，以及实现算网资源的可视化呈现和确定性服务质量保证。

3. 统一运营

依托算网统一运营平台，在物理上提供统一的服务入口，实现算网业务统一开通和统一计费。

4. 融合服务

提供具备多维度的"资源式"量纲（资源指标，如算力、带宽等）的统一算网产品，实现服务质量的端到端保障，孕育"智能极简"融合特色服务，用户无须关注资源的位置与形态，即可享受满足需求的算网服务。

该阶段关注以网络智能化、算网大脑、多样化量纲、超边缘计算、确定性网络、应用感知为代表的技术，从而实现算网智能编排和服务质量端到端保障。

2.4.3 阶段三：一体内生

该阶段是算力网络的跨越阶段，其核心理念是"一体"。在这一阶段中，算网边界被彻底打破，形成了算网一体化的基础设施，为用户提供融合多技术要素的一体化服务。该阶段的算力网络架构如图 2-4 所示。

该阶段的算力网络的主要特征包括算网一体、智慧内生、创新运营和一体服务，这些特征共同支撑算力网络的最终目标。

1. 算网一体

算网在协议层面将实现一体共生，算力资源状态将被引入网络路由域。通过网络控制平面分发算力服务节点的算力、存储、算法等资源信息，并结合网络信息和用户需求，提供算网资源的最优分发、关联和调配。算力和网络在形态上也将逐步趋同，随着网络设备处理能力的持续增强，部分计算任务分解下沉到各网元中，借助无损、可编程网络，实现在搬运数据的同时进行计算，显著减少应用处理时延，实现转发即计算。

2. 智慧内生

算网大脑的智能化水平持续提升，将 AI 和大数据融入基因，实现了数据自采集、自分析、自学习、自升级的智能化闭环。算网大脑通过意图引擎智能感知、分析业务需求，提供"智能极简"的算网服务。算网大脑通过物理世界与数字孪生世界的实时交互映射，提供可预测、可视化的数字建模和验证，推动"自智算网"的实现。

3. 创新运营

算力网络能够吸纳全社会的算力资源，通过算力交易平台，实现泛在多方算力交易，同时开放算网能力，形成社会多方算力、多层次能力共享的新商业模式。

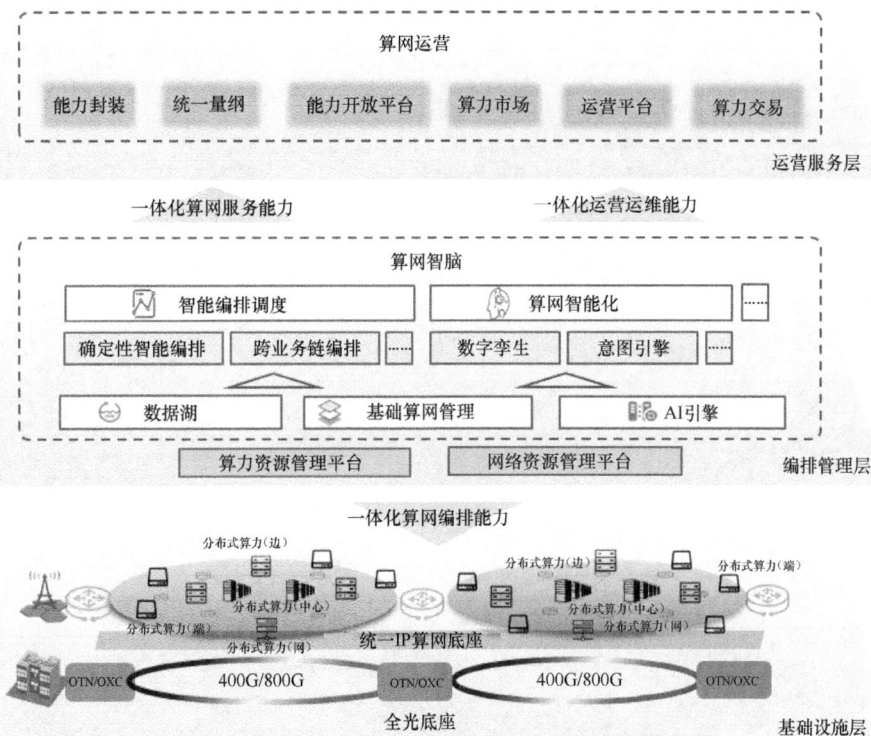

图 2-4 一体内生阶段的算力网络架构

4. 一体服务

算力网络能够融合 ABCDNETS 等多要素能力，提供具备"任务式"量纲（如单次图片识别、视频文件渲染）的算网产品。

该阶段关注以算力路由、在网计算、数字孪生、意图网络、算力并网、可信交易等为代表的技术，实现算网设施一体化，提升算力网络智能化水平，开创算网服务新模式。

第 **3** 章

分布式云

3.1　算力泛在

3.1.1　分布式云的概念与特点

分布式云的核心理念是将异构计算资源分散在多个地理位置上，以提高系统的可靠性、容错性和灵活性。依托分布式云模型，以算为中心，构筑了云、边、端立体泛在的算力体系。为了满足应用对算力专业化越来越高的需求，计算硬件出现了多样化的异构形态，分布式云通过统一的接口对外提供异构 CPU、GPU、FPGA 等多种多样性算力，从而实现了异构算力的融通和统一供给；为进一步满足业务低时延、数据不出场等需求，面向跨区域建设的算力枢纽，以及区域内多层次的算力资源，打造了高品质的网络基础设施。这些基础设施有效地拉通了不同区域、不同层级的算力资源，实现了算力能力在逻辑上和物理空间上的融通。

阿里云、华为云、移动云等云服务提供商致力于打造面向云、AI、5G 时代的智慧云脑，形成了各自的分布式操作系统，即阿里云"飞天"、华为云"瑶光"、移动云"大云混元"。"云中心+云边缘+云终端"的协同工作，打破了云、边、端的边界，能够快速响应各行各业的需求，并提供端到端的算力、时延、用户体验保障。

典型的分布式云云边端架构如图 3-1 所示。

分布式云能够在满足用户时延或数据安全要求的位置提供网络、计算、存储服务，这种服务不仅能够实现流量的本地化处理，从而降低对远端数据中心

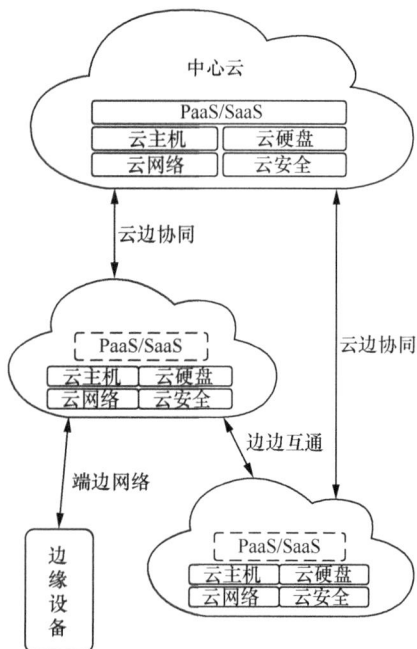

图 3-1　典型的分布式云云边端架构

的流量冲击，还能够提供低时延和高稳定的应用运行环境。这有利于计算框架在终端和数据中心间的延展，且有助于实现场景需求、算力分布和部署成本的最佳匹配。

3.1.2　技术架构

分布式云是云计算的核心演进方向之一。它面向算网一体化，立足于基础设施，规划边缘布局、实现云边协同，并充分发挥 5G 的作用，为构建算力网络打好基础。

分布式云采用统一的管理平台（分布式云操作系统）进行管理，其部署架构构成包括但不限于中心云、区域云、边缘云。

中心云一般指部署在传统数据中心之上的云，其使用中心化架构构建，提供完整的云计算服务。例如云服务提供商和电信运营商在全国性的大型数据中心中部署云计算平台，以提供云计算服务。

区域云一般按照需求进行部署，可以直接对接终端，也可以对接边缘云。它主要是从规模和时延上来满足与边缘云存在差异性的应用场景，同时为中心云和边缘云提供有效的配置。例如，电信运营商利用在 MEC 机房上自建的边缘云节点提供区域云服务。

边缘云一般部署在边缘云基础设施之上，可以分为分布式云内的边缘云端算力和端侧边缘算力。其中边缘云端算力又可以根据分布特点分为广域边缘云端算力和局域边缘云端算力两大类。边缘计算作为分布式云的边缘算力，可以减少低时延、减轻云端负担，保护数据隐私且提高整体的可靠性及容错性。

云服务提供商应具备根据云服务客户的需求提供分布式云全局管理能力。分布式云全局管理能力通过分布式云管理平台实现，该平台可以部署在分布式云的各个位置上，对分布式云的资源、数据、服务、应用、运维、安全等方面进行协同管理，分布式云管理平台的部署架构如图 3-2 所示。同时，分布式云管理平台不仅能实现同一分布式云中的中心云与区域云之间、区域云与边缘云之间、中心云与边缘云之间的协同管理，也能够实现同一分布式云中的各中心云之间、各区域云之间、各边缘云之间的协同管理。

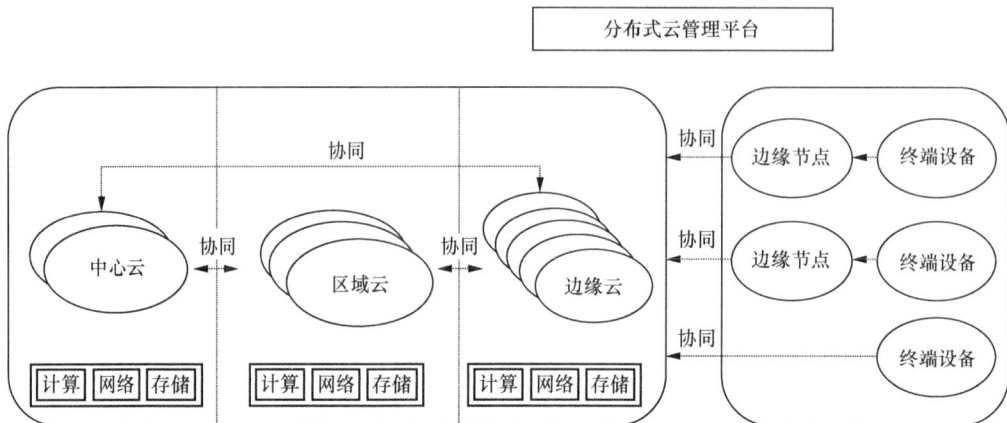

图 3-2　分布式云管理平台的部署架构

分布式云全局管理框架包括资源管理、数据管理、服务管理、应用管理、运维管理和安全管理，云服务提供商可以通过分布式云管理平台实现分布式云全局管理框架的功能，分布式云全局管理框架如图 3-3 所示。

（1）资源管理

云服务提供商应根据云服务客户的需求，通过分布式云管理平台对分布式云的资源，包括虚拟机、存储、网络等基础设施资源进行管理。

（2）数据管理

图 3-3　分布式云全局管理框架

云服务提供商应根据云服务客户的需求，提供对分布式云数据处理和传输的管理能力。

（3）服务管理

云服务提供商应根据云服务客户的需求，提供对分布式云资源的服务、应用程序接口（API）和功能的管理能力。

（4）应用管理

云服务提供商应根据云服务客户的需求，提供对由分布式云的不同节点部署的不同应用程序和由分布式云的不同节点部署的相同应用程序的管理能力。

（5）运维管理

云服务提供商应根据云服务客户的需求，提供对分布式云全节点的运行维护管理能力，如对分布式云全节点不同资源的调度、分配和监控等。

（6）安全管理

云服务提供商应根据云服务客户的需求，提供对分布式云全节点的安全进行统一管理的能力。

3.1.3　服务能力

国内头部公有云服务提供商推出了基于分布式云的架构，这些架构可基于泛在分布的云边端算力，提供不同区域的算力服务。

1. 跨区域（Region）服务

通过在不同的地理位置上部署应用程序和数据，分布式云架构能够实现跨地域容灾和灾备。当一个 Region 发生故障时，另一个 Region 可以接管服务，保证服务的连续性和可用性。常见的跨 Region 服务包括云服务器、对象存储、云数据库等。

2. 跨可用区（AZ）服务

分布式云架构将资源分布在不同的可用区中，以保证应用程序的高可用性且提高其容错性。当一个 AZ 出现故障时，其他 AZ 可以继续提供服务，保证服务的连续性和可用性。常见的跨 AZ 服务包括负载均衡、虚拟私有网络、弹性计算等。

3. 跨云边服务

分布式云架构将云服务扩展到用户的本地数据中心或边缘设备上，以实现更低时延和更高的可用性。跨云边服务可以提供更快的数据处理速度和更好的用户体验。常见的跨云边服务包括物联网、边缘计算、内容分发网络（CDN）等。

面向云服务客户，分布式云提供的主要产品及服务包括以下 3 项。

（1）广域边缘云产品及服务

作为更贴近用户侧的资源，广域边缘云产品需要具备针对边缘场景的超低时延、超大带宽、云边网协同等重要特性。相较于传统云服务，广域边缘云产品更多地以业务为导向，需统筹考虑各类需求的不同算力要求，提升边缘资源的利用率，以满足不同业务对异构资源的需求。

针对广域场景，各云服务提供商均基于各自中心云架构演进，在保证其能提供基础云服务能力的前提下，针对边缘业务的特性进行了优化。

移动云的边缘智能云（EIC）主打"5G+边缘"概念，在其中心云架构的基础上演进，构建"$N+31+X$"型的分布式云架构。它依托自身网络运营商的优势，打造具备超大带宽、超低时延等优势的边缘云服务，并结合丰富的边缘算力类型，面向用户提供智能分布式算力调度能力，从而满足各类边缘场景的需求。

阿里云的边缘节点服务（ENS），基于运营商边缘节点和网络构建，提供一站式"融合、开放、联动、弹性"的分布式算力资源。它拥有灵活多样的算力规格和形态，支持镜像创建和管理服务，并具有相对完善的自助运维和防护体系。

华为云的智能边缘云（IEC），基于华为中心云架构，为用户提供与中心云服务一致的体验；具有能覆盖我国主要省市和运营商的优质节点，且有多样化的算力类型，支持边云协同，与华为多种高阶云服务深度融合和协同，为用户提供多种多样性算力、低时延的产品服务。

（2）局域边缘云产品及服务

局域边缘云产品及服务主要针对医院、园区、工厂、矿山、港口等应用场景，将云基础设施和云服务部署到用户本地，提供与公有云服务相同的用户使用体验和服务能力，以满足用户低成本运营、资源专享、数据不出场、云边协同管理、超低时延、低成本运维等需求。

局域边缘云产品主要以提供虚拟机、容器算力为主，结合存储、网络、安全加固、监控运维等能力，在用户本地提供软硬一体融合交付的局域边缘云平台，并提供多种规格的灵活组合，以整机柜交付，即插即用，支持整机柜扩容。

面向现场边缘业务场景，华为云推出了智能边缘小站（IES）产品，提供云端拉远管理能力，天翼云也推出了部署在用户本地的超融合服务；移动云基于云原生虚拟化技术，推出了边缘智能小站（EIS）产品，打造虚拟化与容器双引擎架构，所有资源均由云原生虚拟化底座统一管理、统一调度，实现虚拟化和容器化算力及网络的融合，并且可以结合运营商专用网络能力，提供 5G 专网接入能力。

（3）云边协同产品及服务

云边协同及边缘 IoT 产品通过完整的云边端一体化协同服务，将中心云的 AI/IoT 等能力延伸到靠近数据源的边缘节点上，解决了边缘节点按需接入、业务应用下沉部署、云边数据互传联动等云边协同问题。这些产品满足客户对边缘资源的远程管控、

协同数据处理、智能化分析决策等需求，为企业提供了云边协同的一体化边缘计算解决方案。核心能力主要有边缘集群管理、边缘应用生命周期管理、边缘节点安全接入、云边端一体化协同、提供安全可靠的云边数据通道、丰富的高阶云服务协同等。

云服务提供商布局云边协同产品及服务，适应未来云服务下沉、云边业务联动的业务发展大趋势。阿里云的边缘容器服务是一款提供标准 Kubernetes 集群和应用管理，支持多类型、异构边缘资源纳管、业务快速接入，通过云边一体化协同实现业务应用统一管理、统一运维的云原生应用管理平台。腾讯云的物联网边缘计算平台将中心云的 AI/音视频/IoT 等能力扩展到靠近数据源的边缘节点上，通过轻量化方式将中心云计算服务能力下沉，实现本地进行设备数据的计算与响应，减少网络带宽等成本消耗。移动云的边缘智能服务平台（EISP）通过纳管中国移动 "$N+31+X$" 节点或客户私有节点及边缘设备，为用户提供完整的云边端一体化协同服务。

3.1.4 关键技术

分布式云需要对泛在、异构、多样化的算力资源进行统一管理和调度，以提供高可用的算力服务。同时要支持多样化网络接入，以确保用户能灵活、快速地访问和使用算力服务。

1. 全局统一管理

（1）统一管理

① 统一资源管理：分布式云服务提供商在不同节点上采用统一的物理资源类型和架构，全局管理平台实现基础硬件资源的统一管理。

② 统一数据管理：分布式云全局管理平台通过数据存储、迁移、同步等方式，保障分布式云节点的数据一致性，提升数据治理能力。例如，统一化镜像存储、备份跨地域复制能力等。

③ 统一应用管理：分布式云全局管理平台能够对不同地理位置上的应用进行统一管理，通过整合应用的镜像、流量、存储等资源，覆盖应用的开发、部署、管理、调度、容灾、运维等全生命周期，实现以应用为中心的全局视角统一管理和运维。

④ 统一 API：通过统一的 API、软件开发工具包（SDK）、云控制台等管理云服务，相较于混合云、多云服务管理方式，分布式云服务管理的复杂度大幅降

低，如使用统一控制面进行服务的部署、更新等，提升用云效率。

（2）资源调度

① 超大规模算力统一管理调度：分布式云平台可以提供对中心、省份、边缘数百万节点算力的统一池化管理调度，并能够按需将客户服务分配到最优可用区，实现就近接入，提升用户体验。

② 负载调度：分布式云平台提供多维度负载的统一化调度，包括地理位置、时延、带宽、服务水平协议（SLA）、加速硬件偏好等具体配置项。

③ 业务需求调度：对于渲染、大数据、AI 等海量计算的业务，分布式云平台可将算力需求分配到对应算力资源池中，灵活调度资源，实现全局化算力分配。

（3）高可用

① 跨 AZ 高可用技术，可以保证服务的连续性和可用性。

② 跨 Region 容灾技术，支持云服务跨 Region 能力，实现跨地域容灾和灾备。

③ 跨云边技术，可以提供更快的数据处理速度和更好的用户体验。

（4）安全能力

① 统一安全防御能力：分布式云对不同位置提供了统一的安全防御能力，支持设备安全保障、网络安全保障、应用安全保障等全方位的安全保障。

② 统一安全运营中心：基于分布式云的网络互联互通，所有安全信息均可在统一的安全运营中心进行展示和触发告警。

2. 分布式网络连接与接入

基于算力的泛在特性，依据不同场景，网络接入方式多种多样，如图 3-4 所示。基于运营商的基础网络资源，企业可以通过物理专线，如 5G、无源光网络（PON）、PTN、OTN 接入，实现自有数据中心快速接通云上资源。这一过程一般采用 SPN 切片+云专网+云内虚拟可扩展的局域网（VXLAN）技术实现 SPN、云专网、云内网络的全链路业务隔离。

3. 异构算力纳管

分布式云的算力形态与传统集中统一模式不同，它们因应用场景不同而呈现出多样化的特点。除了通用的 x86 架构算力，分布式云场景内涉及 ARM 架构算力，还存在 GPU、FPGA 等不同能力要求。各类形态的资源均需要支持异构算力的统一纳管。

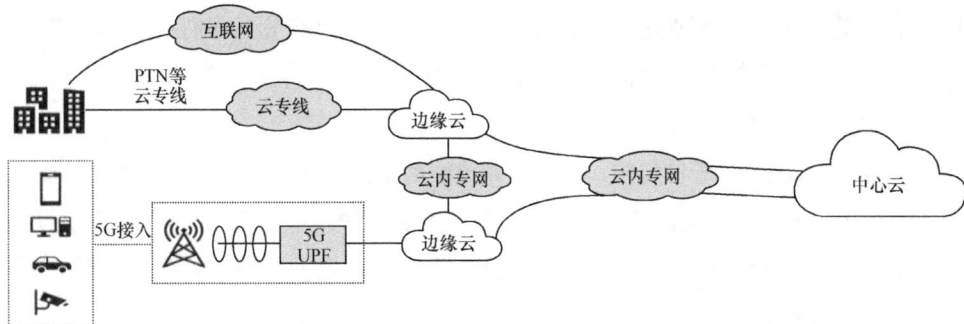

图 3-4　多样的网络接入方式

4. 云边协同

对现有的中心云架构进行简单的一体化、轻量化处理是远远不够的，必须从架构角度引入新型跨域分布式的云、边、端协同一体化架构，来兼容异构的边缘硬件和中心云的云服务，实现边、云、端之间的相互协同、紧密协作，加速构建基于边缘云原生的行业解决方案。

在云边协同架构中，要着力于解决并提供如下两方面的能力，即云边协同通道和云边协同管控。

（1）云边协同通道

边缘云作为一种分布式系统，具有和中心云显著不同的网络环境。边缘侧可能分布在不同的机房、不同的城市、不同的地域，并会极大概率地受制于网络稳定性、通信安全性、资源可用性等因素。而要在这种弱网环境中建立云端和边端的可靠通信链路，该通信通道需要具备以下能力。

① 高可用性和稳定性：同时具备对网络异常状态的处理能力。

② 安全能力：能够通过传输层安全协议（TLS）或访问控制列表（ACL）等机制对通信收发双方进行身份校验和数据加密。

③ 通信消息收发管控策略：可以根据业务优先级的不同来保障重要业务的消息高可达率。

（2）云边协同管控

如图 3-2 所示，作为分布式系统，与传统的集中式数据管控方案相比，边缘云往往需要管理规模更大的节点、应用、设备等资源，并且边缘云能够通过云边协同通道实现通信消息收发管控、状态监控等操作。因此，随着边缘云节点资源

规模的日益扩大，为保障边缘云业务在断网、弱网、低带宽等条件下的可持续运行，采用云边协同管控方案就成了必然的选择。

云边协同管控需要具备以下能力。

① 中心边缘分级管控架构。将部分管控能力下沉至边缘，减少云边交互，降低回传到云的数据压力，这样可以有效降低节点数量增加为中心管控带来的并发压力。

② 边缘侧节点自治能力。保证在云边网络不稳定的情况下，边缘侧服务能够继续正常运行。

（3）边缘节点小型化

分布式云的特点和优势之一是节点分布广泛，节点逐渐分散、小型化。当前，靠近客户现场的分布式云产品主要以轻量化部署的超融合软硬一体机为主要产品形态，提供虚拟机、容器、镜像、网络、存储等客户近场/本地管理能力，满足数据本地化的安全需求，实现 1～5ms 的超低时延，并接入中心云统一运维，大幅降低客户运维成本。

目前主流云服务提供商产品包括 AWS Outposts、华为云 IES、天翼云云原生一体机（iStack）、移动云 EIS，管理方式通常分为拉远管理和本地管理两种：拉远管理以 AWS Outposts 为代表，通常与中心云保持技术架构一致；本地管理以移动云 EIS 为代表，云上控制台提供产品的订购、纳管、统一运维，而本地控制台基于云原生算力底座提供虚拟机、容器双算力。

3.2 算力多样

弹性计算作为一种多元化的云计算服务，可以提供多种计算和存储资源，以满足不同业务场景的需求。弹性计算可以让用户根据需要快速、灵活地调度计算和存储资源，以适应业务需求的变化；同时，弹性计算还能够帮助用户自动扩展或缩减这些资源的使用，以确保业务的高可用性和高性能。

弹性计算服务采用多种硬件设施和关键技术，为客户提供云主机、裸金属服务器、容器、块存储、对象存储及文件存储等产品。这些产品支持 AI、HPC、视频渲染、大数据分析等各类应用场景的需求。通过虚拟化技术，弹性计算将物理资源（如 CPU、内存、存储等）抽象成虚拟资源，实现资源的弹性调度和管理，提高资源利用率；弹性计算采用 DPU、GPU、NPU、FPGA 等专用硬件加速设备对网络及存储 I/O 进行加速，进一步提高计算及存储传输性能，满足大规模数据处理和分析的需求。弹性计算关键技术及产品如图 3-5 所示。

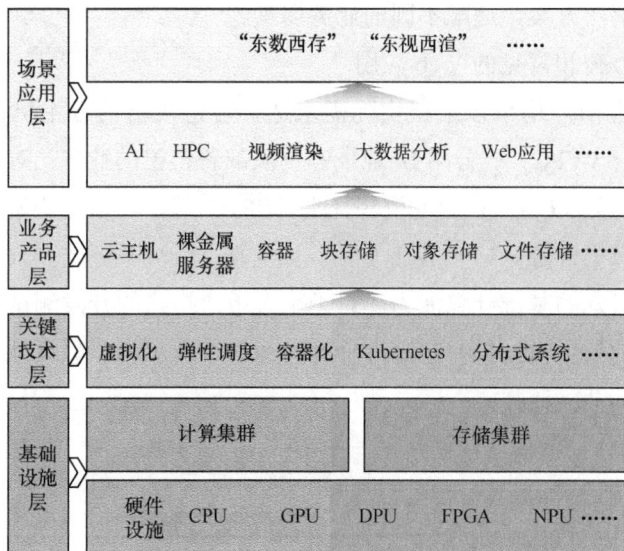

图 3-5　弹性计算关键技术及产品

3.2 节将详细介绍具体的弹性计算关键技术及产品。通过阅读 3.2 节的内容，读者可深入了解各种类型的计算、存储产品的功能特性、关键技术及适用的业务场景。弹性计算将为算力网络时代提供高度灵活、稳定、可靠的基础设施资源，支撑企业实现数字化转型和创新发展。

3.2.1　云主机

1. 概念与特点

云主机是一种按需获取的云端服务器，简单来讲，云主机整合实体的 IT 资源设施，通过虚拟化技术实现物理资源云化，提供云上基础设施服务，具备高可靠、可弹性扩展等特性。

用户可以根据需求选择不同规格、配置的 CPU、内存、操作系统、存储和网络等资源来创建云主机，并通过灵活的计价方式实现随用随取，降低用户的资源使用成本。云主机支持快速交付，并可以协助用户快速灵活地构建企业应用。

2. 应用场景

云主机既提供传统 CPU 通用算力，也提供 GPU/FPGA 异构加速选项，种类丰富、能满足多应用场景需求。云主机与存储、网络等资源结合使用，为用户提供全面的业务解决方案，适配不同的业务场景。

（1）企业办公和常见的 Web 应用

个人及企业用户均可以根据实际需求选择合适规格的云主机，并搭配云硬盘、虚拟私有云（VPC）、公网 IP 地址等资源部署自己的业务。对于传统办公场景，如办公自动化（OA）、企业资源计划（ERP）等，可以选择资源独享、性能稳定可靠的计算类资源。对于 Web 应用，如前端、后端服务选择云主机可为其提供高性能、低时延的基础计算能力。对于个人用户搭建的开发测试环境，可以选择资源共享类的云主机，拥有超高性价比。图 3-6 所示为一种典型的使用云主机搭建 Web 应用场景示例。

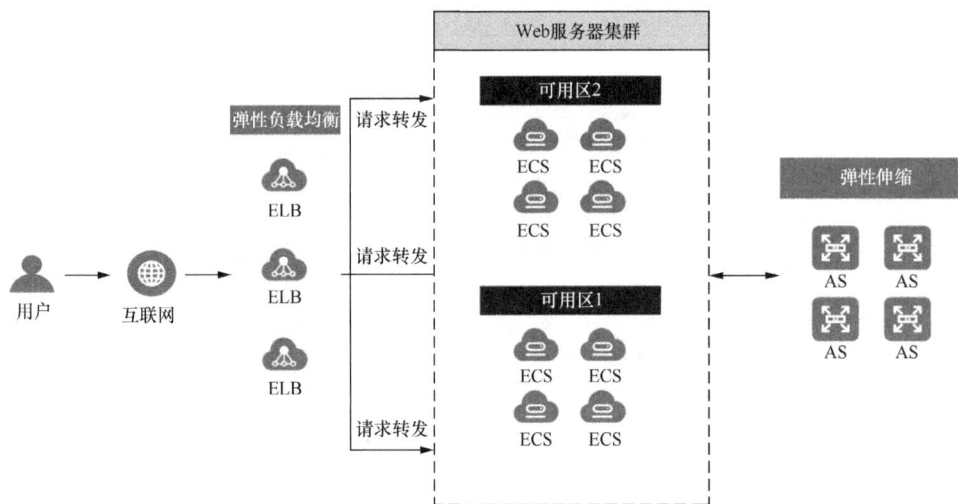

图 3-6　一种典型的使用云主机搭建 Web 应用场景示例

（2）数据库及大数据集群

数据库场景通常需要较强的缓存能力，推荐使用内存配比更高的云主机，如内存型云主机。这类云主机适用于需要大内存的业务场景，同时具备高性能的特点及较强计算能力及网络服务能力，支持数据快速交换与处理。对于 ElasticSearch、日

志等需要海量数据存储和离线计算的业务场景，推荐使用搭载 SATA 硬盘驱动器（HDD）的云主机。对高 IOPS（即每秒进行读写操作的次数）、大吞吐量、低时延、对存储 I/O 要求较高的应用，如大数据集群计算节点、高性能关系数据库、非关系数据库（NoSQL）等，推荐使用搭载 SSD 的云主机。图 3-7 给出了一种使用云主机进行大数据分析应用场景示例。

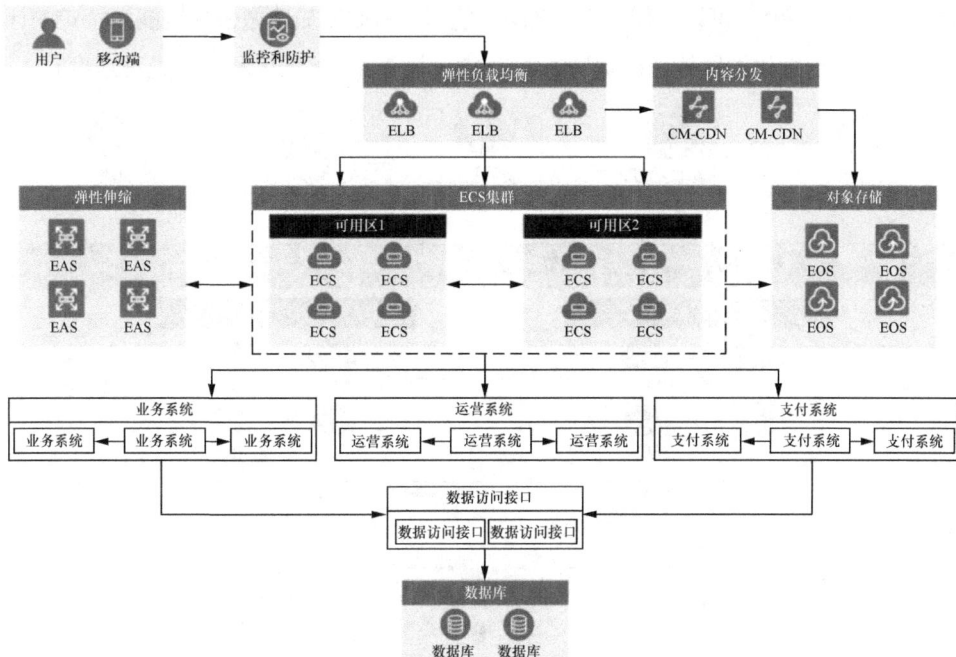

图 3-7　一种使用云主机进行大数据分析应用场景示例

（3）3D 图形应用和视频处理

对于 3D 设计与渲染、工程建模与仿真、医学成像等应用场景，推荐使用搭载 GPU 卡的 GPU 加速型云主机，这种云主机能够避免 GPU 固件选型难、成本高的问题，有效降低用户的基础设施建设投入成本，同时用户无须手动配置 GPU 在图形图像处理中所需的基础运行环境，使其成为图形工作站相关业务的首选云主机；在视频处理方面，GPU 加速型云主机提供大规模高清视频转码、4K/8K 高清直播实时视频转码、强大的视频渲染能力。图 3-8 给出了一种云主机渲染应用场景示例。

（4）AI 和科学计算

AI 的发展，需要具备更低功耗、更低成本、更低处理时延特性的计算能力。在

这种情况下，推荐使用 GPU 加速型云主机，它能够提供实时高速的并行计算和浮点计算能力，缩短模型训练周期，满足深度学习、模型训练推理需求，实现复杂模型的快速迭代。同理，GPU 加速型云主机也可应用于地震分析、科学计算、机器学习模型训练等多种场景。对于基于小批量数据的深度学习预测过程，推荐使用 FPGA 加速型云主机，FPGA 加速型云主机基于细粒度并行的硬件特性，具备低功耗、低时延、高性能的特点，可以实现对复杂输入的建模。FPGA 加速型云主机能为特定的计算任务提供定制化的硬件加速解决方案，进一步提高计算效率和数据处理速度。

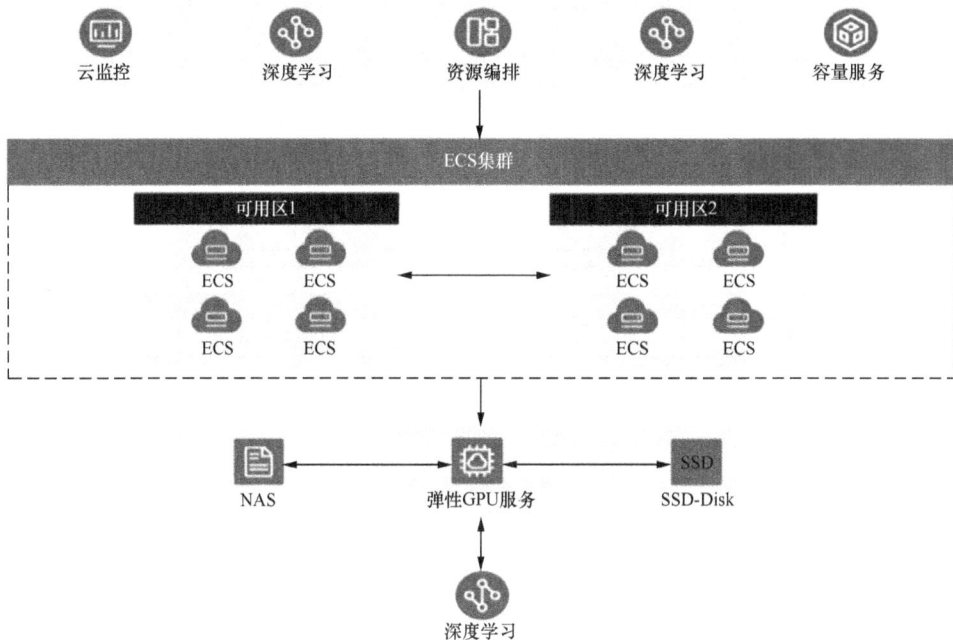

图 3-8　一种云主机渲染应用场景示例

3. 关键技术

（1）虚拟化技术

虚拟化技术是一种资源管理技术，它通过对计算机的各种实体资源（如 CPU、内存、存储、网络等）进行抽象和转换，重新组合为一个或多个计算机配置环境，呈现出可灵活分割的特性。

综上所述，利用虚拟化技术可以将一台计算机虚拟为多台逻辑计算机，根据不同需求对有限固定的资源进行重新规划以达到最大化利用物理资源的目的。虚

拟化技术的出现有助于解决传统 IT 架构中资源大小不灵活、资源申请不灵活、资源复用不灵活等问题。

为了实现虚拟化功能，在基础物理服务器和操作系统之间引入一个名为虚拟机监控程序（VMM）的中间软件层，它也常被称为 Hypervisor。Hypervisor 可允许多个操作系统和应用程序共享一套物理硬件。根据 Hypervisor 的不同实现方式，虚拟化技术有多种分类方式，如划分为软件虚拟化和硬件虚拟化、半虚拟化和全虚拟化；又如，根据虚拟化层是直接位于硬件之上还是宿主机操作系统之上，划分为 Type1 虚拟化和 Type2 虚拟化。

虚拟化技术发展至今，各个 Hypervisor 的主要功能都已经趋于一致。KVM 因其的功能完备性且在公有云上应用广泛而成为后起之秀。而主流的 KVM+QEMU 虚拟化框架已然发展为一个完整的虚拟化平台。

KVM 是基于内核的虚拟机，也是一种采用硬件虚拟化技术的全虚拟化解决方案，它支持在相应硬件上运行几乎所有的操作系统。在 KVM+QEMU 虚拟化框架中，QEMU 运行在用户态，负责用户态设备模拟，如 I/O 设备的虚拟化；KVM 则运行在内核态，复用部分 Linux 内核的能力，如进程管理调度、设备驱动及内核管理等，KVM 的内核模块主要负责实现 CPU 和内存的虚拟化，两者通过/dev/kvm 特殊设备文件进行交互。KVM 和 QEMU 相互配合实现虚拟机的管理。KVM+QEMU 虚拟化框架如图 3-9 所示。

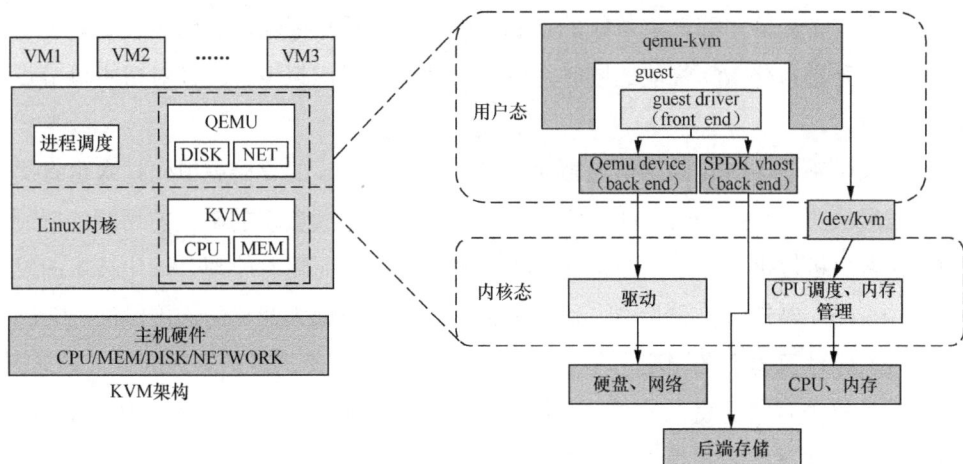

图 3-9　KVM+QEMU 虚拟化框架

此外，如果在传统方式中采用 QEMU，以全虚拟化纯软件方式来模拟 I/O 设备，则其性能不高，因此可以采用基于 Virtio 的半虚拟化技术，在 KVM 中通过让客户机操作系统（Guest OS）加载特殊驱动（如网络需要加载 virtio_net，存储需要加载 virtio_blk）来提高客户机的 I/O 性能。

基于 Virtio 的半虚拟化技术深刻影响了网络虚拟化及存储虚拟化主流技术的发展历程。其中，基于 Virtio 的网络虚拟化技术大体经历了以下 4 个发展阶段。

① virtio-net：使用 virtio-net 半虚拟化驱动，将 Virtio 后端位于 QEMU 进程中，相较于全虚拟化纯软件模拟设备，可以提高网络吞吐量、降低网络时延。但因频繁的上下文切换，低效的数据复制、线程间同步等现象逐渐暴露出由 QEMU 实现的 Virtio 后端带来的网络性能不高的问题。

② vhost-net：为了提高效率，将 Virtio 后端移动到内核态，在内核中提供 vhost-net 驱动模块，网络 I/O 请求的后端处理也放在内核空间中完成。在数据通路层面，vhost-net 虽然减少了内存复制的次数，但是由于其后端运行在内核态，仍然存在性能瓶颈。

③ vhost-user：搭配数据平面开发套件（DPDK）和开放虚拟交换机（OVS）使用，将 Virtio 后端移动到用户态，让网络数据包都在用户态进行交换，消除了用户态、内核态的上下文开销，从而提高了网络性能。

④ 面向 DPU 的 Virtio 卸载：伴随软硬一体化技术的发展，虚拟 I/O 路径的加速方案有了新的思路，将传统的 CPU 内存交互计算逻辑卸载到专有高效电路中，在提升虚拟化 I/O 性能的同时，也极大地降低了虚拟 I/O 路径对宿主机节点的资源占用。

相较于基于 Virtio 的网络虚拟化技术，基于 Virtio 的存储虚拟化技术也有类似的发展轨迹。其中，virtio-blk 是基于通用的 Virtio 框架实现的磁盘前后端，Virtio API 为客户机提供了一个高效访问 I/O 设备的方法。而随着软硬一体化技术的发展，virtio-blk 被卸载到硬件中，通过硬件实现加速也成为业界的通用做法。

（2）弹性算力资源调度

基于算力网络的资源构成，弹性算力资源调度通过对算力资源的统一管理、跨层调配，实现算力资源的优化配置和高效利用。

在一个算力资源集群中，可能有成千上万的节点，并且节点的 CPU 类型、节点适合承载的业务种类也可能多种多样，节点包括 x86 算力节点、ARM 算力节点、GPU 异构算力节点，以及内存型业务节点、计算型业务节点、通用型业务节点等，因此如何在大规模算力资源集群中将算力资源分配到最合适的节点上，这对调度算法的准确度和高效性提出了挑战。

弹性算力资源调度算法就是用于解决上述问题的，在算力网络充分吸纳全社会云边端多级泛在的算力资源的基础上，综合考虑用户位置、业务需求、网络条件、算力资源位置、数据流动等要素，使用户可在不关心算力形态和位置的情况下，实现对算力资源的随取随用。

图 3-10 所示为一种典型的高性能统一弹性算力资源调度引擎架构。该架构通过对底层物理节点进行打标签、规划群组等，实现算力资源集群节点的集中化数据管理，如管理节点算力类型、管理算力资源（如 CPU、内存、磁盘、GPU 等）的使用情况。当算力资源调度请求到来时，一级调度器会根据用户算力使用请求进行算力资源分析，选择最优的算力资源集群，然后将请求交给二级调度器处理。在二级调度器处理流程中，实时调度系统根据策略进行过滤及权重计算，选择出最佳节点。基于该架构，通过高性能资源调度，可实现弹性算力资源的均匀分布，减少资源浪费，将成本降到最低且使性能达到最优。

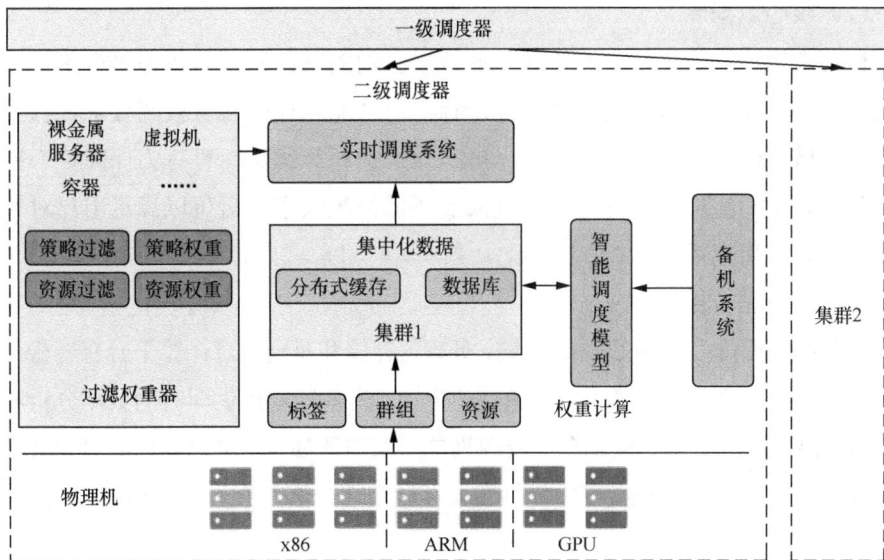

图 3-10　一种典型的高性能统一弹性算力资源调度引擎架构

67

3.2.2　裸金属服务器

1. 概念与特点

裸金属服务器是一种云化的专享物理服务器，它借助云技术，将整机的算力资源提供给单一用户独占。裸金属服务器天然继承了传统物理服务器安全隔离特性、无虚拟化层损耗的优势，即在拥有云化新技能的同时还保留了原生的高性能算力，对云服务的灵活弹性优势和传统的物理算力进行完美融合。

2. 应用场景

得益于灵活弹性和无虚拟化层损耗的优势，裸金属服务器被广泛应用于高性能计算、核心数据库、大数据应用、视频直播、政企服务等业务场景中，以满足用户对高性能、高安全性、高稳定性、高易用性的诉求。

（1）高性能计算

裸金属服务器特别适用于要求极致计算性能的场景，如气象预报、地质勘探、基因测序、生物制药、虚拟化平台（如 VMware）等。裸金属服务器通过高性能网络构建算力集群，凭借原生算力优势，为用户提供无损耗的多机并行计算加速能力。

（2）核心数据库

核心数据库（如 Oracle）承载着业务平台的关键数据，是业务平台正常运转的关键组件，需要长时间稳定健康地运行，对性能和安全有着极高要求。裸金属服务器凭借资源专享、网络隔离、无虚拟化层损耗等优势，可有力保障核心数据库业务的安全稳定运行。另外，裸金属服务器搭配共享云盘可以满足用户对核心数据库的高可用性需求。

（3）大数据应用

大数据应用涉及海量数据的收集、处理、存储和呈现，对计算平台有着极高的要求，需要具备超强的计算能力和超高稳定性，为各行业提供即时的数据分析和预测。弹性裸金属服务器的全部算力资源为单一用户所独享，可以轻松应对大数据应用的计算需求，配合云硬盘可以提供超大存储空间，满足大数据应用的存储需求。

（4）视频直播

视频直播的弹幕服务对网络带宽和服务器性能有着极高的要求，每一条弹幕

都需要实时推送给观看同一直播的所有用户。在直播的高峰期，系统可能需要维持上亿条长链接，单台服务器的带宽将达到 10Gbit/s，普通虚拟机往往难以满足需求，所以在此种场景下，推荐使用超级计算型裸金属服务器。

（5）政企服务

政企服务要求其关键的数据库业务不能部署在虚拟机上，而是必须由资源专享、网络隔离、性能有保障的物理服务器——裸金属服务器承载。此外，基于 SGX（Intel CPU 提供的可信执行环境）加密计算、加密云盘等解决方案，裸金属服务器可以为政企客户提供高等级的安全服务。

3. 关键技术

裸金属服务器使用的关键技术主要包括智能平台管理接口（IPMI）电源管理、预启动执行环境（PXE）启动及 cloud-init。

（1）IPMI 电源管理

裸金属服务器使用 IPMI 来控制裸金属服务器的开关机、设置开机启动顺序（PXE 启动或 DISK 启动）、获取电源状态、获取传感器状态、控制台重定向等功能。IPMI 的使用较为简单，只需在上架阶段配置裸金属服务器的基板管理控制器（BMC）参数，包括 IP 地址、子网掩码、网关、用户名和密码。然后将 IPMI 的 IP 地址、用户名和密码注册到 Ironic 中。这样，Ironic 就可以获取裸金属服务器的电源状态，控制裸金属服务器的开关机，设置开机启动顺序。

（2）PXE 启动

裸金属服务器使用 PXE 引导并启动包含 ironic-python-agent 的 RamDisk 系统，由 Agent 负责后续的部署工作。PXE 的使用需要借助动态主机配置协议（DHCP）服务器和简易文件传送协议（TFTP）服务器。DHCP 服务器主要为物理服务器的 PXE 网卡分配 IP 地址，并传递 TFTP 服务器、NBP 文件的位置信息。PXE 从 TFTP 服务器下载 NBP 文件，并执行 NBP 文件。根据 NBP 文件的执行结果，从 TFTP 服务器下载内核文件和系统文件并加载。这样，物理服务器就进入了 RamDisk 系统，ironic-python-agent 启动后，会与 Ironic 取得联系，并定期进行交互。Ironic 控制 ironic-python-agent 进行镜像的下载与安装。镜像安装后，设置物理服务器从磁盘启动，并重启进入用户的操作系统。

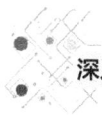

（3）cloud-init

与虚拟机一样，裸金属服务器镜像中包含 cloud-init，它用于初始化操作系统，包括创建用户、修改密码、配置网络等。cloud-init 作为一个通用的框架，既可执行在镜像中预置的通用配置，也可执行通过 config driver 传入的 user-data。user-data 包含不同租（用）户和不同物理服务器自身的特殊配置。

3.2.3　容器

随着云计算的快速发展，容器的使用愈发广泛。近几年，越来越多的企业开始选择采用容器作为项目的 IT 基础设施。

1. 概念与特点

容器其实是一种采用沙盒技术的应用程序封装方案。沙盒技术的原理是像集装箱一样把应用程序及其依赖环境"装"起来，这样一方面能够实现应用程序与应用程序之间相互隔离、互不干扰的效果，另一方面能够很方便地迁移应用程序。

容器的本质是一系列进程集合，它具备视图隔离、文件系统独立、资源可限制等特征。即容器能够将资源相互隔离，各资源具有独立的视图。容器提供应用程序完整的运行时环境，包括应用程序的代码、相关配置文件和库，以及应用程序运行时依赖项。

（1）虚拟机与容器

虚拟化和容器化作为云计算的两大技术，经常被拿来进行对比。通过对两者进行对比，可以进一步了解容器技术，图 3-11 所示为虚拟机与容器的对比。

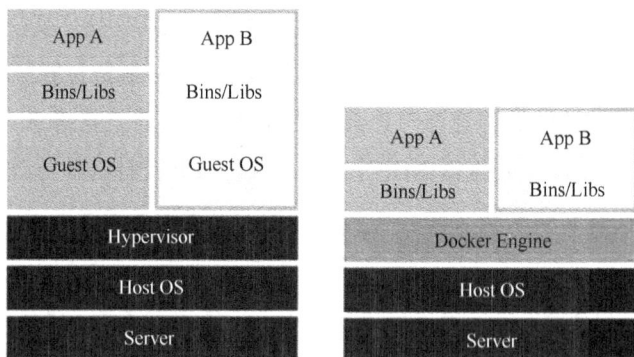

图 3-11　虚拟机与容器的对比

如图 3-11 所示，左图所示为虚拟机的工作原理。其中，Hypervisor 是虚拟机最重要的部分。Hypervisor 通过模拟硬件环境，并启动完整的操作系统为应用程序提供独立的运行环境，并且在这些虚拟硬件之上安装了 Guest OS。用户的应用程序运行在这个虚拟机中，同样也实现了进程间的相互隔离。右图所示为容器的工作原理，从图中可以看出，容器使用 Docker Engine 替换了 Hypervisor，实现了主机操作系统上的进程虚拟化，容器镜像无须安装 Guest OS，只需要包含应用程序运行时所需的库和文件即可，容器涉及的虚拟设备将会在容器启动时准备就绪。这就呈现了容器启动快、系统损耗小、占用系统资源少等直观效果，同时成本也会大幅降低。

（2）容器镜像

容器具备独立的文件系统，它包含了容器运行时所需要的所有文件，包括操作系统、依赖库、配置参数等，容器运行时所需要的所有文件集合被称为容器镜像。容器镜像的特点是"一次构建、到处运行"，这意味着一旦容器镜像构建完成，它便可以在所有支持容器的环境中运行，而无须进行任何修改。

容器镜像采用多层架构。不同的镜像可能包含完全相同的层，因为镜像都是基于另一个镜像所构建的。不同的镜像可以使用相同的父镜像作为基础镜像，这在很大程度上提升了镜像的分发效率，因为在传输某个镜像时，相同的层已被传输过，则无须重复传输。分层机制不仅提高了镜像的分发效率，还节省了存储空间，因为不同的镜像使用相同的层时，相同层内容仅在文件系统内存储一次。制作容器镜像需要在某一个镜像的基础上，通过 Dockerfile 去创建，Dockerfile 中存放着需要执行的命令，每条命令对应一个新的层。当用户执行创建镜像操作时，Docker 引擎会从 Dockerfile 中读取需要执行的指令并执行，最终返回构建完成的镜像。

2. 应用场景

容器的应用场景非常多，目前主流的容器应用场景包括以下几种。

（1）传统应用容器化改造

传统应用容器化改造不仅能提高现有应用的安全性和可移植性，还能大幅降低成本。在任何企业中都可能存在着一些使用传统单体应用开发方式开发的业务系统，对这部分应用进行容器化改造，即可获得容器隔离的安全性、可移植性等

特性，并且可以进一步扩展额外的服务或将已有服务转到微服务架构上。

（2）应用的持续集成和持续部署

容器服务搭配 DevOps 实现应用的持续集成和持续部署，其目的在于适配应用快速迭代、发布和部署的节奏。应用的持续集成强调在开发人员提交了新代码之后，立即进行构建、（单元）测试。根据（单元）测试结果，开发人员可以确定新代码和原有代码能否正确地集成在一起。持续部署则是在持续集成的基础上，将集成后的代码部署到预发布环境中，通过该方式进行自动化的流程执行，极大地提高了软件发布效率，并有效地保证了环境的一致性。

（3）微服务应用

在企业生产环境中，对微服务进行合理拆分后，将每个微服务应用存储在镜像仓库中进行管理，开发人员只需迭代每个微服务应用，微服务应用的调度、编排、部署和灰度发布能力均由容器服务平台侧提供支持，十分方便，能够轻松地满足产品敏捷开发、快速迭代的需求。

（4）弹性伸缩

针对电商业务、视频直播业务等具有明显业务流量峰谷值波动的行业，传统应用部署和运行方式不能灵活地进行业务扩缩容的动态调整，难以应对业务流量变化。容器服务则可以根据业务流量实现业务自动扩缩容，无须人工干预，能够有效避免业务流量激增、业务扩容不及时导致的系统崩溃，以及平时大量资源闲置造成的浪费。

3. 关键技术

容器技术主要分为容器运行时技术与容器编排技术。容器运行时技术是一种轻量级的虚拟化技术，相较于虚拟机技术，其通过 cgroup 与 namespace 实现了进程级别的隔离，在启动速度提高、资源消耗减少等方面，具有明显的优势。容器编排技术是一种管理多个主机容器的部署、管理、监控技术。目前，Kubernetes 凭借其极强的可扩展性和强大的开源社区支持，已经成为事实上的容器编排技术的标准。

随着容器逐渐成为应用交付的标准，容器周边技术也得到了快速发展，涉及服务网格、安全、消息队列、可观察性、存储、网络等各个领域，最终形成了完整的容器生态，助力企业搭建生产级别的容器平台。容器生态中优秀的工具或平台主要有 Docker、Kubernetes 等。

（1）Docker

Docker 是一个开源的应用容器引擎。Docker 能够将应用程序及其依赖项打包在一个轻量级、可移植的容器中，然后发布到不同服务器上运行，这使得应用程序在任意环境中都具备一致的表现，有效地屏蔽了环境差异，真正实现了"一处构建，到处运行"的理念。

Docker 中有 3 个重要概念，分别是镜像、容器及镜像仓库，下面对每个概念进行详细介绍。

① 镜像：类似于虚拟机中的镜像，是一个包含文件系统的面向 Docker 的只读模板。任何应用程序都需要运行环境，而镜像就是用来提供这种运行环境的。例如一个 Ubuntu 基础镜像就是一个包含 Ubuntu 操作系统运行环境的模板，同理，若在该基础镜像上安装 Apache 软件，就可以称它为 Apache 镜像。

② 容器：类似于一个轻量级的沙盒，可以将其看作一个极简的 Linux 操作系统环境（包括 root 权限、进程空间、用户空间和网络空间等），以及运行在其中的应用程序。Docker 利用容器来运行、隔离各个应用程序。容器是镜像创建的应用实例，可以创建、启动、停止、删除容器，各个容器之间是相互隔离的，互不影响。注意：镜像本身是只读的，容器从镜像启动时，Docker 在镜像的上层创建一个可写层，镜像本身不变。

③ 镜像仓库：类似于代码仓库，是 Docker 用来集中存放镜像文件的地方。注意它与注册服务器之间的区别，注册服务器是存放镜像仓库的地方，一般会存放多个镜像仓库；而仓库是存放镜像的地方，一般每个仓库存放一类镜像，每个镜像利用 tag 进行区分，如 Ubuntu 仓库存放有多个版本（如 12.04、14.04 等）的Ubuntu 镜像。

（2）Kubernetes

Kubernetes 是一个用于自动化部署、管理容器化应用程序的开源容器编排平台。Kubernetes 集群由一个控制平面和一台或多台工作机器（虚拟机或物理机）组成，这些工作机器被称作节点。控制平面可提供用于控制 Kubernetes 集群的组件及一些有关集群状态和配置的数据。Kubernetes 集群的稳定运行，依赖于控制平面组件对集群作出全局决策，并检测和响应集群的事件，实现集群组件间的通

信、工作负载调度等。Kubernetes 节点通常也被称为计算节点或工作节点。一个 Kubernetes 集群中至少需要一个计算节点，但通常会有多个计算节点。Pod（一个或多个容器）经过调度和编排后，就会在计算节点上运行。如果需要扩展集群的容量，那就要添加更多的计算节点。

Kubernetes 作为容器编排的基础平台，相当于云原生的操作系统。为了扩展系统的核心功能，Kubernetes 提供了多种具有不同的特定功能的接口，用于对接不同的后端，以实现定制的业务逻辑。

① Kubernetes 的网络插件

容器网络接口（CNI）是容器网络配置的事实标准。Kubernetes 等平台可通过 CNI 定义的标准接口调用不同的容器网络插件，来配置容器网络。

CNI 定义了如下规范。

• 容器网络配置文件格式：包括必选字段、可选字段及各个字段的功能。

• 容器运行时与网络插件交互的协议：需提供 ADD（将容器添加到容器网络中）、DEL（将容器从容器网络中删除）、CHECK（检查容器网络）、VERSION（显示容器网络插件版本）4 个不同的操作。

• 容器网络插件的执行流程：定义了多个插件的执行顺序。

• 返回给容器运行时的执行结果：规范了返回结果的格式，如 Success、Error、Version 等。

② Kubernetes 的存储插件

Kubernetes 通过持久化卷（PV）、持久化卷声明（PVC）等提供了强大的存储管理机制，但第三方存储插件（如 iSCSI、NFS）提供的存储服务，都是通过 in-tree（树内）方式提供的，这些类型的存储插件代码存放在 Kubernetes 代码仓库中，导致 Kubernetes 代码与第三方存储插件代码强耦合，这为 Kubernetes 组件带来了更新成本高、不稳定、存在安全隐患等问题。

容器存储接口（CSI）的出现解决了上述问题，CSI 将与第三方存储插件相关的代码和 Kubernetes 代码进行解耦，使得第三方存储插件只需要关注 CSI 的实现。CSI 需要第三方存储插件开发人员实现以下 3 个由谷歌开发的远程过程调用（gRPC）服务。

• Identity Service：提供存储插件本身的信息，如驱动名称、能力等。

● Controller Service：定义无须在宿主机上执行的操作，如管理、创建、删除存储卷。

● Node Service：定义需要在宿主机上执行的操作，如将存储卷挂载到指定目录上、从指定目录卸载存储卷。

③ Kubernetes 编排

Kubernetes 是一个容器编排平台，它具有非常丰富的原始 API，用于支持容器编排，但是用户更加关心的是如何编排一个包含多个容器和服务的应用，以及如何定义多个容器和应用之间的依赖关系。

容器编排通常涉及 3 个方面。

● 资源编排：负责资源的分配，如限制 namespace 的可用资源，scheduler 针对不同的资源设置不同的调度策略。

● 工作负载编排：负责在资源之间共享工作负载，如 Kubernetes 通过不同的 controller 将 Pod 调度到合适的计算节点上，并且负责管理它们的生命周期。

● 服务编排：负责服务发现和保障服务的高可用性等，如 Kubernetes 可通过 Service 对内暴露服务，通过 Ingress 对外暴露服务。

在 Kubernetes 中有 5 种控制器经常会被用来帮助工作人员进行容器编排，它们分别是 Deployment、StatefulSet、DaemonSet、CronJob、Job。Deployment 经常会作为无状态实例控制器使用；StatefulSet 是一个有状态实例控制器；DaemonSet 可以在选定的计算节点上运行，每个计算节点上会运行一个副本；CronJob 是一个高级控制器，和 Deployment 有些类似，当一个定时任务触发的时候，它会创建一个 Job，具体的任务由 Job 来负责执行。

3.2.4　块存储

1. 概念与特点

块存储（EBS）是一种为云计算提供的大规模、稳定可靠的云存储解决方案，它支撑持久化的数据存储，并以云盘的形式挂载给主机使用。块存储有时也叫作"云硬盘"，因此块存储像本地硬盘一样允许用户直接访问，而且具有更高的数据访问速度。块存储是基于标准硬件、分布式架构及多副本、强一致性冗余机制，提供高可靠、高性能、高扩展的分布式存储系统。因为块存储的高可靠、高性能、

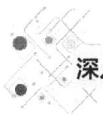

高扩展、时延敏感等产品特性，它适用于企业核心集群应用、企业应用系统开发测试及高性能计算等场景。

块存储通过软硬件的不同搭配，为用户提供不同性能、不同规格的云盘，以满足多种业务场景的需求。随着软硬件技术的飞速发展，块存储产品已经跨入百万级 IOPS 的性能时代，单路访问时延低至微秒级，能够支撑要求极致性能的业务。

2. 应用场景

块存储基于不同的 I/O 性能要求，其应用场景如下。

（1）通用场景：企业 OA、企业办公应用、企业业务管理系统等

针对通用的系统需求，块存储可以提供通用 I/O 存储服务，以满足企业大容量存储的办公需求，适用于要求大容量存储、对 I/O 速率要求不高的应用场景。

（2）中小型数据库场景：大型开发测试应用、中小型数据库等

针对客户对性能的较高要求，块存储可提供性能较高的存储服务，具有高 IOPS、高带宽的特点，能满足大型开发测试应用、中小型数据库等测试场景的要求。

（3）I/O 密集型场景：MySQL 数据库、SQL Server、PostgreSQL 数据库

针对客户对 I/O 密集型数据库的应用部署需求，场景具有 I/O 密集、业务时延敏感、高可靠特点，块存储可提供百万级 IOPS（4K 随机读写）、采用多路径 I/O，以满足上述场景的业务需求。

（4）时延敏感型场景：大规模数据库、ELK 日志集群、SAP 等

针对客户业务的时延敏感型应用，如大规模关系数据库、NoSQL 数据库、中大规模 ELK 日志集群、SAP 和 Oracle 等企业级商用软件，块存储可提供极速 I/O 能力，满足超高性能、超低时延的应用场景需求。

3. 关键技术

块存储系统架构如图 3-12 所示，其硬件层提供通用 x86 服务器或 ARM 服务器、SATA/SAS/PCIe/NVMe 等存储介质、10GE/25GE 或通用网络，以构建出系统的基础硬件设施；数据处理层为应用层提供分布式块存储系统，满足高可用、高扩展、高性能的存储服务需求，提供 PB 级/EB 级存储容量；应用层支持 iSCSI 协议或者 NVMf 协议，为云主机、裸金属服务器或数据库等提供数据访问接口；运维管理模块提供智能化部署运维平台，实现自动化部署，通过全面实时监控和告警功能，提供产品的自动化运维能力。

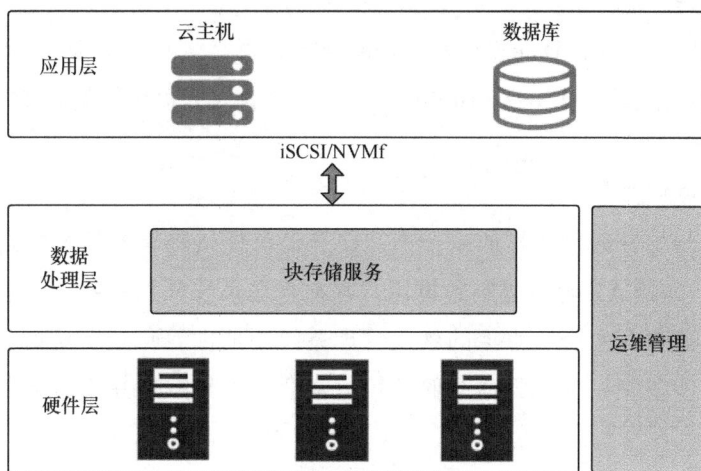

图 3-12　块存储系统架构

（1）极致性能

在存储介质方面，为了追求最极致的读写能力，SSD 在块存储场景中的使用比例逐渐增加，同时，存储级内存（SCM）具有更强的性能表现，支持字节级访问和持久化，或将成为块存储热数据加速的主流方案。在存储网络方面，无损以太网的快速发展使其逐渐成为块存储网络的重要解决方案；基于新型存储介质和新型网络硬件可以打造更高性能、更低时延的块存储系统，目前业内可实现单云盘最大 300 万 IOPS 的能力，单路 I/O 时延低至 30μs。

（2）线性扩展

块存储系统采用分布式存储架构，可通过新增节点来满足存储容量和性能的水平扩展需求，非集中式元数据节点的分散式架构，使系统支持海量扩展特性、满足最小化部署和按需扩容的灵活存储建设需求。

（3）快照克隆

块存储提供秒级快照机制，在某个时间点上将用户的逻辑卷数据的状态保存下来，用于备份和恢复数据。各快照之间无依赖关系，用户可以删除任何一个时间点的快照，而不影响其他快照的使用，方便快照管理。快照克隆技术是在快照的基础上实现的可写快照，提供快速复制数据的能力；快照克隆同时提供与原快照解绑的功能，实现克隆卷与原卷的彻底解绑。

（4）数据加密

为满足用户对数据存储安全性的较高要求，块存储可以提供云盘存储加密功能，采用行业标准的 AES-256 加密算法，利用密钥对云盘进行数据加密，从而满足用户要求。

（5）容灾复制

为进一步提升云盘数据的安全性，块存储可提供跨 AZ 的容灾复制能力，图 3-13 所示为跨 AZ 容灾复制数据流，容灾管理系统分别在生产节点和容灾站点上部署，部署在生产节点上的容灾管理系统周期性地向异步复制组件发起复制任务，异步复制组件从云盘存储系统后端获取差异数据并将差异数据复制到目标区域中。

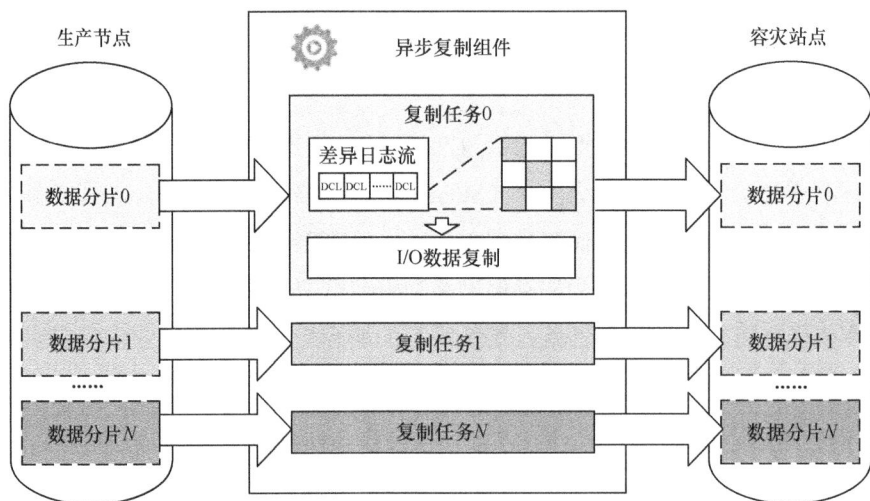

图 3-13　跨 AZ 容灾复制数据流

3.2.5　对象存储

1. 概念与特点

伴随着互联网 App 的流行，基于统一资源定位符（URL）的存储数据访问方式具有方便快捷和易于开发的优势，因此，对象存储应运而生，且发展势头迅猛。总体来讲，对象存储是一种海量的、高可靠的、安全的、低成本的云存储服务。

对象存储是指用户将数据作为对象进行管理,它是一种面向海量数据的分布式存储服务,其容量和处理能力可以根据用户需求进行弹性扩展。它具备高性能、高可靠、安全、低成本的特点,相较于其他存储方式,其扁平的数据结构更能满足大数据管理的需求,采用标准 S3/Swift 接口能提供更便捷的数据访问方式。它还允许保留大量非结构化数据,常见的应用场景包括智能视频监控、数据备份归档、静态网站托管、大数据分析等。

对象存储产品通常可以提供多种存储类型,以满足不同场景的使用需求,常见的存储类型如下。

（1）标准存储

标准存储可提供高可靠、高可用、高性能的对象存储服务,适用于存储需要频繁访问的数据。

常用于各种社交、图片分享、音视频应用、大型网站、大数据分析等业务场景。例如程序下载、移动应用等。

（2）低频存储

低频存储适用于长期保存不经常被访问的数据（访问频率为每月 1～2 次）。

常用于各类移动应用、智能设备、企业业务数据、热备数据、监控视频数据、医疗档案等业务场景。

（3）归档存储

归档存储适用于存储需要长期保存（建议半年以上）的归档数据,在存储周期内数据极少被访问。

适用场景如档案数据、医疗影像、科学资料、影视素材等。

2. 应用场景

对象存储在如下场景中被广泛应用。

（1）网站托管

对于企业门户网站、OA 首页等静态网站,对象存储通过静态网站托管功能,实现动静态网站分离,在对象存储中加载静态资源,直接为用户提供网站访问服务,减少网站服务器资源消耗,降低用户网站的运营与维护成本,具体如图 3-14 所示。

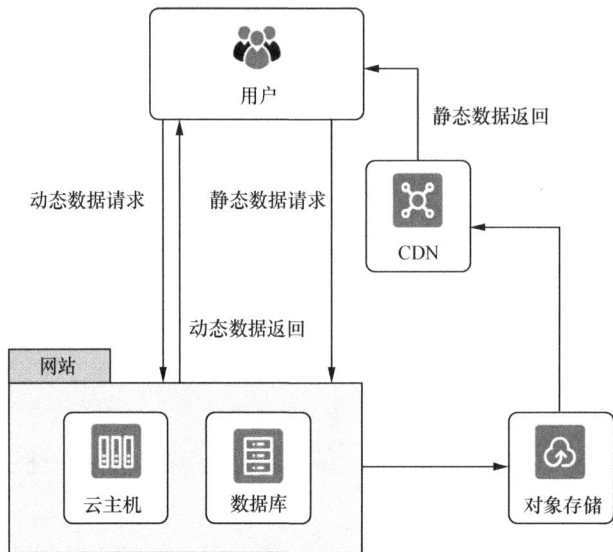

图 3-14　网站托管

（2）多媒体数据存储和播放

将海量音频、视频文件（包括医学影像、各行业监控视频）存储到移动云对象存储中，结合 CDN 产品实现资源就近访问，提升用户访问速度，满足音视频网站的数据存储需求与高速、低时延访问需求，具体如图 3-15 所示。

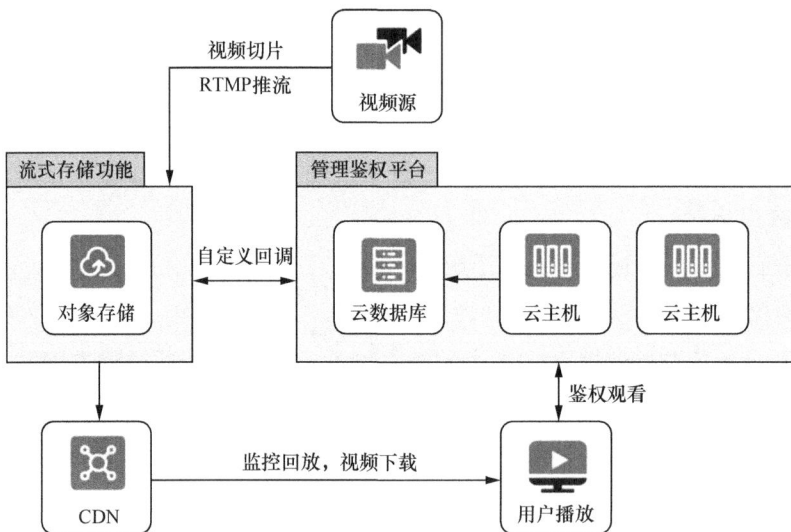

图 3-15　多媒体数据存储和播放

（3）数据备份

对象存储为用户提供灵活多样的接入方式和安全可靠的数据存储，数据备份如图 3-16 所示。用户可将业务系统的数据根据数据访问的频率备份到不同类型的对象存储中，满足用户对数据存储持久性的要求，保障数据安全，避免数据丢失。

（4）对象存储在"东数西存"中的应用

"东数西存"是目前一大热门研究方向。主要因为最近生产的热数据，通常在一到两年内都

图 3-16　数据备份

会转化为访问和计算需求极少的温冷数据，因此安全、可靠又低成本地保存这些温冷数据成为一个天然需求。

与此同时，东西部地区的数据存储成本存在巨大的差异，西部地区的电费是东部地区电费的 20%～60%，再加上东西部地区气候差异导致的能耗降低，东西部地区的能耗成本存在巨大的差异。国家的八大算力枢纽，实际上西部地区的算力枢纽的主要定位正是处理冷数据和一些本地数据。

基于上述背景，对象存储提供了异地灾备和异地归档等"东数西存"能力。

异地灾备指用户对存放在东部地区数据中心的重要数据进行定时备份，实时同步到西部地区数据中心，在需要时进行取回，在提升数据可靠性、业务连续性的同时极大程度地降低了备份成本。

异地归档指用户对其温冷数据进行转移，通常基于对象存储产品中的生命周期功能和智能分层功能来判断数据的冷热，随后将冷数据自动迁移到西部地区的数据中心中。以医疗影像数据为例，这类数据通常需要存放 20 年，但在上传 6 个月之后数据访问的频率就会明显降低，用户可以将其转移到西部地区的数据中心中进行存储，成本远低于存储在东部地区的数据中心中，需要时取回数据即可。

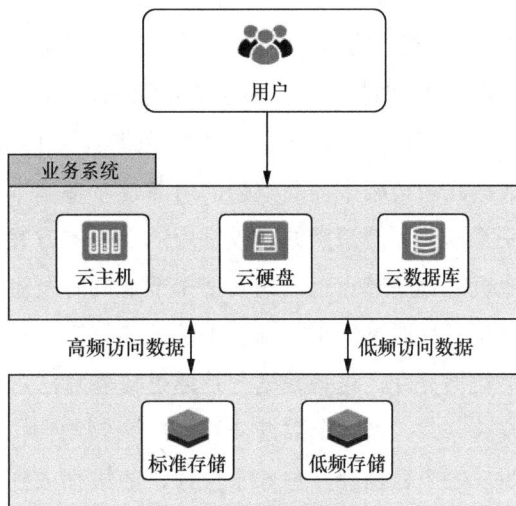

3. 关键技术

对象存储使用的是一种不同于传统集中式存储的分布式存储架构，为了实现更高的可扩展性、支持更大的存储规模，对象存储采用无中心的组网方式，通过内部交换机将多个同时提供计算和存储资源的存储节点连接起来，对外提供统一的存储资源池。

为了保证数据安全，对象存储常采用多副本或纠删码（Erasure Code）这两种数据冗余策略来提高数据的可靠性。多副本是将每个数据复制为多个副本，存放在不同的存储节点处。以常用的 3 副本方案为例，每个数据会存放在集群中 3 个随机的存储节点上，最多 2 个节点同时发生故障时可以保证数据不会丢失。纠删码是一种通过纠正数据丢失的校验码来保证数据安全的方法。数据会被切分为多个数据分片，这些数据分片通过校验算法，生成若干个可以用来恢复丢失数据的校验分片。以 4 个数据分片、2 个校验分片（通常简称为"4+2"方案）为例来说明，每个数据会产生 6 个分片，随机存放到 6 个随机的不同存储节点上，其中任意 2 个节点同时发生故障时可以保证数据不会丢失。对比这两种数据冗余策略，多副本的可用容量较低，但能够提供更好的读写性能和重构性能；纠删码的可用容量较高，但读写性能和重构性能会较差。

（1）生命周期管理

用户可以基于对象的上传时间、最后修改时间或最后访问时间制定生命周期管理规则，来批量转换存储桶内对象的存储类型或批量删除指定的对象和碎片。

（2）智能分层存储

智能分层存储适用于访问模式不固定的文件，系统将根据数据的访问模式自动地转换存储类型，从而降低用户的使用成本。

（3）跨域复制

跨域复制是指跨越不同数据中心的存储桶的文件自动复制能力，它支持将文件的创建、更新和删除等操作从源存储桶复制到其他区域的目标存储桶中，保持不同地域始终拥有两份完全相同的数据，极大地提升了数据的容灾能力。

3.2.6 文件存储

1. 概念与特点

文件存储是一种有别于对象存储和块存储的，基于文件系统层级的数据存储模式。文件存储以层级目录树的结构组织内容，其中包括目录、文件，以及目录和文件的索引与描述信息（一般被称为元数据）。这种存储模式类似于我们在 Windows 资源管理器中管理磁盘的方式，以树形结构组织文件和文件夹。以 Linux 操作系统文件存储为例，最终形成的层级目录结构如图 3-17 所示。该结构可以帮助用户清晰地组织和管理数据，使得数据检索和维护变得更加直观、易于操作。

常见的是以本地文件系统为主的文件存储，而随着存储和网络技术的不断发展，通过网络连接提供文件存储功能的方案逐步形成，即 NAS。通过 NAS，应用软件可通过网络来远程访问存储系统提供的文件系统服务，其使用体验与本地文件系统几乎没有差异。

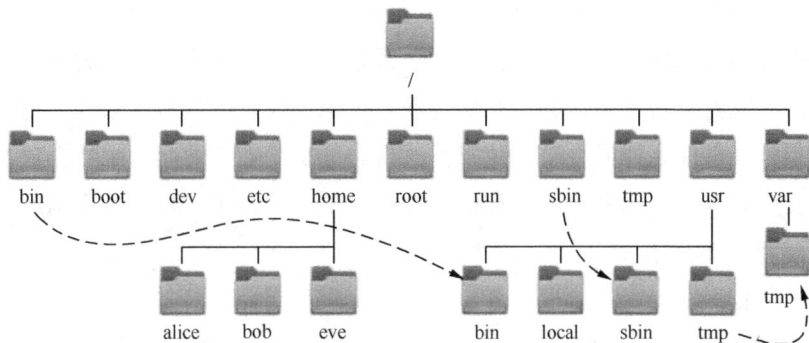

图 3-17　Linux 操作系统文件存储的层级目录结构

尽管如此，传统 NAS 的局限性也在逐渐显现，如存储规模受限、存储容量与性能不能按需扩展等。为了解决这些问题，分布式文件存储应运而生。分布式文件存储架构如图 3-18 所示，分布式文件存储本质是管理多个存储服务器，形成一个统一的存储集群，它仍以 NAS 的方式将存储能力提供给上层业务；与此同时，分布式文件存储具备传统 NAS 未具备的能力，如弹性扩展（可根据业务需求灵活增加或减少存储容量）、高可用性等，这些能力使其逐渐成为企业级文件存储的主流。

2. 应用场景

文件存储系统是一个可共享访问、高可靠和高性能的分布式文件系统，可应用于文件共享、数据处理等多种场景，同时文件存储在算力网络中应用广泛，如 Web 应用、大数据分析和视频渲染。

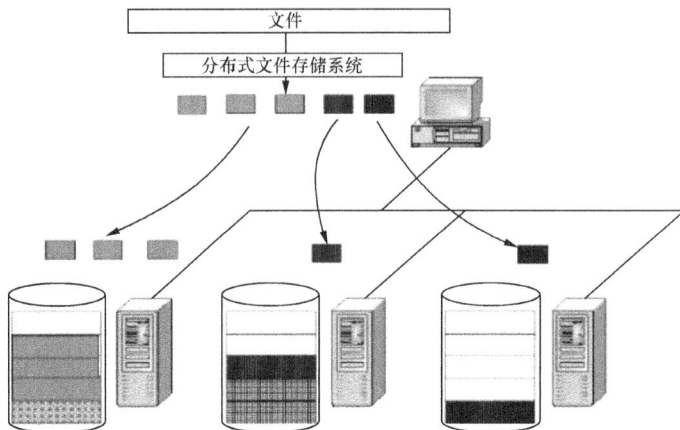

图 3-18　分布式文件存储架构

（1）文件共享及内容管理

文件存储系统作为可共享访问的文件系统，支持多台服务器同时访问文件存储系统，且支持多台服务器共享存储资源，可保证文件的读写一致性，提升数据交互效率，能够满足协同办公、流媒体、日志分析等业务访问相同数据集场景的需求。文件存储系统具备大容量存储特性且简单易用，用户可像操作本地文件系统一样使用文件存储系统。

（2）数据分析

实时数据分析平台需要将多台云主机生产的业务数据集中起来进行实时分析，若数据分别存储在不同的云主机上，则数据汇聚无法满足实时分析数据的要求。文件存储系统可支持 PB 级存储容量，不仅能满足许多场景对超大存储空间的需求，还允许用户设置读写权限，以确保数据的安全访问。

（3）网站或 Web 应用

文件存储系统具备高吞吐量、高可靠性的特征，可满足网站或 Web 应用对系统响应速度的较高要求，可用于网站内容的管理、存储及备份。在算力网络架构下，系统可以将前端页面及少量实时热点缓存数据存储于东部区域中，而将大量访问频度低的数据存储在西部区域中。当西部区域中的部分数据被访问频率逐渐上升时，系统会自动将这些数据迁移至东部区域，并将东部区域中访问频率低的数据迁移至西部区域。

（4）大数据分析

在算力网络中，东部区域的文件存储系统可实现对存储性能要求较高的实时交互式数据分析，而西部区域的文件存储系统可实现离线数据分析，并在统一文件存储系统中汇总数据分析结果，实现数据在东西部地区的合理分布。

（5）视频渲染及制作

在视频渲染及制作场景中，大型文件的操作往往依赖共享存储，分布式文件存储系统不仅保障了数据一致性，还支持高并发访问、高吞吐量，显著提升了视频渲染及制作的效率。

在算力网络中，根据东西部地区的计算资源分布，分布式文件存储系统可以智能地按比例调配渲染素材数据在东西部地区的分布，满足各地区对存储访问的性能需求，进而充分利用东西部地区的计算资源，并发完成视频渲染及制作任务，在缩短视频渲染及制作时间的同时降低算力成本，实现时间成本和资源成本的双重降低。

3. 关键技术

文件存储系统架构如图 3-19 所示，包括 BC-NFS 存储资源池、BC-NFS 原生客户端、NAS 网关等功能组件，多台客户端可使用标准文件协议访问文件存储系统，实现文件存储的高并发访问、可扩展性等特性。

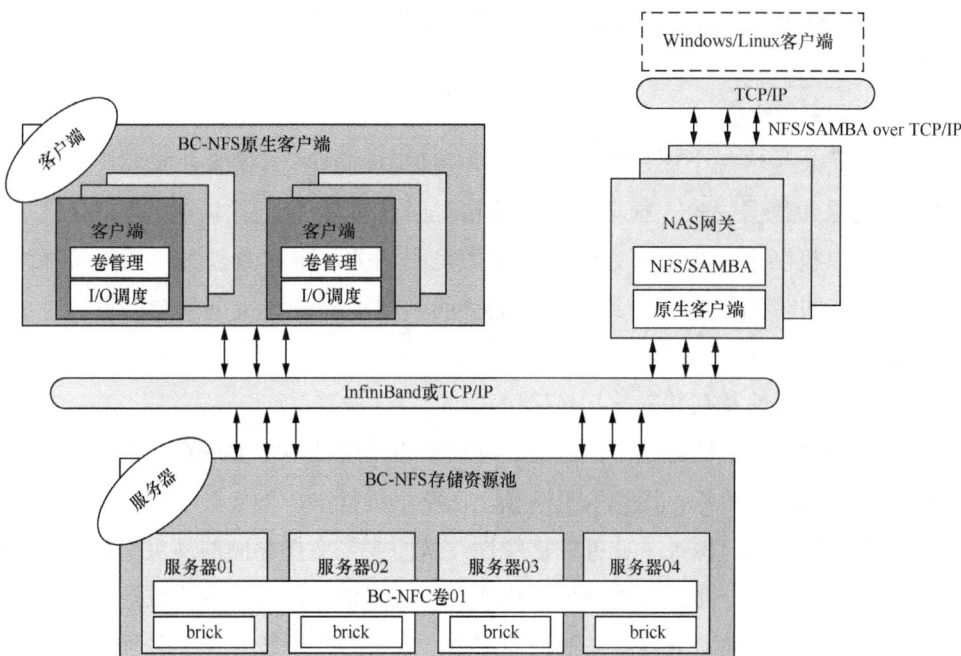

图 3-19　文件存储系统架构

（1）标准文件协议

文件存储系统通过标准的网络文件系统（NFS）协议和服务器信息块（SMB）协议为客户提供文件存储服务，这些协议可在多个云服务器上进行挂载，从而实现多台云服务器共同访问和共享文件。

① NFS 协议

NFS 协议是一种在分布式文件系统中使用的协议。使用 NFS 协议，客户端访问文件存储系统就像访问本地文件系统一样，且 NFS 协议不受计算机类型、操作系统、网络架构的限制，均可实现网络文件的传输和共享。

NFS 基于客户端/服务器架构，并由客户端程序和服务器程序组成。NFS 协议用于服务器和客户端之间的文件访问和通信共享，从而使客户端能远程访问保存在存储设备上的数据。

② SMB 协议

SMB 协议主要用于 Microsoft 网络环境中的通信，适用于 Windows 操作系统及 Windows 容器。它可被用于客户端与服务器之间的信息传输。通过使用 SMB 协议，客户端可在各种网络环境下对远程服务器上的文件系统中的文件进行读写操作。

（2）副本冗余

副本冗余是将每个原始数据分块，并镜像复制到另一存储介质上，从而保证在出现原始数据丢失、损坏、失效等情况时，可以通过副本进行数据恢复。在副本冗余机制中，数据可靠性和副本数呈正相关，副本数越多，数据可靠性越高，但是过多的副本会导致文件存储空间利用率降低、数据复杂度更高及成本更高。

（3）高可用性及高并发

在分布式文件存储系统中，若任一存储节点出现故障，另一存储节点能够继续提供完整的数据服务，无须人工干预，在整个过程中，不会影响数据的读写，可实现数据零丢失，保证了业务的连续性，从而实现文件存储的高可用性。相较于本地文件系统，分布式文件存储系统实现了共享访问，在多客户端访问文件存储系统时，文件存储系统需具备高并发能力，在多客户端进行操作时仍能保证数据的一致性。

（4）数据分布均衡

在存储数据的过程中，如果数据增多，就需要对系统进行扩容，但是系统扩容会导致集群内的数据分布不均衡，即旧节点数据负载过高，新节点则有很大的可用存储空间。数据分布均衡使得文件存储具备更高的可扩展性，在文件存储系统到达容量上限时，进行扩容，执行数据均衡后，可以使集群中的数据重新分布，并且分布得更加均匀。

第4章

高性能计算

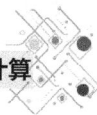

4.1 概念与特点

高性能计算（HPC）通过聚合分布式计算资源来执行标准工作站无法完成的数据密集型计算任务，包括仿真、建模和渲染等。它不仅仅是一种技术手段，更是一种解决复杂科学问题和工程技术挑战的强大工具。

与日常计算不同，HPC 的计算能力更强大。人们在处理各种计算问题时常常会遇到这种情况：由于需要大量的运算，一台通用计算机无法在合理的时间内完成工作，或者用户所需要的数据量过大而可用的计算资源有限，因此根本无法执行计算。HPC 基于聚合结构，使用多台计算机和存储设备，以极快的速度处理大量数据，帮助人们探索如何解决科学、工程及商业领域中的一些重大难题。HPC 的本质是对计算能力极限的追求，它涉及从硬件架构到软件开发的一系列创新技术。在硬件层面，HPC 通常表现为大规模的并行处理系统，由众多处理器核心、高速内存、高效的互联网络和大规模的存储设备紧密集成，共同构成计算集群或者超级计算机。在软件层面，HPC 则涉及并行编程模型、算法优化、智能任务调度和面向特定应用领域的定制化软件开发。

HPC 的主要特点具体如下。

① 并行处理能力与高并发性：HPC 最大的特点是其具备强大的并行处理能力，可以同时执行成千上万个计算任务，大大提高计算速度和效率。

② 极致性能与可扩展性：HPC 系统能达到普通计算机无法企及的计算速度，常以每秒千万亿次（PFLOPS）甚至每秒百亿亿次（EFLOPS）浮点运算能力作为衡量标准。此外，HPC 系统架构设计灵活，可以根据需求增加计算节点，实现性能的线性扩展。

③ 数据密集与 I/O 优化：面对大数据时代的挑战，HPC 系统格外重视数据存储和传输性能，通过优化数据存储子系统和 I/O 接口，保证大规模数据的快速读写，满足大数据分析和处理的需求。

④ 复杂系统管理与运维：HPC 系统的建设和运维是一项综合性工程，需要专业人员利用高级集群管理工具和监控系统进行 HPC 系统的配置、优化和故障排

查，确保整个系统的稳定可靠运行。HPC 的应用场景多样且复杂，既包括诸如天气预报、核爆炸模拟、蛋白质折叠这样的大规模科学计算，又涵盖大数据分析、机器学习训练、金融市场风险评估等多种应用场景。其基础理念是将复杂的计算任务分解为多个相对独立的部分，并通过高效的并行计算系统实现多核、多节点乃至跨集群的协同计算，从而极大地提升了问题求解的速度和效率。

如今，HPC 用于解决复杂的密集型问题。随着云计算技术的飞速发展，HPC 也迎来了新的发展机遇，云端 HPC 为企业提供了更为灵活、高效的计算资源获取方式。企业无须大规模投资硬件设备，只需按需付费，即可获得强大的计算能力。云端 HPC 使得产品研发变得更经济，因为它需要更少的物理原型，有助于加速测试、缩短产品上市时间。企业利用 HPC 进行产品研发、模拟测试和数据分析，极大地加速了产品创新进程，提高了产品质量。在航空航天、汽车制造、电子信息等行业中，HPC 发挥着重要作用，它使得企业能够更快速地响应市场需求，提升企业竞争优势。

未来，HPC 将继续引领科技发展潮流。随着技术的不断进步和应用领域的拓展，HPC 将在更多领域中展现其无穷潜力。无论是在探索宇宙奥秘、攻克医学难题方面，还是在推动人工智能、量子计算等前沿技术的发展方面，HPC 都将成为不可或缺的重要支撑。它将为人类的未来创造更多奇迹。

4.2　技术架构

技术架构是 HPC 系统的核心，它决定了 HPC 系统的性能、可扩展性和可靠性。HPC 系统的技术架构包括 HPC 集群系统、HPC 软件架构及 HPC 仿真环境。

4.2.1　HPC 集群系统

HPC 集群系统主要分为硬件层、平台层和应用层，如图 4-1 所示。

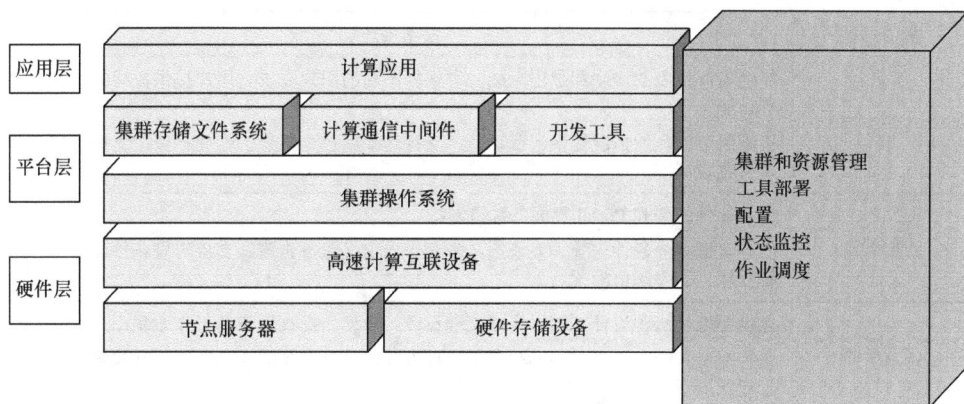

图 4-1　HPC 集群系统组成

最底层是硬件层，主要由节点服务器、硬件存储设备和高速计算互联设备构成。节点服务器主要作为计算和管理节点，硬件存储设备用来存放计算目标/中间/结果数据，而高速计算互联设备用来完成节点之间的数据交换和并行计算通信。

中间层是平台层，主要包括集群操作系统、计算通信中间件、集群存储文件系统、开发工具，以及对整个平台进行作业调度、集群和资源管理、工具部署、配置、状态监控等的集群管理软件。平台层软件术语如表 4-1 所示。

表 4-1　　　　　　　　　　　　　　平台层软件术语

常用术语	参考描述
作业调度	提供作业管理、队列管理、计算节点管理、调度管理等多个特性； 提供个性化、通用化、命令行、模板等多种作业提交方式； 支持通用图形处理器（GPGPU）作业调度，可定制常用软件作业提交界面； 支持人工干预作业优先级、重新运行作业等多种实用功能
集群监控	提供集群物理视图，包括机架、机柜、服务器等设备状态的呈现，提供图形化界面展示集群整体或单个集群节点的运行状况； 提供对 CPU、内存、网络、硬盘等的性能指标的监控，并支持监控 GPU 和 IB 网络
集群管理	提供集群节点管理、集群账户管理、文件管理、并行命令管理、IPMI 管理等多个特性； 支持用户数据安全隔离； 支持针对多个集群节点进行批量操作，支持批量上电、下电操作，可实现集群操作系统的一键式批量部署
能耗管理	支持预先设置节能策略，进行自动节能处理

常用术语	参考描述
统计分析	提供集群报表的产生和导出功能，可根据不同的用户需求为用户提供灵活的统计分析功能； 根据用户的作业情况提供记账功能，支持基于用户、队列的作业计费，支持用户自定义收费标准
告警管理	提供邮件告警和 Portal 界面告警机制； 支持可配置的硬件告警、系统服务告警、自定义服务告警，支持告警条件设置、告警分级、告警阈值配置
流程管理	提供图形化流程设计工具，降低流程设计的难度，提高用户的工作效率； 支持拖曳式的流程设计和多种复杂流程设计，具有完备的流程实例管理和实时流程运行图展示功能
故障管理	支持管理节点互备，可在出现故障时快速恢复； 提供集群节点镜像创建、删除、浏览等镜像管理功能； 支持节点快照、节点快速恢复，可使用同一个镜像同时恢复多台主机； 支持对集群节点定期备份，集群故障时可快速恢复集群

最上层是应用层，这一层的开发至关重要，因为它直接关系到 HPC 的实际应用效果。专业的厂商基于并行计算开发环境，针对行业应用的特点进行深入研究和开发，以实现计算集群技术在各个领域中的广泛应用。在众多集群软件中，有一些备选方案尤为突出，如 Bright Cluster Manager（BCM）、Clustertech HPC Environment Software Stack（CHESS）等。

4.2.2　HPC 软件架构

HPC 软件架构主要由 IT 核心硬件层、系统管理层、应用软件层 3 层组成，如图 4-2 所示。

系统管理层可以分为以下模块。

1. 操作系统

操作系统是管理和控制计算机硬件与软件资源的计算机程序，如 Linux 等。

2. 作业调度软件

作业调度策略决定了用户作业的执行次序，资源分配策略决定了资源如何使用，作业调度软件有 Slurm、PBS、SGE、LSF 等。

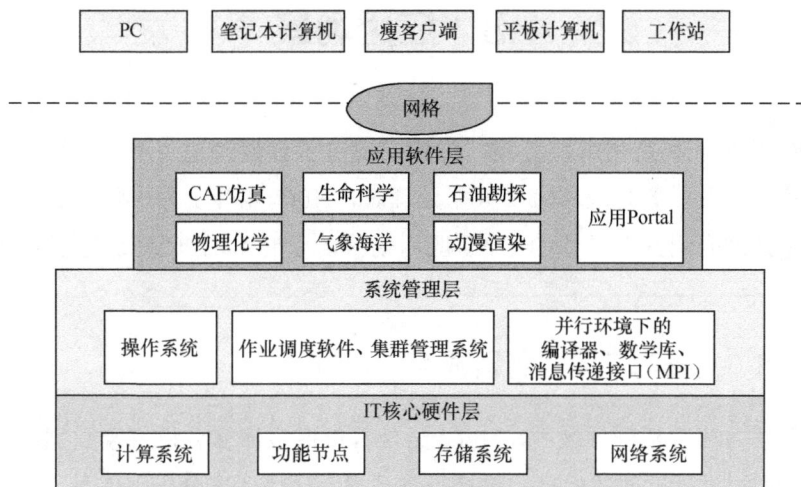

图 4-2　HPC 软件架构

3. 集群管理系统

集群管理系统是一个可扩展的高级集群管理和配置工具，允许使用者通过一个单点控制和管理一个集群系统，如 xCAT、Rocks、CMU、BCM 等。

4. 并行环境

在并行环境下，所有客户端均可以在同一时间并发读写同一个文件。

5. 编译器

并行环境下的编译器能把人类使用高级语言编写的源代码转换为计算机能够直接执行的二进制代码。

6. 数学库

数学库协助用户进行数学计算、方程求解等，如基础线性代数子程序库（BLAS）、快速傅里叶变换库（FFTW）。

7. MPI

消息传递接口（MPI）是超算中用于进程间通信的标准接口，支持并行计算中不同进程间的通信与同步。

4.3 应用场景

HPC 作为一种技术解决方案，为我们提供了卓越的超高浮点计算能力。在进行计算密集型任务处理和海量数据处理时，HPC 能够发挥出强大的优势。接下来，将详细介绍几个具体的 HPC 应用场景，以展示 HPC 在这些领域中的应用价值。

4.3.1 气候与环境预测领域

在气候与环境预测领域中，HPC 结合数值模型计算分析气象数据与环境数据，为我们提供了重要的信息。包括天气预报、环境状况分析等信息，这对于我们的生活、农业生产、交通运输及环境保护等都具有极其重要的指导意义。

以气象预报为例，一般需要基于大量的观测数据进行质量检查和同化分析，得到初值条件并且通过大量计算取得量或场（如温度、风向和风速及湿度等）的改变趋势。这些计算均需要强大的并行处理能力，而且气象预报对时效性的要求很高，必须在短时间内完成上述计算。使用具有众多处理器、高性能的内部互联网络的 HPC 平台，能够缩短问题求解时间或扩大求解问题规模，适用于气象数值预报和研发。

除此以外，HPC 也可应用于污染问题的研究和治理。例如，在空气质量预测中，HPC 可以结合地理信息系统、排放源清单及气象预报数据，模拟污染物在大气中的传输、转化和沉降过程，实现对城市空气质量的精细化预测，并为污染源控制和减排措施提供科学依据。此外，在水体保护和土壤修复等方面，HPC 也能协助研究人员分析污染物的迁移转化规律，提出有效的环境保护策略。

总之，HPC 结合数值模型计算分析气象数据与环境数据，为我们提供了重要的气象信息。这些信息在天气预报、环境保护、农业生产等多个方面具有广泛的应用价值。随着 HPC 技术的不断发展，气象预报将越来越准确，为人类社会的可持续发展作出更大贡献。

4.3.2　核电工程领域

核电工程领域是高科技密集型领域，HPC 在工业仿真流程中发挥着至关重要的作用。HPC 通过对工业仿真过程进行深入分析，能够直接缩短计算时间，降低成本支出，并有效提升企业的竞争力。

首先，核电工程领域的特点是复杂度高、技术性强，而 HPC 技术的应用正是解决这一问题的关键。通过使用 HPC，我们可以对核电工程的各种条件进行精确模拟，对工程设计、施工和运营过程中的问题进行深入研究，这不仅能够提高核电工程的安全性，还能够提升其经济性。

其次，HPC 在核电工程领域中的应用能够直接缩短计算时间，降低成本。在采用传统的计算方式时，一些复杂的核电工程问题可能需要数天甚至数周的时间才能得到解决。而利用 HPC，这些问题可以在短短数小时内得到解决。这不仅极大地提高了工作效率，还降低了企业的运营成本。

再次，HPC 的应用能够降低成本。在核电工程中，通过应用 HPC，企业可以减少人力、物力投入，降低设备购置和维护的费用，从而提高企业的经济效益。

最后，HPC 的应用能够有效提升企业的竞争力。在激烈的市场竞争中，哪家企业能更快地解决问题，便能占据市场的主导地位。HPC 的应用使得核电企业在同等条件下，能够更快地完成工程，为用户提供更优质的服务，从而赢得更多的市场份额。

总体而言，HPC 技术在核电工程领域中的应用，不仅提高了工程效率，降低了成本，还提升了企业的竞争力，这无疑为我国核电事业的发展注入了强大的动力。未来，我们期待能看到更多的科技创新，为我国核电事业带来更大的发展空间。

4.3.3　工业和工程领域

在工业和工程领域中，使用 HPC 来模拟实际产品制造、产品运行环境和工程建设环境，减少了物理原型数量和实验次数，提高了设计质量和效率，提升了企业解决复杂技术难题的能力。

HPC 在工业和工程领域中的应用，旨在提高设计质量和效率。在传统的设

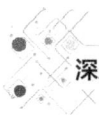

计过程中，设计师们需要制作大量的物理原型并进行反复的实验和调整。而借助 HPC 技术，设计师可以在计算机上快速构建虚拟模型，并对其进行仿真计算。这样，设计师们便可以迅速了解设计方案的优缺点，进而优化设计，提高产品质量。同时，HPC 技术还可以为企业节省大量的人力、物力和时间成本，提高整体设计效率。

此外，HPC 还为企业和工程师们解决复杂技术难题提供了有力支持。在面对具有挑战性的技术问题时，工程师们可以利用 HPC 平台的强大计算能力，对问题进行深入研究，寻求解决方案。借助 HPC 技术，工程师们可以从多个角度分析和评估问题，缩短问题的解决时间，提高解决问题的准确性。这有助于企业保持竞争力，为我国科技创新和发展贡献力量。

总之，HPC 在工业和工程领域中的应用具有重要意义。它不仅减少了物理原型数量和实验次数，提高了设计质量和效率，还为解决复杂技术难题提供了有力保障。未来，随着 HPC 技术的进一步发展和应用，我国工业和工程领域的发展将迈向新的高度。

4.4 发展趋势

在当今数字化时代，计算需求正以前所未有的速度增长。无论是天气预报、药物研发，还是人工智能大模型的训练，都需要强大的算力支持。然而，超算和智算各自存在局限性：超算擅长处理复杂的科学计算任务，但在 AI 模型的训练和推理上效率不足；智算虽然优化了 AI 算法，却难以应对大规模科学计算的需求。因此，科学家们提出了"超算与智算融合"的创新思路，这将成为未来计算领域的重要趋势。

什么是超算与智算融合？

简单来说，超算与智算融合就是将超级计算的高性能处理能力与人工智能计算的智能算法优化能力结合起来，形成一种全新的计算模式。这种融合不仅是硬件上的叠加，还是软件、算法和架构的深度协同。通过超算与智算融合，计算系统可以同时满足科学计算和 AI 任务的需求，从而大幅提升效率并降低成本。

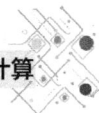

超算和智算融合有以下 3 个阶段。

① 超算支撑 AI 应用：超算主要作为 AI 计算的补充，为其提供强大的计算资源支撑。

② AI 技术改进超算：随着 AI 技术的发展，智能算法被用于优化超算的运算效率，如通过机器学习优化任务调度和资源分配。

③ 内生融合：超算与智算实现深度结合，形成智能化的计算系统，能够根据任务需求自动切换计算模式，实现高效、灵活的计算能力。

超算与智算的融合不只是技术上的突破，更是未来算力基础设施发展的必然趋势。随着技术的不断进步，这种融合将推动计算能力迈向新的高度，为科学研究、产业升级和数字经济发展提供强大动力。正如专家所言，未来的计算系统将不再是单一的超算或智算，而是一个智能、高效、灵活的综合体，为人类社会的进步提供无限可能。

第 5 章

智算中心

5.1 概念、特点及意义

在数字化、智能化浪潮中，AI 技术与智算中心犹如破浪之舟，崭露头角，成为驱动社会进步与科技创新的强大力量。然而，尽管智算中心的重要性不言而喻，却未必为公众所熟知。那么，智算中心究竟为何物？它是如何重塑计算体验，指引未来计算的新航向的呢？

智算中心，本质上是一种基于先进 AI 理论和尖端 AI 计算架构，为 AI 应用提供算力、数据及算法服务的公共算力新型基础设施。它如同一座"超级计算中心"，集 HPC、大数据处理、AI 等技术于一体，宛如一个"超级大脑"，能迅速处理与解析海量数据，为各领域应用提供强大的计算能力支持。与侧重数据存储与管理的传统数据中心相比，智算中心更强调 HPC 与 AI 应用，不仅具备数据中心的基本功能，而且在计算能力与智能应用支持上实现了显著提升。

智算中心通常配备了先进的硬件设施，如高性能计算机、大规模存储系统等，辅以优化的软件架构与算法，使其能高效处理海量数据，精准提取其中有价值的信息。无论是在天气预报、交通规划等场景中，还是在医疗诊断、科学研究等领域中，智算中心都扮演着无可替代的角色。更重要的是，智算中心具备高度的可扩展性和灵活性，可根据不同需求与应用场景，迅速调整计算资源，确保任务顺利完成，智能中心能适应不断变化的技术与市场环境。综上所述，智算中心是现代社会数字化、智能化转型的重要基础设施，通过融合 HPC、大数据处理、AI 等技术，构建了强大的计算平台，有力地推动了科技进步与社会发展。

国家信息中心于 2020 年 12 月发布的《智能计算中心规划建设指南》创新性地提出了智算中心的整体架构，围绕基础、支撑、功能与目标四大核心部分展开。本章将从智算中心的基础设施、资源管理与调度、智算平台、模型服务方面深入剖析智算中心关键技术。

首先，智算中心的基础设施是其强大的根基。基础设施集结了大量高性能计算机、存储设备、网络设备等硬件设施，共同构建智算中心的硬件基础。这些设备不仅运算速度飞快、存储容量巨大，且网络连接稳定可靠，为各类计算任务的执行提供了坚固保障。

其次，智算中心的高效运行离不开智能资源管理与调度机制。智算中心如同一个精密的交通指挥系统，根据任务优先级、计算需求等因素，精准调配与调度计算资源，确保各项任务高效完成。这种智能资源管理与调度机制极大地提升了计算资源利用率，有效地降低了成本。

再次，智算平台是智算中心的"心脏"。它提供了丰富多样的计算服务，包括云计算、大数据处理、AI 模型训练等，使用户能够轻松地进行数据分析、模型训练、智能应用开发等工作。同时，智算平台还配备了各类工具与服务，极大地方便了用户计算任务的执行。

最后，模型服务在智算中心中占据举足轻重的地位。模型服务为用户提供 AI 模型的训练、部署与应用服务，用户借此可以进行图像识别、语音识别、自然语言处理等。模型服务不仅降低了用户的技术门槛，还有力推动了 AI 技术的广泛应用与普及。

随着信息技术日新月异的发展，智能计算已成长为驱动社会进步的重要引擎。智算中心凭借强大的基础设施、智能的资源管理与调度、丰富的智算平台与模型服务，为用户提供了高效、便捷的计算服务，深刻影响着数字化、智能化时代的计算发展水平，引领着未来计算发展的新趋势。

5.2　智算中心的核心组成

5.2.1　总体框架

图 5-1 所示为智算中心总体框架，包括构建全栈 IaaS/PaaS/MaaS/SaaS 四层服务能力及安全保障能力。

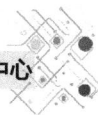

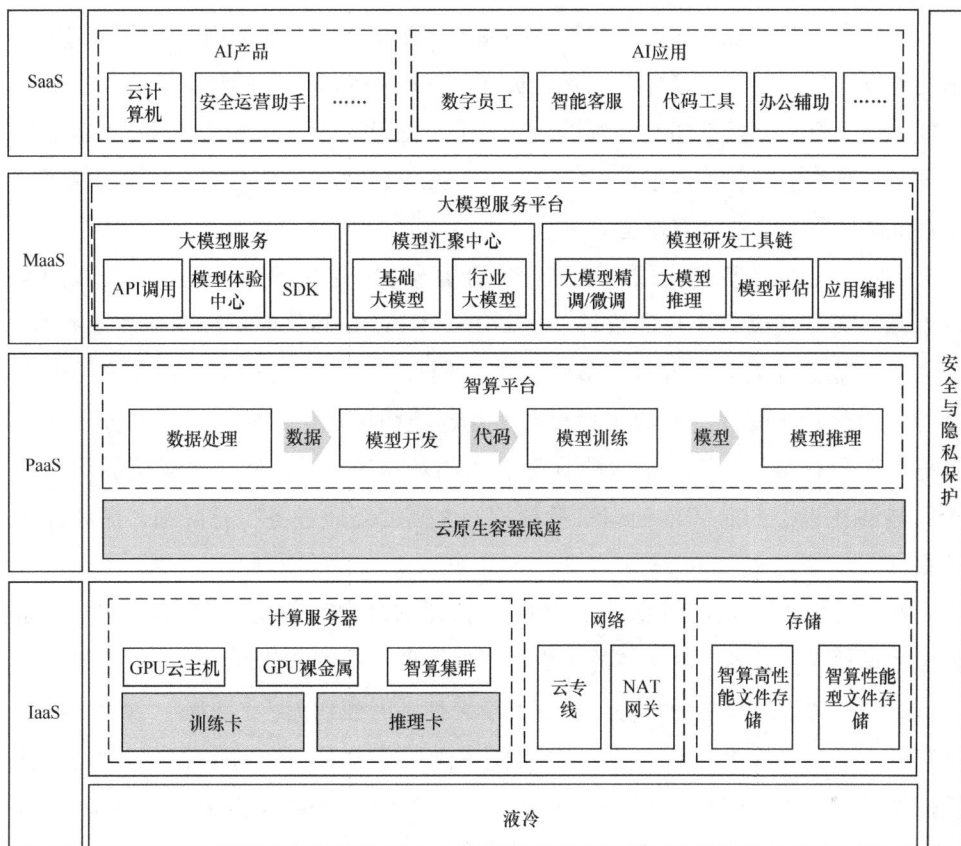

图 5-1　智算中心总体框架

5.2.2　基础设施

简单来说，智算中心是一个超级运算器，用来处理海量的数据和完成复杂的计算任务。那么，这个超级运算器是怎么构建的呢？我们来聊聊智算中心的基础设施：计算、网络、存储和液冷。智算中心的基础设施就像一个完整的生命体，计算是它的核心，网络是它的"神经系统"，存储是它的"记忆库"，液冷是它的"血液"。四者相互协作，共同支撑着智算中心的运行，让它能够处理海量的数据，完成复杂的计算任务。

1. 计算：智算中心的核心

计算是智算中心的核心。智算中心通过高度集成的计算架构，实现了超大规模的数据处理和复杂计算任务的高效执行。可以将智算中心的计算能力想象成一个拥有庞大算力的虚拟超级计算机，其由成千上万的服务器组成。这些服务器搭载了多种高性能计算加速组件，如 GPU、NPU、FPGA、ASIC 等，共同构建了一个功能强大且灵活的计算基础设施。

智算中心的计算能力依赖于高性能计算架构。这种架构不是计算资源的简单堆砌，而是通过系统化的设计，将 GPU、NPU 及其他专用加速器有效整合，形成一个能够高效处理并行计算任务的协同计算平台。这种架构在多个层面上进行了优化，从硬件层面的芯片设计、互连结构优化，到软件层面的分布式计算框架和优化算法，旨在最大化计算资源的利用率。高性能计算架构的优势在于其能够在极短的时间内处理海量数据，大幅度缩短任务执行时间，提高计算效率。

在智算中心中，AI 芯片（如 GPU、TPU、NPU 等）被视为"神经元"，负责处理和传输大量信息。与传统的中央处理器不同，这些芯片专为 AI 任务设计，具有极强的并行计算能力，在处理深度学习任务时表现出色。然而，智算中心的计算能力不仅仅依赖于单个 AI 芯片的性能。通过构建一个高带宽、低时延的计算网络，智算中心可以实现多芯片协同工作，这种协作机制显著提高了计算效率，能够在极短时间内处理大规模矩阵运算和复杂的神经网络推理与训练，使得智算中心能够以更快的速度完成复杂计算任务。

智算中心的另一个显著特点是其在计算资源调度上的灵活性和适应性。这得益于弹性计算和异构计算技术的应用。

弹性计算允许智算中心根据实际计算需求动态分配计算资源。这意味着，当一个计算任务需要大量计算资源时，智算中心可以迅速调动更多的服务器或 GPU 来参与运算；而当计算任务完成后，这些计算资源可以被立即释放，以便用于其他任务。这种计算资源的动态调度不仅提高了计算效率，还减少了资源浪费，降低了整体运营成本。

异构计算则通过集成不同类型的计算单元（如 CPU、GPU、FPGA、ASIC 等），为不同类型的计算任务提供最佳的性能支持。例如，GPU 在处理并行计算任务时具有显著优势，而 FPGA 和 ASIC 则可以根据特定算法进行定制化优化，以实现更高效的计算。在智算中心中，异构计算架构能够针对不同类型的计算任务灵活配置计算资源，从而大幅提升整体计算效率。这种架构不仅满足了当前复杂多样的计算需求，还为未来计算技术的发展奠定了坚实的基础。

随着云计算技术的不断发展，智算中心的计算能力正逐步云化。算力云化是指通过云计算平台按需为用户提供计算资源，使得用户无须自建昂贵的硬件设施，便可灵活租用强大的计算能力。这种模式不仅降低了企业的 IT 基础设施投资成本，还大大提升了计算资源的利用效率。随着越来越多的企业和机构将计算任务迁移至云端，算力云化正成为智算中心发展的重要趋势。

在算力云化的背景下，用户可以根据实际需求动态调整计算资源的使用。例如，在进行大规模的深度学习模型训练时，用户可以短期内租用大量的计算资源以加速模型训练过程；而在计算需求降低时，则可以迅速缩减计算资源规模，避免不必要的计算资源开支。这种灵活性使得智算中心能够应对各种计算需求的波动，显著提高了计算资源的利用率。

此外，算力云化还促进了计算资源的全球化共享。用户可以通过云平台访问分布在全球各地的智算中心资源，从而实现跨地域的计算协作和资源调度。

同时，边缘计算作为智算中心计算架构的重要组成部分，旨在将计算任务下沉至离数据源更近的边缘节点，以降低网络时延并提高计算效率。对于需要实时处理的大数据密集型应用，边缘计算的作用尤为关键。随着 5G 网络和物联网技术的进一步发展，边缘计算将更加紧密地融入智算中心的整体架构。边缘计算与智算中心的核心计算能力将相辅相成，共同构建一个高效、低时延的计算网络，为各类新兴应用提供更加可靠和高效的计算支持。

2. 网络：智算中心的"神经系统"

在智算中心里，网络就像人体的神经系统一样重要。网络负责连接各个服务器，确保数据和信息能够顺畅地传输。你可以把网络想象成一条条高速公路，数据就像车辆一样在高速公路上面飞驰。这样，无论服务器们分布在智算中心的哪个角落，都能够快速、准确地交换信息，协同工作。智算中心网络从逻辑上可以分为出口网络、管理网络、参数网络、存储网络和业务网络，智算中心功能模块如图 5-2 所示。

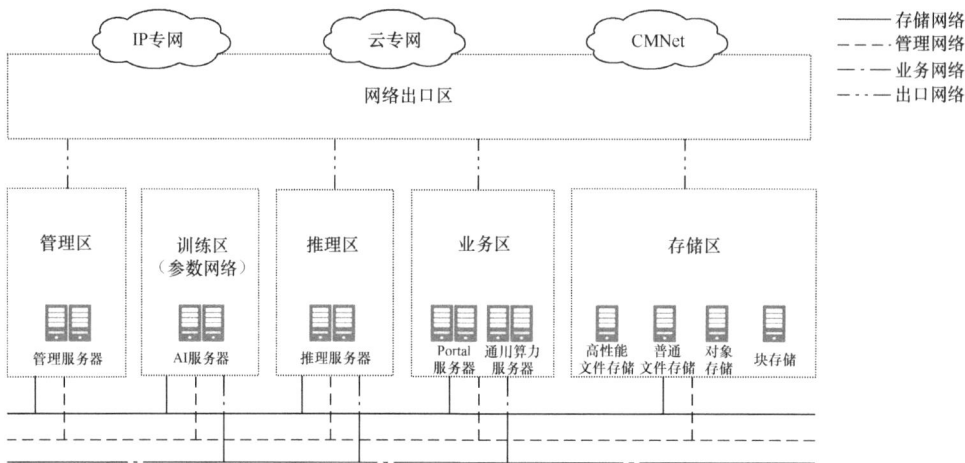

图 5-2　智算中心功能模块

其中，参数网络是 AI 模型训练业务的核心载体，其通信流量极大，且呈现出周期性、同步突发等鲜明特点。特别是在大型模型训练中，通信流量的周期性特点尤为显著，且每轮迭代的通信模式均保持一致。在每一轮迭代中，对各节点间的流量同步性要求高，流量以 on-off 模式进行突发式传输。这些通信流量的特点，对参数网络提出了零丢包、大带宽、低时延和高可靠性等严格要求。参数网络的性能优劣直接关系到智算中心提供算力的效率，是确保 AI 模型训练任务高效、稳定执行的关键因素。

现阶段，参数网络存在两种主流的远程直接存储器访问（RDMA）技术，分别是无限带宽（IB）技术和基于融合以太网的远程直接存储器访问（RoCE）技术，如图 5-3 所示。

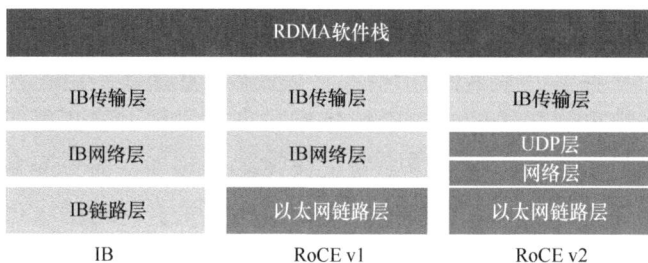

图 5-3　IB 与 RoCE 协议栈

　　IB 是由 IB 贸易协会（IBTA）于 1999 年提出的，是 RDMA 技术的先驱。它通过专用网卡硬件实现了 L1 至 L4 的网络协议栈卸载，并借助集中式子网管理器与端到端流控机制，实现了网络的无损转发。正因如此，IB 能够提供极致的低时延和超大带宽的网络性能。然而，目前市场上，仅有 NVIDIA 能够为用户提供包括 IB 交换机、IB 网卡和子网管理器在内的全套解决方案，这无疑增加了设备采购和维护的成本。

　　为了推动 RDMA 技术的普及，并降低从以太网到 IB 网络的转换成本，IBTA 于 2010 年推出了 RoCE 协议标准。这一标准允许应用通过以太网实现 RDMA，用户只需更换网卡，而无须改动现有的以太网网络设备和线缆，即可享受到 RDMA 带来的网络性能提升和 CPU 负载降低。这一创新举措极大地降低了硬件成本和维护成本，为更多用户提供了接触和使用高性能网络技术的机会。

　　基于 GPT-4 等大型模型的惊艳表现，智算业务正朝着拥有海量参数的大模型方向飞速发展。自然语言处理（NLP）的模型参数已经达到万亿级别，而计算机视觉（CV）、广告推荐和智能风控等领域的模型参数规模也在不断扩大。这种趋势对算力和显存提出了更高的要求，促使人们寻找更高效的解决方案。

　　以 GPT-3 为例，千亿参数需要 2TB 的显存，而单卡显存容量往往不足以满足需求。因此，分布式训练技术成为必要的选择，通过对模型和数据进行切分，采用多机多卡分布式训练方式，可以大幅缩短模型训练时长至周或天的级别。然而，在实际应用中，分布式训练系统的整体算力并不会简单地呈线增长，而是存在加速比，且加速比往往小于 1。主要原因在于单次计算时间包含了单卡的计算时间和卡间通信时间。为了缩短卡间通信时间，提高卡间通信带宽成为提升加速比的关键。为了解决这个问题，NVLink 应运而生。NVLink 是 NVIDIA 开发并推出的一种总线及其通信协议，是世界首项高速 GPU 互连技术。NVLink 采用点对点结构、串列传输，为多 GPU 系统提供更快速的替代方案。通过连接多块 NVIDIA 显卡，NVLink 技术能够实现显存和性能扩展，从而满足视觉计算工作的负载需求。目前，NVLink 已经发展到 NVLink4，如图 5-4 所示。

| 2016年 | 2017年 | 2020年 | 2022年 |
| P100-NVLink1 | V100-NVLink2 | A100-NVLink3 | H100-NVLink4 |

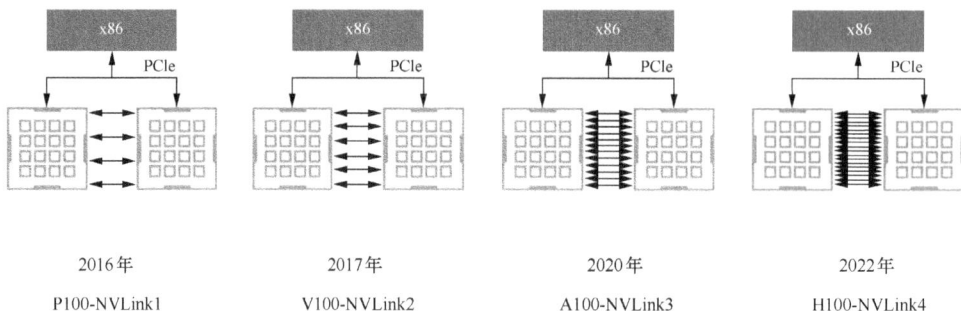

图 5-4 NVlink 的发展

NVLink4 能够为多 GPU 系统提供较以往提高 1.5 倍的带宽，并提供了可扩展性。这种技术的发展代表着多 GPU 互连技术的逻辑演变，不仅速度有所提升，在架构设计方面也取得了显著的进步。以 NVLink 为代表的芯片与芯片之间（Chip to Chip）总线技术正在向网络化的方向演进。如图 5-5 所示，NVIDIA DGX H100 256 SuperPOD 集群将 NVSwitch 用于构建 256 个 GPU 高速互联的 SuperPOD 集群，标志着 NVLink 总线技术正式向跨节点网络技术演进。如何攻克高性能卡间互联技术已成为国内 AI 算力发展面临的挑战。从目前的技术演进方向来看，以以太网为代表的网络技术将逐渐取代总线技术。当前以 Intel、寒武纪、华为、燧原科技和百度为代表的 GPU 厂商的 GPU 互联方案采用"类以太"技术实现私有直连拓扑，未来将向以太交换网络拓扑演进，突破 PCIe 总线带宽瓶颈，减少 RDMA 网卡使用，实现以太网的总线化。

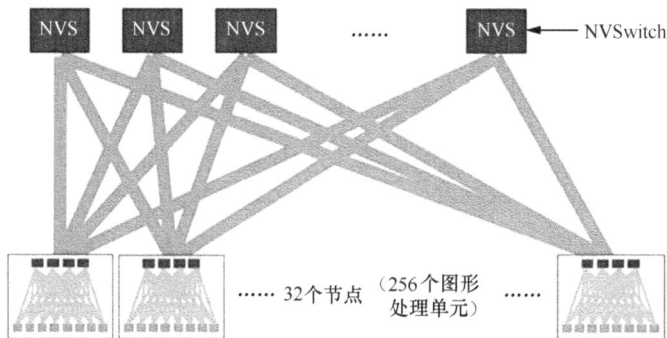

图 5-5 NVIDIA DGX H100 256 SuperPOD 集群

以太网在网络规模、时延、生态开放性、国产化能力、成本等方面具有

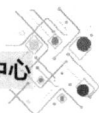

先天优势，是建立满足自主可控需求的国产数据中心级总线互联网络的最优选。随着网络操作系统的成熟和标准化程度的提升，以太网设备白盒化、硬件与网络操作系统解耦以降低成本、提升网络开放可编程能力也成为重要的发展方向。

在快速发展的数据中心技术领域中，无论是网络协议还是硬件设备，都需要不断创新和迭代以适应不断变化的需求。只有通过综合考虑技术可行性、成本和业务需求的多维平衡，才能制定出真正满足数据中心发展需求的最佳解决方案。未来，数据中心技术的发展将更加注重灵活性、可扩展性和高效性，以满足日益增长的计算和存储需求。随着数据中心技术的不断进步和应用场景的不断拓展，数据中心技术将在未来的发展中发挥更加重要的作用。

3. 存储：智算中心的"记忆库"

存储是智算中心用来保存数据的地方，你可以把它想象成一个超级大的硬盘。智算中心处理的数据量是非常庞大的，所以需要有足够大的存储空间来保存这些数据。这些存储设备不仅容量大，而且读写速度也非常快，确保数据能够随时被调用和处理。同时，为了保障数据的安全，存储设备还会采用各种先进的技术，如备份、加密等，确保数据不会丢失或被非法访问。

大模型训练是一项复杂而耗时的任务，GPT-3 级别的模型的训练数据集通常很大，无法完全加载到内存中，需要分批次地从外部分布式存储中读取数据并加载到 GPU 的高带宽存储器（HBM）上。如图 5-6 所示，在大模型过程中，从用户上传原始数据集（DATASET）到最终完成模型（MODEL）训练，并为用户提供已训练模型，整个过程存在着计算与存储的密切数据交互。

① 数据上传：大模型预训练阶段首先需要获取训练数据集，这些来自互联网、书籍、论文的数据需要经过预处理和清洗，包括分词、去除噪声和非常见词汇，以确保训练数据是高质量且可靠的。训练数据集准备好之后会被上传到存储系统中。由于对象存储具有普遍的 API 支持，可以提供灵活的数据访问方式，因此训练数据集通常会被上传到对象存储中。大模型训练的数据集可达 PB 量级，且主要采用大文件顺序写入模式，因此存储系统需要保证足够大的吞吐量和稳定的吞吐性能，以确保数据能够高效、稳定地被写入。

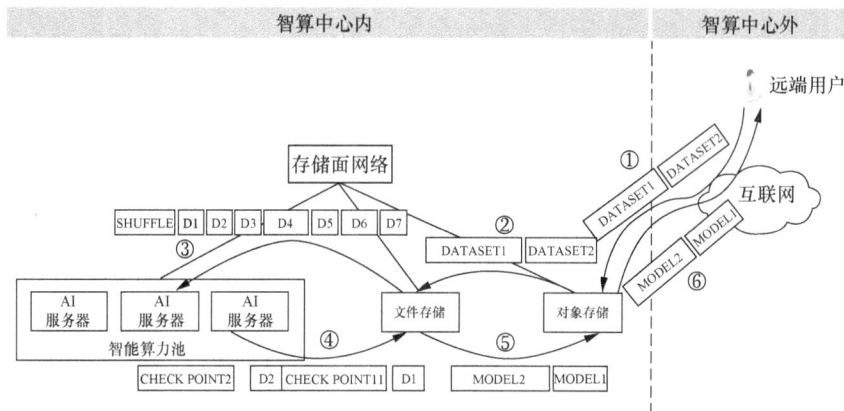

图 5-6　大模型训练计算与存储的数据交互过程

② 数据转移：由于文件存储具有更高的 I/O 性能，对于小文件的高效处理和随机 I/O 有较好的支持，且与 TensorFlow、PyTorch 等训练框架的兼容性更好，适合在模型训练过程中进行高效的读取和写入操作，因此在模型训练开始之前，需要把训练数据集从对象存储复制到文件存储中，在这个过程中，I/O 类型以大文件顺序 I/O 为主。

③ 数据读取：训练数据集被放入文件存储后，还需要对训练数据集进行进一步的预处理。CV 类数据集通常需要先对图片进行序列化并添加类别标签、图像尺寸等元数据，自然语音类数据集则需要对语音文件进行切分，转换为训练框架以实现代码期望的采样率和文件格式，如 16K 采样率、.wav 格式。数据集准备就绪后，模型将基于随机初始化的权重启动训练。整个数据集会被随机打散，这个过程被称为随机打乱或随机排序，然后数据被分成多个小的批次（batch），后续计算节点将以批次为单位从文件存储系统中读取数据，并将数据缓存到 GPU 的 HBM 中。

④ 归档写回：由于 HBM 是易失性存储，一旦模型训练发生意外中断，训练数据将全部丢失，因此基于检查点（Checkpoint）的"断点续训"机制非常关键，我们需要将模型训练过程中的数据周期性地保存到外部持久性存储中，一旦模型训练发生意外中断可以从最后一次保存的参数处重新开始模型训练，从而节省大量的时间和经济成本。此外，文件存储还用于跟踪记录模型训练过程中的各种指标，包括损失函数的变化、准确率的提升等，以便后续支持可视化的模型训练策略优化分析。保存检查点和过程文件等操作，主要负载是大文件写入操作，文件存储压力不大。

⑤ 模型复制：模型训练完成后，最终的模型权重会被写入文件存储中进行保存，用于模型推理或者以模型即服务（MaaS）的服务模式供外部用户使用。由于对象存储便于对外共享，模型需要从文件存储中复制到对象存储中，在这个环节中，I/O 类型以大文件写入为主。

⑥ 模型下载：用户基于自身应用特点，从对象存储下载训练好的模型。

4. 液冷：智算中心的"血液"

随着智算中心规模的不断扩大，其能耗问题逐渐浮出水面。想象一下，数万台服务器同时运行，它们产生的热量堪比火山爆发，如果没有有效的散热措施，不仅会影响服务器的性能，甚至可能会导致设备损坏。这时，液冷技术应运而生，成为智算中心散热的"救星"。

液冷技术，顾名思义，是利用液体介质冷却服务器。就像我们在夏天喝冰镇饮料降温一样，冷却液能够有效地吸收并带走服务器产生的热量，然后通过循环系统将热量传递至外部散热装置。这样，服务器便能在相对低温的环境中稳定运行，不仅保证了其性能，还延长了其使用寿命。

液冷技术的推广首先体现在其显著提升的能源效率上。与风冷相比，液冷凭借液体介质卓越的热传导特性，能够直接接触发热元件，快速吸收并传导热量，从而更高效地将热量传递至外部散热装置。这不仅有效降低了数据中心内部的温度，减轻了制冷设备的运行负荷，还大幅提高了电源使用效率（PUE），使数据中心的运营更加绿色节能。

此外，液冷技术还有助于进一步推进数据中心的可持续化建设。采用间接或直接浸没式液冷方案，可以使数据中心摆脱对环境温度的依赖，更适应于在温差较小的地区部署。这有利于数据中心向可再生能源丰富但气候条件并不理想的西部地区迁移，推进"东数西算"工程，充分利用西部地区丰富的太阳能、风能等清洁能源，降低碳排放量。同时，液冷系统的噪声更小，且占用空间小（省却了大型空调机组和风道空间），这不仅有利于改善数据中心的工作环境，还有助于提升数据中心的空间利用率。这为构建高密度、高性能的绿色算力网络提供了有力支持，使智算中心向更加绿色、高效。

随着智算中心规模的不断扩大，液冷技术的重要性日益凸显。液冷技术的应用不仅能为智算中心提供一个稳定、高效、绿色的运行环境，还能推动整个社会

的可持续发展。因此，液冷技术无疑是智算中心走向超大规模的关键所在。

5.2.3 智算平台

接下来，我们就来聊聊智算平台在智算中心内的地位与作用。智算平台是一种集成了先进云计算技术和 AI 技术的综合性平台，旨在提供强大的智能计算服务，支持各类 AI 应用由数据到代码，再到模型的转变。智算平台融合了云原生计算架构、多元芯片支持、高效能算力管理及广泛兼容的软件生态系统，是推动 AI 技术从实验室走向广泛应用的重要基础设施。

智算平台架构主要包括云原生容器底座、AI 框架及数据-模型转换、分布式推理、大规模训练、云智一体化交付，如图 5-7 所示。

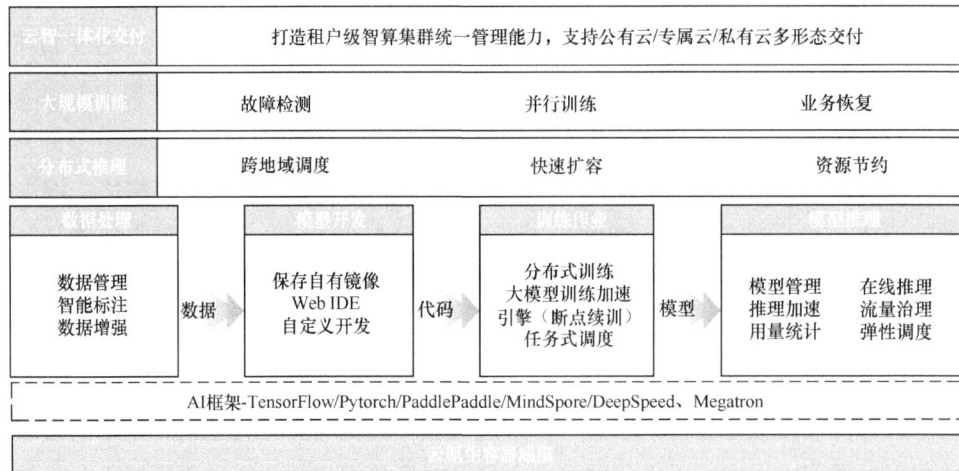

图 5-7　智算平台架构

1. 云原生容器底座

要让智能服务运行得既稳又快，云原生容器底座这位"建筑大师"必不可少。它就像是乐高积木，让服务模块化、灵活化，需要的时候将服务模块拼接起来，不需要的时候将服务模块拆分，非常方便。它通过一系列精妙的设计和工具，特别是以 Kubernetes 为代表的容器编排系统的采用，极大地促进了 AI 模型的快速迭代、大规模训练及智能服务的灵活部署，为 AI 和智算的发展开辟了新的道路。

（1）AI 模型的快速迭代与规模化训练

云原生容器底座为 AI 模型的开发和训练提供了理想的环境。在 AI 世界里，模型的迭代速度与训练效率是提升算法性能、加速技术落地的关键。通过容器化，研究人员和开发者可以将模型及其依赖环境封装为独立单元，实现快速部署和切换，无须担心环境配置不一致导致的错误，这大大缩短了模型的开发周期。同时，云原生平台支持的弹性资源管理，意味着可以轻松调度海量计算资源并进行大规模并行训练，使得模型训练任务原本数天甚至数周的训练时间缩短至几个小时，极大地提升了研发效率。

（2）AI 服务的灵活部署与自动扩展

在 AI 服务的部署层面，云原生容器底座展现出了其无与伦比的灵活性和可扩展性。Kubernetes 作为云原生容器底座的"超级指挥官"，不仅能够自动部署和管理 AI 服务，还能根据实时流量智能地扩展或收缩服务实例，确保在面对突增流量时，AI 服务依然能够稳定运行，用户体验不受影响。这种自动化能力对于 AI 驱动的产品和服务而言至关重要，它确保了无论是在业务高峰期还是在日常运营中，产品和服务都能提供一致的响应时间和服务质量，提升了用户的满意度和依赖度。

（3）高效的数据处理与模型管理

云原生环境下的微服务架构使得数据处理和模型管理更加高效。AI 应用往往涉及复杂的模型和海量数据，云原生容器底座通过服务的解耦和微服务化，使得数据管道的构建、数据预处理、特征工程及模型部署等步骤得以独立管理和优化，每个环节都能基于最适合的资源，保证了数据流动的高效和模型应用的灵活性。同时，云原生平台的持续集成/持续部署（CI/CD）流程，使得模型更新更加频繁、可靠，确保了 AI 应用能够持续吸收新数据，优化自身，保持竞争力。

（4）跨环境运行一致性与资源优化

对于跨云、多环境部署的 AI 应用而言，云原生容器底座的标准化和可移植性更是不可或缺。容器化确保了应用在不同运行环境中的一致性，无论是私有云、公有云，还是边缘计算场景，AI 服务都能实现无缝迁移和一致表现。加之云原生容器底座对资源的智能管理，如自动化的资源回收、优化的资源调度策略，都极大地降低了运行成本，提升了资源利用率，使得 AI 应用和智算应用的经济性与环境友好性同样出色。

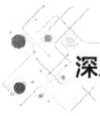

2. AI 框架及数据模型转换

在 AI 的广阔天地里，AI 框架如同炼金师手中的"魔杖"，将看似平凡的数据原料转变为驱动未来的智能应用。这些框架，诸如 TensorFlow、PyTorch、PaddlePaddle 等，赋予机器学习模型"生命"，让它们从概念走向实践，从简陋走向复杂，逐步解锁数据的无限潜能。

（1）AI 框架：开发者手中的"魔法"工具箱

AI 框架，作为开发者构建 AI 应用的必备工具，其重要性不亚于画家的调色板、音乐家的五线谱。AI 框架集合了算法库、模型构建工具和高效编程接口，大大简化了从数据处理到模型推理的整个流程。正如一位厨师需要选对厨具来烹饪美食，开发者也需要挑选最适合其任务的框架，以确保项目的顺利推进。

（2）数据处理：AI 的基石

数据是 AI 的"燃料"，而 AI 框架则是"炼油厂"。它们提供了强大的数据处理工具，从原始数据的清洗、数据预处理到数据特征提取和增强，每一步都为模型训练铺平了道路。通过使用这些数据处理工具，开发者能够确保数据质量，剔除数据噪声，提取关键信息，为模型输入纯净、高效的数据"营养液"。

（3）模型开发：展现创造力的舞台

在 AI 框架的支撑下，开发者仿佛站在了充满创意的舞台上，可以自由地设计和构建各类模型。无论是简单的线性回归，还是复杂的深度神经网络，AI 框架均提供了丰富的 API 和预定义模型，降低了模型搭建的门槛，让开发者可以更加专注于算法逻辑和模型创新，而非琐碎的底层代码实现。

（4）训练作业：优化的艺术

训练模型的过程如同艺术家对作品的反复雕琢。AI 框架通过高效的训练机制和优化算法，帮助模型在数据的海洋中不断学习、成长。动态调整学习率、权重初始化、正则化策略等高级功能，让模型训练更加高效，降低了模型过拟合风险，加速了模型收敛，确保模型基于有限的计算资源且在有限的时间内达到最佳性能。

（5）模型推理：智慧的输出

模型训练完成后，如何将其部署到实际应用中，实现从理论到实践的飞跃，是检验 AI 成果的最终环节。AI 框架提供了模型导出、优化和部署的全套解决方案，使得模型推理能够在多种设备和环境中流畅运行，无论是云端服务器还是边

缘设备，都能确保模型快速响应、准确决策，真正将智能带入生活。

3. 分布式推理

分布式推理作为智算平台的一项关键技术，不仅极大地拓展了 AI 应用的边界，还显著提高了模型推理效率和成本效益，是智能化进程的重要推手。这一技术通过跨地域调度、快速扩容及资源的高效利用，为 AI 推理工作带来了革命性的变化，尤其是在面对大规模数据处理、高并发请求及实时性要求严格的场景下，其优势尤为明显。

（1）跨地域调度：打破地理限制，优化资源利用

"算网大脑"所支撑的跨地域调度扮演着核心角色，它允许根据实时的计算需求和网络状况，智能地将任务分配给全球不同区域的计算节点执行。这种灵活性不仅有助于应对突发流量，还能有效降低时延，提升用户体验。例如，对于一个面向全球用户的在线服务，通过在用户密集地区附近部署推理服务节点，可以缩短数据传输距离，从而实现几乎即时的服务响应。

跨地域调度还意味着可以充分利用全球资源的差异性。比如，在电力成本较低的时段和地区调度更多的计算任务，或者在某个地区出现异常情况时，迅速将服务切换到其他正常运行的区域，保证服务连续性和稳定性。这种灵活性和韧性对于维护大型 AI 系统的稳定运行至关重要。

（2）快速扩容：弹性应对需求波动，保障服务稳定性

AI 模型推理服务往往面临着需求的不确定性，可能会出现短时间内的请求量激增。传统的固定规模计算资源难以有效应对这类突发情况，而分布式推理通过云原生技术，如云原生与"算网大脑"编排能力，实现了资源的快速扩展和收缩。

当系统检测到负载增加时，能够自动触发资源扩展机制，迅速启动新的实例来分担计算压力，确保服务响应时间不会因为请求量激增而显著延长。反之，当需求下降时，系统也能及时释放多余资源，避免不必要的成本开支。这种按需分配资源的能力，极大地提高了系统的弹性和经济性，是现代 AI 服务规模化运营的基础。

（3）资源节约：精细化管理，提高能效比

分布式推理不仅仅追求响应速度的提高，同时还在不断探索如何更高效地利用计算资源，降低能耗，实现绿色 AI。分布式推理通过细致的资源管理和优化策略，如模型量化、剪枝及针对特定硬件的优化，可以在不牺牲模型推理精度的前提下，

减少模型的内存占用和计算需求。

此外，"算网大脑"等相关调度层会考虑每个任务的特性（如计算密集度、内存需求）及硬件的性能指标，将任务分配到最合适的计算单元上执行。这样做不仅能最大化单位资源的产出，还能确保高价值任务优先得到处理，提升整体的服务质量和用户体验。

4. 大规模训练

大规模训练是智算平台的核心功能之一，它使得机器学习模型能够处理更加复杂、庞大的数据集，进而推动了从自动驾驶到医疗诊断再到自然语言处理等众多领域的技术突破。要高效、稳定地进行大规模训练，离不开一系列关键技术的支持，其中故障检测、并行训练及业务恢复尤为关键。接下来，我们将深入探讨这些技术如何支撑大规模 AI 训练工作的顺利进行。

（1）故障检测：确保训练过程的稳定与可靠

在大规模训练过程中，涉及的计算节点众多、数据量庞大，系统中任何一个环节的微小故障都可能会导致整个训练任务的中断或结果的不准确。因此，建立一个高效、灵敏的故障检测机制显得尤为重要。故障检测通常包括硬件监控、软件异常识别及网络状况分析等。

硬件监控主要负责跟踪服务器的健康状况，包括硬件核心温度、内存使用率、硬盘读写速度等的监控，一旦发现异常，便会立即发出警报并采取相应措施，如自动重启或转移任务至其他健康计算节点上执行。软件异常识别则侧重于监测训练过程中的程序错误，如内存泄露、死锁等程序错误，通过日志分析、性能监控等手段及时发现并修复问题。网络状况分析确保数据传输的稳定性，减少网络时延或丢包而造成的训练中断。

（2）并行训练：加速训练进程，提升效率

随着模型复杂度的提升和数据量的爆炸式增长，单机训练已无法满足需求，于是并行训练技术应运而生。并行训练主要通过数据并行、模型并行和混合并行等方式，将训练任务分解到多个计算节点上同时执行，显著加快了训练速度。

数据并行是最直观的方式，将训练数据分成若干份，每部分数据均在不同计算节点上独立训练，最后汇总训练结果，这种方式特别适合数据量大的场景。模型并行则将模型分割成多个部分，不同计算节点负责训练模型的不同部分，这种

方式更适合模型复杂度高的情况。混合并行则是数据并行与模型并行的结合，既能处理大数据集，又能应对复杂模型，但实现难度相对较高。

（3）业务恢复：确保训练任务的连续性

尽管有了故障检测和并行训练，但长时间执行的训练任务难免会遇到需要恢复的情况，如系统升级、硬件维护或是训练过程意外中断。此时，业务恢复显得至关重要。这主要包括模型检查点的设置、断点续训及结果复现策略。

模型检查点定期保存训练过程中的模型状态，一旦发生训练中断，可以从最近的模型检查点快速恢复模型训练，减少了重复计算，保证了训练的连续性。断点续训则是在模型检查点的基础上，结合训练日志，精确恢复到中断前的状态继续训练，确保训练结果的一致性和准确性。结果复现策略则要求训练过程高度可复现，通过记录和控制训练过程中的所有参数和环境变量，确保每次训练都能得到相同的结果，这对于研究和生产环境的验证尤为重要。

5. 云智一体化交付

在快速发展的数字化时代，云智一体化交付模式正在以前所未有的方式推动着 AI 计算的革新，它不仅极大地扩展了 AI 应用的边界，还显著提升了计算资源的利用效率和 AI 服务的部署速度。通过深度融合云计算的灵活性与 AI 的深度洞察力，云智一体化交付为 AI 及智算领域带来了三大核心助益：加速技术成果转化、提升资源管理与部署效率及加快业务响应速度与提高决策质量。

（1）加速技术成果转化

云智一体化交付降低了 AI 应用从研发到部署的复杂度。这一模式支持公有云、专属云、私有云等多种形态的灵活交付，意味着企业可根据自身需求和安全合规要求，快速部署和扩展 AI 计算资源，无须大量前期投资即可快速验证和应用 AI 技术。例如，对于初创企业，采用公有云可以快速启动 AI 项目，降低初期成本；而对于大型企业或对数据安全有特殊要求的机构，专属云和私有云部署则提供了更为定制化、安全可控的环境。这种灵活性加速了 AI 技术从实验室走向实际应用的速度，推动了技术成果的快速商业化。

（2）提升资源管理与部署效率

在云智一体化交付的框架下，资源管理变得更为智能和高效。通过"算网大脑"等系统，企业能够实时监控智算集群的运行状态，实现资源的动态分配和优

化。这种智能调度机制可以自动识别并响应业务负载的变化，高效利用计算资源，避免了资源的闲置与浪费。例如，面对大规模模型训练或高并发模型推理请求，系统能自动扩展计算能力，确保任务按时完成，同时在需求减少时自动释放资源，降低成本。这种自动化管理能力极大地简化了运维工作，使得企业和开发者可以更加专注于业务逻辑与模型优化，而非基础设施的管理。

（3）加快业务响应速度与提升决策质量

云智一体化交付不仅优化了资源使用，还通过集成的 AI 服务和数据分析能力，显著提升了企业对市场的响应速度和决策的智能化水平。在统一管理平台的支持下，企业可以快速将 AI 模型集成到业务流程中，实现数据的实时处理与智能分析，为决策者提供即时、准确的信息支持。例如，在零售业中，通过实时分析顾客的购买行为，企业能够快速调整产品库存和产品营销策略；在金融领域中，AI 模型能够助力识别欺诈交易，提升风控效率。这种实时响应速度和智能决策能力，使企业能够更好地适应市场变化，抓住商业机会，提升竞争力。

5.2.4 模型服务平台

模型服务平台是一款基于大模型的一站式服务平台，主要服务形式包括公有云和私有云。公有云通过标准化 API 提供大模型应用服务，方便客户进行大模型的推理和集成。私有云根据客户的需求提供服务，可提供端到端的平台私有化服务。

模型服务平台主要分为平台功能层和模型服务层，其架构如图 5-8 所示，提供生成式大模型的全流程应用和全链路训练精调微调工具、AI 原生应用/智能体开发能力、模型推理、模型服务等。

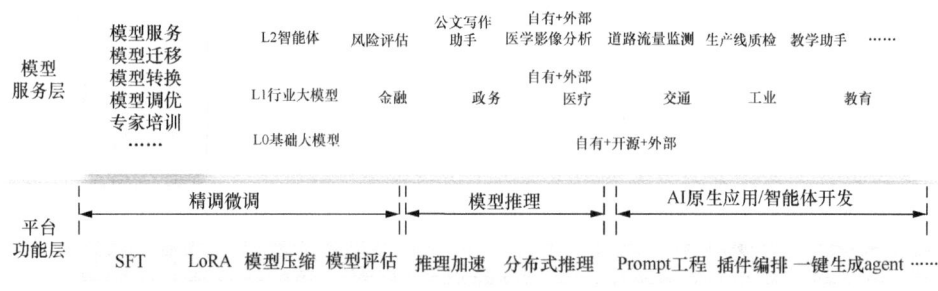

图 5-8 模型服务平台架构

1. 平台功能层

仅介绍部分，具体如下。

（1）SFT

监督微调（SFT）是机器学习领域内一种重要的模型调优技术。它建立在预训练模型的基础上，预训练模型通常基于大规模无标注数据通过自我监督学习先期训练完成，拥有丰富的背景知识和较强的泛化能力。然而，这些通用模型在面对特定领域或特定任务时可能会不够精确，所以需要 SFT 的介入。通过引入带有标签的监督数据，SFT 能够指导模型学习特定任务的特征和规律，如情感分析、命名实体识别或者问答系统的构建。这一过程不仅提高了模型的针对性，还优化了模型在特定应用场景下的表现。SFT 的实施需要精心设计训练策略，包括选择合适的数据集、调整学习率、优化损失函数等，以避免模型过拟合或欠拟合现象，确保模型的泛化能力。

（2）LoRA：轻量级微调的创新策略

LoRA，全称 Low-Rank Adaptation，是一种创新的模型微调方法，专为减轻模型调优过程中的计算负担而设计。传统模型微调涉及对模型全部参数进行更新，这在大语言模型等复杂结构模型中的应用成本极高。LoRA 则通过引入低秩矩阵来近似原有权重的调整，仅对模型的关键部分进行微小的修改，从而显著减少所需内存和计算资源。这意味着即使是在资源有限的环境中，也能高效地对模型进行个性化定制。LoRA 不仅保留了模型的大部分原始能力，还实现了快速适应新任务的目标，是推动 AI 模型广泛应用的重要技术突破。

（3）模型压缩：让智能触手可及

模型压缩技术旨在解决深度学习模型体积庞大、计算需求高的问题，这对于边缘设备和边缘计算场景尤为重要。模型压缩策略包括但不限于量化、剪枝、知识蒸馏等。量化将浮点数参数转换为低精度格式，减少存储需求而不显著牺牲模型性能；剪枝则是直接移除模型中贡献较小的权重，达到精简模型结构的目的；知识蒸馏是让小型模型模仿大型模型的行为，实现模型性能的传递。这些方法共同使复杂的 AI 模型得以部署在手机、摄像头、穿戴设备等边缘设备上，推动 AI 技术的普及和应用。

（4）模型评估：确保模型质量的标尺

模型评估是验证和衡量模型性能不可或缺的一环，它帮助开发者理解模型在

特定任务执行上的表现如何，衡量是否达到预期。模型评估指标多样，包括准确率、召回率、F1-Score、AUC-ROC 曲线等，具体选择依据任务性质而定。此外，交叉验证、混淆矩阵、ROC 分析等工具也是常用的模型评估手段。通过全面的模型评估可以及时发现模型的不足，为进一步模型优化提供方向，确保最终部署的模型既高效又可靠。

（5）推理加速：加速智能响应

推理加速技术致力于降低模型从输入到输出的时延，对于实时应用如语音识别、自动驾驶等至关重要。推理加速手段包括硬件优化（如 GPU、TPU 加速）、算法优化（如模型量化、张量计算优化）、软件层面的并行计算等。此外，模型的结构优化，如利用轻量级网络架构，也是提升推理速度的有效途径。推理加速不仅提升了用户体验，也扩大了 AI 技术的应用范围，特别是在资源敏感的场景中。

2. 模型服务层

（1）L0 基础大模型：使用"万能钥匙"开启 AI 大门

L0 基础大模型是整个模型体系的基石，它们通过吸收互联网海量数据中的模式和规律，构建了坚实的知识基础且培养了强大的学习能力。L0 基础大模型虽然不专门针对某一特定行业，但其泛化能力极强，能够通过微调应用于多种场景。L0 基础大模型的出现，降低了 AI 应用的门槛，使得更多企业和个人能够参与智能化转型。

（2）L1 行业大模型：行业智慧的基石

L1 行业大模型是模型服务层的中坚力量，它们经过了针对特定行业的预训练，掌握该领域内的通用知识框架和专业技能。不同于 L0 基础大模型的广泛性，L1 行业大模型更聚焦于特定领域，如金融模型掌握经济理论、相关法规政策，医疗模型则精通医学术语、疾病诊疗知识等。这些模型为 L2 智能体的开发提供了坚实的基础，使得后续的定制化工作更加高效、精准。

（3）L2 智能体：行业专家的数字化身

L2 智能体代表了模型服务层的高级形态，它是基于 L1 行业大模型进一步定制开发的结果，具有高度的专业性和针对性。例如，在金融领域中，L2 智能体能够执行复杂的信用评分、欺诈检测任务；在医疗健康领域中，L2 智能体则能辅助医生进行疾病诊疗、治疗方案推荐。这些智能体的成功构建，得益于对特定行业知识的深入理解和融合，以及对用户需求的精准把握，它们成为行业智能化升级的重要推手。

（4）AI 原生应用与智能体开发的实践路径

AI 原生应用与智能体的开发是将上述模型服务转化为实际生产力的关键步骤。开发者首先需要明确应用目标和场景，选择或定制合适的模型层级（L0、L1 或 L2），并结合平台提供的开发工具和接口，进行模型的集成与调优。例如，利用平台的插件编排功能，可以轻松地将自然语言处理、图像识别等功能融入应用中，提升用户体验。

在智能体的开发过程中，还需考虑交互设计、安全隐私保护、模型的持续学习机制等因素，确保智能体既能高效地解决问题，又能安全、合规地运行。通过平台的"一键生成 agent"功能，开发者可以大大简化这一流程，快速将模型部署至云端或边缘设备上，实现快速原型迭代和产品化。

综上所述，模型服务平台通过整合从基础模型训练到高级应用开发的全链条工具，为用户提供了一站式解决方案，极大地推动了 AI 技术的普及和创新应用。随着技术的不断进步和应用场景的不断拓展，模型服务平台将继续扮演关键角色，赋能各行各业，加速智能化时代的到来。

5.2.5 安全与隐私保护

1. 智算中心面临的安全挑战

智能计算作为一种前沿的计算方式，具有许多特殊性，因此其安全性也面临着极大的挑战。

首先，智能计算涉及大规模数据的处理和分析。与传统计算相比，智能计算往往需要处理海量、高维度的非结构化数据，如图像、文本、语音等，这类数据不仅规模庞大、复杂多样，还往往包含个人隐私、商业机密等敏感信息，需要特别加以保护，因此为数据的安全性和隐私保护带来了挑战。

其次，智能计算的核心是机器学习与深度学习模型。这些模型往往需要基于大量的训练数据和计算资源来进行训练，并且模型的参数规模通常较大。在模型的训练过程中，可能会面临隐私数据泄露和模型被盗用等风险。同时，由于智能计算模型的复杂性和黑盒特性，很难对其进行全面的安全审计和验证，使得模型的安全性难以得到保障。

最后，智能计算涉及模型的推理和预测过程。在模型部署和运行过程中，可

能会面临各种攻击，如对抗样本攻击、模型篡改等。这些攻击可能会导致模型的输出出现错误，从而影响到智能系统的正常运行，甚至造成严重的安全风险。

综上所述，智能计算具有数据量大、模型复杂、推理不透明等特殊性，使得其安全性面临诸多挑战。为了确保智能计算的安全性，需要采取多层次、多维度的安全措施，包括模型鲁棒性增强措施、模型安全训练、安全模型部署、内容安全等，以维护智能计算系统的稳定性和安全性。

2. 智算中心安全增强措施

（1）模型鲁棒性增强措施

在智算中心中，模型鲁棒性增强是保障模型在各种环境条件下都能稳定可靠运行的关键。为了增强模型的鲁棒性，智算中心采取了一系列细致而全面的措施，包括数据增强、模型正则化、开展对抗性训练等，以确保模型在面对各种挑战和攻击时都能够保持稳定和可靠。

① 数据增强技术的应用：智算中心在模型训练过程中应广泛应用数据增强技术，以增强模型对数据分布偏移和噪声干扰的鲁棒性。数据增强技术包括以下几个方面。

• 数据清洗和预处理：在模型训练开始之前，应对原始数据进行清洗和预处理，去除噪声、异常值和不一致性数据，以提高数据质量和模型稳定性。

• 数据扩增和增强：可采用数据扩增和增强技术，对原始数据进行变换、旋转、裁剪、缩放等操作，生成更多样、更丰富的训练数据，从而提高模型对不同情况和条件的适应能力。

• 数据增强策略的优化调整：可根据不同的应用场景和数据特点，设计定制化的数据增强策略。通过优化调整数据增强策略，可使增强后的数据更加符合实际应用场景，增强模型的鲁棒性和泛化能力。

② 模型正则化和鲁棒优化：智算中心在模型训练过程中可采用模型正则化和鲁棒优化技术，以增强模型的鲁棒性和泛化能力。模型正则化和鲁棒优化的细节包括以下几个方面。

• 正则化技术的应用：在模型训练过程中可广泛应用正则化技术，包括 L1 正则化、L2 正则化、dropout 等。通过对模型的复杂度施加正则化惩罚，可防止模型过拟合，提高模型对噪声和干扰的抵抗能力。

● 鲁棒优化算法：应探索鲁棒优化算法的实现，针对模型训练中常见的鲁棒性问题进行优化。这些算法包括但不限于对抗性训练、鲁棒性损失函数设计等，能够有效提高模型对抗攻击和干扰的能力。

● 超参数调优和模型选择：可通过对模型的超参数进行调优和模型选择，找到最优的模型结构和参数配置，以增强模型的鲁棒性和泛化能力。通过反复实验和验证，智算中心旨在选择最适合实际应用场景的模型，确保模型在各种情况下都能够稳定可靠地运行。

③ 对抗性训练与防御机制：智算中心在模型训练和部署过程中应采用对抗性训练和防御机制，以提高模型对抗攻击和恶意干扰的能力。对抗性训练与防御机制的细节包括以下几个方面。

● 对抗样本生成：可通过生成对抗样本，模拟现实场景中的恶意攻击和自然干扰情况，以系统性提高模型的对抗鲁棒性。通过在训练数据中引入对抗样本，模型能够更好地适应复杂多变的环境和条件。

● 对抗性训练策略：应设计一系列对抗性训练策略，包括对抗性损失函数设计、对抗样本筛选和生成策略等。通过进行对抗性训练，增强模型对抗攻击和干扰的鲁棒性，保障模型在面对各种挑战时的稳定性和可靠性。

● 防御机制的部署：在模型部署过程中部署了一系列防御机制，包括入侵检测系统、异常检测系统等。这些防御机制能够及时发现和应对针对模型的攻击和恶意干扰，保障模型的安全性和可靠性。

（2）模型安全训练

① 差分隐私保护：智算中心在模型训练过程中可采用差分隐私保护技术，但这并非简单地在数据中添加噪声，而是需要综合考虑保障隐私保护和数据可用性之间的平衡。差分隐私保护的细节包括以下几个方面。

● 隐私参数的优化调整：在差分隐私保护技术中，隐私参数的选择对保护隐私和保持数据准确性至关重要。智算中心通过对隐私参数进行优化调整，使得添加的噪声在保护隐私的同时尽可能减少对模型训练结果的影响。

● 差分隐私保护与数据利用率的权衡：在差分隐私保护中，噪声的添加会降低数据的利用率，影响模型的性能。智算中心在保护隐私的前提下，需要权衡数据的利用率，通过合理控制噪声的引入，尽可能减少对模型性能的影响。

● 动态差分隐私保护策略：针对不同的数据集和应用场景，智算中心可能会采用不同的差分隐私保护策略。对于高度敏感的数据集，智算中心可以采用更严格的差分隐私保护策略；而对于一般性的数据集，智算中心则可以采用更宽松的差分隐私保护策略，以平衡模型的训练效果和隐私保护效果。

② 模型水印技术：智算中心在模型部署过程中采用模型水印技术，为模型的身份认证和知识产权保护提供了有效手段。在模型水印技术的应用中，智算中心应关注以下细节。

● 水印信息的嵌入位置：水印信息的嵌入位置的选择对于模型水印的效果至关重要，因此智算中心应根据模型的结构和特点，选择合适的水印信息嵌入位置，以确保水印信息的隐蔽性和稳定性。

● 水印信息的设计与选择：水印信息的设计需要考虑到对模型的唯一标识和对模型所有者信息的有效识别，同时尽可能减少对模型性能的影响。智算中心安全侧应设计具有高度区分性和稳定性的水印信息，并根据需要进行动态调整和更新。

● 水印信息的检测和识别：采用高效的水印检测算法和技术，能够快速准确地检测模型中的水印信息，并识别模型的来源和所有者。通过对模型的水印信息进行检测和识别，智算中心可以及时发现模型的盗用或篡改行为，并加以应对。

（3）安全模型部署

在智算中心中，安全模型部署是确保在模型的部署和运行过程中模型安全可靠的关键环节。为了保障模型在各种环境下的安全性和可信度，智算中心应采取一系列细致而全面的安全措施，包括模型签名和加密、访问控制与身份认证、安全审计与监控、可信计算等，以确保在模型的部署和运行过程中模型不受攻击和不被篡改，并且智算中心能够及时发现异常行为和安全事件，并加以应对。

① 模型签名和加密：智算中心在模型部署过程中可对模型进行签名和加密，以保护模型在传输和存储过程中的安全性。模型签名和加密的细节包括以下几个方面。

● 数字签名技术：可采用数字签名技术对模型进行签名，确保模型在传输和存储过程中的完整性和真实性。数字签名是一种数字化的身份标识，能够验证模型的来源和所有者，防止模型在传输和存储过程中被篡改或冒充。

● 加密传输和存储：可采用加密技术对模型进行传输和存储保护，确保模型在传输和存储过程中的机密性和安全性。通过对模型进行加密，智算中心可以防

止模型在传输和存储过程中被窃取或泄露数据，保障模型的安全性和保密性。

② 访问控制与身份认证：智算中心建立了完善的访问控制和身份认证机制，对模型的访问和使用进行严格控制。访问控制与身份认证的细节包括以下几个方面。

- 身份验证技术：应采用多种身份验证技术，包括密码验证、双因素认证、生物特征识别等，确保用户的身份和权限得到有效验证。只有经过授权的用户才能访问和使用模型，防止未经授权的用户对模型进行非法访问和操作。

- 访问权限控制：应根据用户的身份和权限，对模型的访问和使用进行精细化控制。通过为不同用户分配不同的访问权限，可以限制用户的操作范围和权限，确保模型的安全性和可靠性。

③ 安全审计与监控：智算中心应实施安全审计和监控机制，对模型的部署和运行过程进行实时监控和记录。安全审计与监控的细节包括以下几个方面。

- 实时监控和记录：应实时监控和记录模型的部署和运行过程，包括模型的用户访问记录、用户操作记录、异常行为等。通过对模型的实时监控和记录，智算中心可以及时发现安全事件和异常行为，并加以应对，保障模型的安全性和可靠性。

- 安全事件响应：智算中心应建立完善的安全事件响应机制，对发现的安全事件和异常行为及时进行响应和处理。通过快速响应和处理，可以最大程度地减少安全事件对模型的影响，确保模型的稳定性和可靠性。

④ 可信计算：在智算中心的模型部署过程中，可信计算与可信执行环境也发挥着关键作用。这些技术确保了模型在部署和运行过程中的安全性、隐私性和较高的可信度，使得智算中心能够为用户提供更加安全可靠的服务。通过硬件级别的安全保障，确保模型在部署和运行过程中的安全性和较高的可信度。可信计算的关键特点包括以下几个方面。

- 硬件级别的安全隔离与保护：利用可信计算技术，智算中心可在硬件层面上建立起安全的执行环境，将模型运行的环境与外部环境隔离开来，从而保护模型和数据。

- 数据隐私的保护：可信计算技术可以确保数据在模型部署和运行过程中的隐私性。通过对数据进行加密和隔离，智算中心可以防止未经授权的访问和数据

窃取，保护用户的数据隐私。

● 代码完整性的验证：可信计算技术还可以验证模型代码的完整性，防止模型在部署和运行过程中被篡改或植入恶意代码。智算中心通过对模型代码进行数字签名和验证，确保模型的安全性和可信度。

● 安全启动与验证机制：可信执行环境提供了模型的安全启动和验证机制，确保模型在运行过程中的可信度。智算中心通过对模型启动过程进行数字签名和验证，确保模型运行环境的安全性及代码的完整性和安全性。

● 追溯与审计功能：可信执行环境还具有追溯和审计功能，能够记录模型的运行日志和操作行为。智算中心可以通过对模型的运行日志进行审计和分析，及时发现安全事件和异常行为并加以应对，保障模型的安全性和可靠性。

（4）内容安全

内容安全是大模型安全的基础，关乎模型输出信息的准确度和可靠性。智算中心在训练大模型时，必须确保输入数据的真实性和完整性，避免虚假、被篡改或有偏差的数据对模型性能产生影响。具体措施如下。

① 必须保障数据内容是真实的。

● 源头数据审核：应严格筛选数据来源，只使用权威、公开、经过验证的数据集进行模型训练，防止假数据、噪声数据混入训练数据集。

● 数据质量评估：运用数据清洗、异常检测等技术手段，剔除错误、缺失或异常的数据条目，确保训练数据集的质量。

● 模型验证与校准：通过交叉验证、对抗性测试、人工复核等方式，检验模型对真实世界的表征能力，及时修正模型在特定场景下的偏差。

② 价值观对齐：是指大模型生成的内容应体现并弘扬社会主流价值观，避免传播不良信息，维护良好的网络生态。智算中心在价值观对齐方面有以下几个举措。

● 价值观嵌入：在模型设计阶段，将社会主流价值观以标签、规则、权重等形式融入模型结构，引导模型输出符合社会主流价值观的结果。

● 内容过滤与修正：利用文本分类、情感分析等技术，实时监测模型输出内容，对不符合社会主流价值观的信息进行过滤或修正。

● 用户反馈与迭代：建立用户反馈机制，鼓励用户对模型输出内容进行评价和举报，根据用户反馈不断优化模型，确保其价值观持续对齐。

5.3　智算中心典型案例

5.3.1　中国移动智算中心（呼和浩特）

为了实现移动算力网络资源布局规划，并加速全国智算体系的构建，中国移动把智算中心布局融入算力网络"4+N+31+X"布局体系中，按照"集中训练、分布推理，统一管控、弹性调度，自主可控、绿色低碳"的原则，构建技术领先、绿色节能、服务全局的"N+X"智算中心布局体系，并于 2023 年 6 月在国家算力网络枢纽节点之一的内蒙古和林格尔数据中心启动建设首个超大规模单体智算中心——中国移动智算中心（呼和浩特）节点，如图 5-9 所示。该智算中心建成后，智算算力规模达到 6.7EFLOPS（FP16），成功入选由"国资小新"联合国务院国有资产监督管理委员会网站、《国资报告》杂志共同评选的"2023 年度央企十大超级工程"。

图 5-9　中国移动智算中心（呼和浩特）

中国移动智算中心（呼和浩特）从多样化算力生态、全栈智算产品服务体系、全链路监控运维调优、绿色节能等方面全方位布局，借助中国移动云网的互联优势和"天穹"算网大脑的全域智能调度能力，为全国各行业用户提供一站式的智能计算服务。

在多样化算力生态方面，该智算中心引入了华为昇腾、天数智芯、壁韧科技、

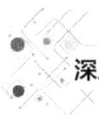

昆仑芯等多家自主可控算力芯片厂商的芯片。通过整合不同技术路径上的算力资源，该智算中心实现了统一智算平台对异构算力的灵活管理和调度，完成了主流大模型向国产算力平台的迁移，满足了不同大模型训练和推理任务的算力资源需求，提升了整个系统的容错能力和稳定性。该项目实现 AI 芯片自主可控比超过80%，有效推进了我国 AI 芯片能力的提升和产业的成熟，为国内 AI 产业的健康发展提供了有力保障。

在全栈智算产品体系方面，该智算中心面向 AI 大模型应用全场景，构建了覆盖 IaaS/PaaS/MaaS 的全栈产品服务能力。在智算基础设施层面，通过自主研发高性能网络白盒交换机、全自适应路由以太协议和乌蒙拥塞控制协议，解决了高性能 RDMA 网络在大规模部署中拥塞严重的问题。基于乌蒙高性能网络、算力融通平台及大云磐石 DPU，构建以智算裸金属服务器为载体的 AI 算力基础设施，提供大吞吐量、低时延、高 IOPS 的并行文件存储，突破计算墙、通信墙及存储墙的限制，实现基础设施算力向大规模、大生态和大带宽的演进。在平台服务层面，基于云原生容器底座，该智算中心打造了覆盖数据处理、模型开发、训练作业、模型推理全流程端到端的 AI 开发智算平台，优化大模型并行训练、数据流转等策略，提供大模型训练加速引擎，实现万卡并行分布式训练；支持模型分布式推理，从单地域扩展至 20 多个地域/集群，资源弹性调度，并加入跨域容灾、流量均衡等功能，提升推理业务稳定性。在模型服务层面，该智算中心打造 MaaS 模型服务平台，提供模型精调/微调、模型压缩、模型评估及模型安全等模型管理功能；汇聚自研大模型、开源大模型及商用大模型，构建模型仓库生态；引入应用插件、流程编排、Prompt 工程等模型应用工具；为用户开放模型 API/SDK 调用和体验中心，可根据用户的具体需求为用户提供个性化的解决方案，帮助用户快速训练自己的行业模型和进行模型应用落地。

在全链路监控运维调优方面，针对大模型训练故障发生频繁、故障恢复慢、根因定界定位复杂等问题，该智算中心打造了一个智算训练集群全流程监控调优平台，对 AI 训练任务进行全方位监控，做到训前集群健康状态检查、训中训练任务状态监控及训后故障快速定位分析。

在绿色节能方面，该智算中心大规模引入液冷方案，将绿色理念融入设计、建设、运维、运营等全生命周期各个场景，从制冷、绿电、能耗管理 3 个方面，系统

打造节能创新体系。该智算中心全年 50% 的时间利用自然冷源制冷，2023 年绿电使用占比达到 55%，该智算中心构建了一套能耗管理平台，从"监""管""控"3 个层面实现数智化管控。整体上，该智算中心在保障数据中心安全、稳定、可靠运行的基础上，实现了对数据中心运行能耗的优化控制、管理和节能，PUE≤1.15。

截至 2025 年 3 月底，中国移动已在京津冀、长三角、粤港澳大湾区、成渝、贵州、内蒙古、宁夏、黑龙江、湖北、山东等投产首批 13 个智算中心节点，智能算力规模快速增长，达到 30EFLOPS。

此外，中国移动不仅建设了大型智算中心，还研发了一系列关键技术来解决超万卡集群的调优和运维问题。作为全球运营商最大单体液冷智算中心，中国移动智算中心（呼和浩特）在初期建设运维中面临 CPU 故障频发、网络链路不稳定、软件系统存在缺陷等挑战。对此，中国移动采取了三大关键举措，打造了一套自动交付工具，研发了一个智能管控平台，并组建了一个专业集成调优团队，为用户提供从模型设计到部署应用的全栈调优服务，实现了大模型在不同 AI 芯片生态间的无缝衔接与优秀性能表现。中国移动还首创了容器的弹性资源管理 KOSMOS 架构，有效解决了如何在多租户环境下进行模型高效训练的问题。同时，中国移动积极推动模型跨平台迁移技术的发展，为国内信息技术生态自主创新注入了新的活力。

未来中国移动将持续完善智算节点建设布局，打造一批万卡级智算集群，加快超算、量算等多种类型社会算力并网，为社会提供更加丰富、更加优质的智能算力服务。

5.3.2 阿里云张北超级智算中心

2022 年 8 月 30 日，阿里云宣布正式启动张北超级智算中心。张北超级智算中心总建设规模为 12EFLOPS AI 算力，以飞天智算平台为技术底座，将为 AI 大模型训练、自动驾驶、空间地理等 AI 应用提供强大的智能算力服务。

阿里云张北超级智算中心通过体系化的核心技术自研，推出了全栈智能计算解决方案——飞天智算平台，该平台提供公共云和专有云两种模式，旨在为各类科研和智能企业机构提供强大的智能计算服务。

该平台通过先进的技术架构实现了卓越的计算效率，将千卡并行计算效率从

传统架构的 40%提高至 90%，使得算力资源利用率提高了 3 倍以上，AI 训练效率提升了 11 倍，推理效率提升了 6 倍。

其"一云多芯"的特性使得该平台提供了基于阿里云磐久基础设施的融合算力和大数据 AI 一体化平台整体解决方案，可以运行在 x86、GPU、ARM 等多种架构的服务器上，支持多种处理器混合部署、统一调度，并可进行应用优化，部分性能提升 100%以上。

飞天智算平台还提供了高效 AI 服务，开发人员可以在其中进行数据存储、数据治理、数据分析、模型开发、模型训练与推理等工作，并可利用预训练模型和各领域的模型能力，加速 AI 应用的开发。

在绿色低碳方面，飞天智算平台通过技术减排、能源结构优化、区域布局优化、供应链减碳及资源利用优化等手段，减少了单位算力的碳排放量，其中 PUE 最低可达 1.09，为环保可持续发展作出了积极贡献。

飞天智算平台已在阿里内部得到广泛应用，支撑了达摩院前沿 AI 和电商智能技术的发展，并为包括小鹏汽车、深势科技、中国气象局、南方电网在内的机构和企业提供了服务。在自动驾驶领域中，飞天智算平台为小鹏汽车建设智算中心"扶摇"，将小鹏自动驾驶模型的训练速度提升了近 170 倍。在生命科学领域中，深势科技采用飞天智算平台后，分子动力学仿真模拟训练效率提升了 5 倍以上。南方电网与中国气象局利用智算能力提升了气象预报的准确性与稳定性。这些案例显示了飞天智算平台在多个领域中大幅提升了 AI 训练效率，并为各行业创新与发展作出了重要贡献。

5.3.3 鹏城云脑 II

鹏城云脑 II 是由深圳市牵头，联合鹏城实验室和华为公司共同打造的 E 级 AI 算力平台，是国家重大科技基础设施和 AI 领域重大科学装置。鹏城云脑 II 旨在支撑国家重大科学研究、赋能产业应用、实现 AI 可持续自主创新。

鹏城云脑 II 基于昇腾 AI 基础软硬件平台构建，16 位浮点数（FP16）下的算力高达 1EFLOPS，位居世界领先水平。鹏城云脑 II 主设备采用 Atlas 900 AI 集群架构，搭载 4096 颗华为昇腾 910 AI 处理器，算力规模达 E 级，荣获 AIPerf（大规模人工智能算力基准评测程序）榜单全球第一名，并保持 IO500（高性能计算存储系统性能排行榜）全系统 I/O 带宽（2.7TB/s）和 10 节点存储性能（704kIOPS）两项世界纪录。

鹏城云脑Ⅱ作为鹏城实验室的核心科研平台，在推动 AI 领域的核心技术突破中发挥了至关重要的支撑作用。依托这一平台，鹏城实验室取得了一系列重大科研成果。其中包括发布了 2000 亿参数中文 NLP 大模型——鹏程·盘古。该模型基于国产 AI 框架昇思 MindSpore，使用 40TB 的中文文本数据进行训练，其训练速度远超过了 GPT-3。此外，鹏城实验室还打造了面向生物医学领域的 AI 大模型——鹏程·神农生物信息研究平台。该平台包含了蛋白质结构预测、小分子生成、靶点与小分子相互作用预测及新抗菌多肽设计与效果评价等模块，是 AI 技术在医药领域中应用的一个重要创新成果。

鹏城云脑Ⅱ在技术上展现出多项亮点。首先，它采用了华为昇腾 910 AI 处理器，该处理器拥有强劲的性能和低功耗的特点，为其提供了卓越的计算能力。其次，鹏城云脑Ⅱ基于昇思 MindSpore AI 框架的应用使得开发效率大幅提高，同时易用性也得到了增强。此外，鹏城云脑Ⅱ构建了完备的 AI 软件生态系统，能够满足多样化的应用需求，为用户提供了更广泛的选择。最后，鹏城云脑Ⅱ建立了绿色节能的运行管理体系，其 PUE 值低至 1.1，为节能环保作出了积极贡献。这些技术亮点共同为鹏城云脑Ⅱ的卓越表现提供了坚实的基础。

5.3.4　Meta AI 集群

2022 年 1 月，随着 GenAI 热潮的兴起，Meta 宣布推出其 AI 研究超级集群（RSC），如图 5-10 所示，这一战略举措旨在通过高性能计算资源推动 AI 技术的发展。RSC 的设计基于 DGX 服务器架构，部署 2000 个节点，总计配备 16000 个 GPU，以承担 AI 工作负载。RSC 的所有节点均通过一个高速的 200Gbit/s InfiniBand 网络连接，形成了一个双层 Clos 拓扑结构，确保了节点间的高效通信。这一网络架构的设计不仅展示了 Meta 在高性能网络结构优化方面的专业能力，也体现了其对关键存储策略选择的重视。

基于 RSC 的成功经验和教训，Meta 进一步推出了新一代的 AI 集群。这些集群在架构上进行了优化，特别强调高性能网络结构的重要性，并精心选择了关键的存储策略。结合每个 AI 集群配备的 24576 个 NVIDIA Tensor Core H100 GPU，

这些 AI 集群能够支持更大规模、更复杂的 AI 模型，为 Meta 在 AI 领域的研究和产品开发提供了强大的硬件支持。

图 5-10　Meta AI 研究超级集群

Meta 每日需处理高达数百万亿次的 AI 模型请求，为了应对这一挑战，Meta 采取了自主定制化设计的策略，涵盖了硬件、软件和网络结构的设计。这种定制化的方法不仅提高了研究人员的端到端体验，而且确保了数据中心的高效和稳定运行。

在网络解决方案方面，Meta 基于 Arista 7800、Wedge400 和 Minipack2 OCP 机架交换机，构建了一个采用 RoCE 网络的 RDMA 集群。此外，Meta 还部署了一个采用 NVIDIA Quantum-2 InfiniBand 结构的集群。这两种方案均能实现 400Gbit/s 端点的互连。通过采取这种双轨策略，Meta 能够评估不同互连类型在大规模训练中的适用性和可扩展性，为未来更大规模集群的设计和构建积累了宝贵经验。通过精心的网络、软件和模型架构的协同设计，Meta 成功地将 RoCE 集群和 InfiniBand 集群应用于大型 GenAI 工作负载，包括在 RoCE 集群上对 Llama 3 进行持续训练，同时确保了无网络瓶颈的顺畅运行。

Meta 的新集群计算能力基于 Grand Teton 平台，这是 Meta 内部设计的开放 GPU 硬件平台，Grand Teton 平台借鉴了多代 AI 系统的经验，通过将电源模块、控制单元、计算核心和接口集成至单一机箱中，实现了卓越的整体性能、信号完整性和热管理。该平台以简化的设计提供了更强的灵活性和可扩展性，便于快速部署至数据中心，且便于进行后续的维护和扩展。

随着 GenAI 训练工作负载逐渐向多模态发展，对图像、视频和文本等多种类型数据的处理需求呈指数级增长，对数据存储的需求也随之激增。Meta 的存储由 Tectonic 分布式存储解决方案来提供支持。Tectonic 分布式存储解决方案是

Meta 在大规模 AI 训练场景中突破存储挑战的核心解决方案。它支持数千个 GPU 以同步方式保存和加载检查点，有效解决了同步性和效率方面的问题，确保了 AI 训练和推理过程的稳定性和可靠性。此外，Tectonic 分布式存储解决方案还提供了灵活且高吞吐量的 EB 级存储能力，满足了 AI 集群在数据加载方面的严格要求。为了进一步提升开发者体验，Meta 与 Hammerspace 合作，共同开发并部署了并行网络文件系统（NFS）。Hammerspace 的存储解决方案使得工程师能够对使用数千个 GPU 的作业进行交互式调试，因为所有节点都能立即访问到代码更改。结合 Tectonic 分布式存储解决方案和 Hammerspace 的存储解决方案，实现了快速迭代，同时保持了规模的可扩展性。Meta 的 GenAI 集群中的存储部署，无论是基于 Tectonic 分布式存储解决方案还是基于 Hammerspace 的存储解决方案，都采用了 YV3 Sierra Point 服务器平台，并升级配备了市场上可获得的最新高容量 E1.S SSD。

服务器的定制是为了在单服务器的吞吐能力、机架数量的精简及电源使用效率之间找到最佳平衡点，优化资源利用和降低能耗。通过采用符合 OCP 标准的服务器，存储层能够灵活扩展，以满足当前集群及未来更大规模 AI 集群的需求，并在日常基础设施维护操作中展现出强大的容错能力。

5.4　智算中心在各行各业的成功应用

智算中心是新一代 AI 算力基础设施，它具备计算能力超强、存储容量超大、连接性超高及功耗超低等特性。这些特性将在汽车、科研、金融、制造、零售、教育等多个领域内赋能智能化发展，为社会带来更多创新与便利。

5.4.1　AIGC

人工智能生成内容（AIGC）是指利用 AI 技术自动生成文本、图像、音频、视频等数字内容的技术过程。AIGC 在多个领域中得到了广泛的应用，应用包括新闻撰写、艺术创作、游戏开发、个性化推荐系统等。

AIGC 依赖于大语言模型，如 GPT-3、GPT-4、DeepSeek 等，这些模型通常具

有数十亿参数甚至数千亿参数，需要基于强大的计算能力来处理数据和训练模型。随着模型结构的不断深化和扩展，对算力的需求也随之增长，以确保模型能够有效学习和生成复杂内容。同时，AIGC 系统必须处理和分析大规模的多模态数据集，以实现精确的内容定制和实时生成，满足用户的个性化和即时性期望。此外，为了推动 AIGC 领域的创新和研究，需要进行大量的实验验证和模型优化，这也给计算基础设施带来了更大的挑战。因此，AIGC 系统通常部署在配备高性能 GPU、NPU 等专用 AI 加速器的硬件平台上，并利用云计算服务的弹性计算资源以适应不断变化的需求。

GPT-3 在许多自然语言处理数据集上均具有很好的性能，包括语言翻译、为聊天机器人提供文本支持等。GPT-3 有大约 1750 亿个参数，模型训练使用了 128 台英伟达 A100 服务器，训练 34 天，对应 640P 算力。GPT-4 的参数规模是 GPT-3 参数规模的 10 倍以上，它有大约 1.8 万亿个参数。根据推测，OpenAI 在 GPT-4 的训练中使用了大约 2.15×10^{25} FLOPS 算力，使用了约 25000 个 A100 GPU，训练了 90～100 天。从 GPT-3 到 GPT-4，模型参数的规模增长了 10 倍以上，然而用于训练的 GPU 数量增加了近 24 倍，这还不包括模型训练时间的显著延长。

DeepSeek 是深度求索公司推出的高性能大语言模型，凭借动态稀疏混合专家（MoE）架构、FP8 混合精度训练等技术创新，显著降低模型对高端 GPU 的依赖，使消费级 GPU 也能高效运行复杂的 AI 模型。例如，DeepSeek 的蒸馏技术可在低算力条件下保持高性能，推理效率提升 40%以上。DeepSeek 在数学推理、代码生成及中文任务中表现突出：在国际数学基准测试中接近 GPT-4 水平，在中文评估套件（C-Eval）中超越同期开源模型。其核心架构采用 671B 总参数的动态稀疏 MoE 设计，单次推理仅激活 37B 参数，结合高效优化，实现每秒 60 Token 的推理速度。在训练成本方面，DeepSeek V3 模型约 557.6 万美元，显著低于同规模竞品。截至 2025 年 4 月，其 API 定价为每百万输入/输出 Token 0.1 元，为商用大模型中较低定价之一。DeepSeek 正通过强化学习持续优化性能，加速医疗、教育等领域的智能化转型。

5.4.2 自动驾驶

自动驾驶系统需要对车身多个传感器的数据进行感知和融合，并在此基础上

对自动驾驶车辆的行为进行决策和控制。其中涉及大量 AI 算法、机器视觉与传感器数据整合分析、面向各类算力平台及传感器配置方案的跨平台适配能力等。为了提升自动驾驶系统的感知和决策性能，当前通行的做法是在数据中心端基于海量的道路采集数据来进行感知模型训练和仿真测试。随着 AI 技术的发展，通过 AI 算法对多传感器的数据及多模态数据进行融合感知，已经成为当前主流的做法。另外，自监督大模型的技术也在逐步地被引入自动驾驶场景。

自动驾驶感知模型的训练算力消耗远大于一般的计算机视觉感知模型的训练算力消耗。随着自动驾驶系统级别从 L2 到 L4 的提升，对算力的需求将进一步提高。L4 自动驾驶系统需要在复杂的环境和场景下实现完全自动驾驶，对感知、决策和控制等模块的算力需求将大幅增长。

充足的算力供给是自动驾驶系统得以大规模落地和进一步商业化的前提条件。自动驾驶产业的集成化、规模化发展需要智算中心提供超大算力和先进 AI 算法等支撑。智算中心提供的普惠算力可以极大地降低自动驾驶的算力成本，同时加速自动驾驶新技术与新产品的研发、测试和应用。例如，小鹏汽车与阿里云在乌兰察布合建中国最大的自动驾驶智算中心"扶摇"，用于小鹏汽车自动驾驶模型训练。"扶摇"算力可达 600PFLOPS，将小鹏自动驾驶模型的训练速度提升了近 170 倍。毫末智行与火山引擎联合打造了国内自动驾驶行业最大的智算中心"雪湖·绿洲"，算力可达 0.67EFLOPS；吉利也与阿里云合建了星睿智算中心，计算能力达到了 81 亿亿次/秒，结合领先的算力调度管理算法和研发体系，吉利的整体研发效能取得了 20% 的提升。特斯拉得克萨斯州超级计算集群 Cortex 拥有约十万个英伟达 H100 和 H200 芯片，专门用于训练特斯拉的自动驾驶系统和机器人。

5.4.3　天气预报

天气预报是根据大气科学知识、气象学知识及气象观测数据对未来一段时间内的天气情况进行预测和描述的服务。它可以为人们提供气温、降水、风速、湿度等信息，帮助人们提前安排生活和工作。天气预报的准确性受到多种因素的影响，包括气象观测数据的质量、气象模型的精度、地理环境的复杂性等。

天气预报的计算需求涵盖多个方面。首先，它需要大规模地收集、处理气象观测数据，包括气温、湿度、风速等信息，为模型提供输入的数据。其次，运行

复杂的数值模型来模拟大气、海洋等自然系统的动态变化，这要求采用高性能计算机设备和优化的算法来解决动力学和热力学方程组。此外，利用统计学和数据挖掘技术对历史气象观测数据进行分析和统计，以建立模型的参数和初始条件。同时，天气预报结果需要通过图像生成和可视化技术转化为用户友好的图表、地图等形式，再进行展示，这需要能够处理复杂数据的模型结构和算法。最后，天气预报需要具备高度的实时性和并行计算能力，以确保天气预报信息的及时更新和准确性。受限于气象观测的准确度和大气系统中物理过程的复杂性，传统数值预报方法所需的计算资源规模巨大，全球中期天气预报的有效预报时间每 10 年才提高 1 天。而采用数据驱动的 AI 预测方法将改变这一发展态势，成为一种革命性力量，以更低的计算成本快速实现高精度的预测。综上所述，天气预报对计算能力的要求极高，需要整合多种技术和方法来实现准确、实时的天气预报服务。

华为云盘古气象大模型是首个在精度上超越传统数值预报方法的 AI 模型，其预测速度相比传统数值预报方法提升了 10000 倍以上。目前，华为盘古气象大模型能够提供全球范围内的气象秒级预报，其预测结果包括位势、湿度、风速、温度、海平面气压等关键气象参数。这些结果能够直接应用于多个气象研究领域中，得到了欧洲中期天气预报中心和中央气象台等权威机构的实测认可，证实了华为盘古气象大模型预测在精度和可靠性方面的优越性。

AI 气象预报模型的精度不足主要源自两个方面：一方面，传统的 2D 神经网络模型无法有效处理不均匀的 3D 气象数据；另一方面，AI 方法缺乏数学、物理机理的约束，导致在迭代过程中积累了误差。为解决这些问题，华为创新性地提出了适应地球坐标系统的 3D 神经网络，用以处理复杂且不均匀的 3D 气象数据。同时，华为盘古气象大模型采用了层次化时域聚合策略，以减少预报迭代次数，从而降低迭代误差。通过基于 43 年（截至 2023 年）全球天气数据进行深度神经网络训练，华为盘古气象大模型在精度和速度上均超越了传统数值预报方法。

第6章

量子计算

6.1 量子计算概述

6.1.1 量子计算概念与特点

量子计算以量子比特为基本单元,利用量子叠加、量子纠缠等原理实现并行计算。它可以在某些复杂问题的计算上实现计算能力的指数级增长,是计算能力实现跨越式发展的重要方向。量子计算作为未来算力的重要发展方向,相较于经典计算,其在算力及能耗方面具有较大优势。

量子计算的高并发计算能力可以一次处理现有超级计算机数亿次的计算,它还在大数分解和无序数据库搜索等关键计算难题上显示出超越经典计算机的能力。以中国科学技术大学的"九章二号"为例,它在高斯采样实验中观察 113 个光量子的输出,可产生 10^{43} 的状态维数,其效率比超级计算机快 10^{24} 倍。2019 年实现量子霸权的 53 个量子比特的"悬铃木"量子计算机,对量子线路随机采样 100 万次仅需 200s,而最先进的超级计算机 Summit 完成同样的任务大约需要 1 万年。

量子计算的另一核心优势是其具有极低的能量消耗。在经典计算中,处理器对输入的两串数据进行异或操作,而输出结果只有一组数据,计算之后数据量会减少,依据能量守恒定律,消失的数据信号必然会产生热量。但在量子计算中进行的是幺正演化操作,输入多少组数据输出依旧是多少,在计算过程中数据量没有改变,因此在计算过程中也就没有能量消耗,只在最后测试结果时产生能耗。目前,量子计算机的量子处理器进行一次计算只消耗 $1\mu W$,并且能量消耗不会随着计算需求的提升而变化。

相较于传统计算机和电子芯片,量子计算机的计算方式和量子处理器的能源消耗具有绝对优势,但量子计算仍面临一些挑战,尤其是量子物理机在产业化过程中所面对的问题。当前量子计算的局限性主要体现在两个层面,即技术层面和工程层面。在技术层面上,量子计算纠错虽已跨过盈亏平衡点,但要实现越纠越好仍是一项重大挑战;与此同时,量子计算硬件平台的量子比特数还维持在数百乃至数十位,远不能满足实际应用需求。在工程层面上,量子计算硬件平台对环境的要求十分苛刻,如超导量子计算平台需要在接近绝对零度的真空环境下运行,否则量子比特会受到环境影响而产生退相干现象,从而影响计算精度。由此可见,就目前的技术和工艺而言,量子计算机还不能像经典计算机那样在常温下批量制造,这限制了量子计算机的大规模部署。

总体来看,量子计算正处于快速发展阶段。伴随着量子计算物理硬件、软件和云平台的不断发展,量子计算对密码学、生物医药研制、新材料研发和智慧交通等需要开展大规模复杂计算领域的吸引力逐步提升。将算力网络、云计算与量子计算相结合,依托算力网络与云计算平台提供量子计算软件和硬件相关的普惠服务,正成为量子计算强大的计算能力的主要实用途径之一。

6.1.2　量子计算机基础架构

量子计算机与经典计算机类似,主要由存储器、处理器和输入/输出系统组成。其中,量子存储器用来保存量子计算机当前的状态,量子处理器对量子计算机进行各种基本操作,输入/输出系统主要是进行与外部设备及操作人员之间的任务交互。量子计算机主要在两个方面与经典计算机不同。首先,量子计算不是建立在经典计算机 0 或 1 的二进制比特上,而是建立在可以由 0 和 1 叠加的量子比特上,这意味着 0 和 1 及其他状态可以同时存在;其次,量子比特不是孤立存在的,而是被纠缠在一起并作为一个整体存在。这两个特性使得量子比特的信息密度和经典计算机相比具有指数级的优越性。

虽然量子计算通过较少的量子比特就可进行大规模宏观数据的表达,但是量子计算在实现过程中通常会遇到一个"陷阱",即量子比特极易受到环境的干扰,这使得量子比特和量子操作(或量子逻辑门)都极易出错。尽管这些错误是可以被纠正的,但是在纠正过程中需要大量的辅助计算开销,这会导致量子计算机可被使用的有效比特很难扩展,因此在输出计算结果时量子态会失去其自身的丰富性,只能产生一组有限的"概率答案"。将这些"概率答案"提取重构为"正确答案"的过程同样会面临挑战。因此,为得到正确的输出结果需要在量子计算机的算法和整个计算机的组成原理方面进行联合的工程构建。

类似于近年来发展火热的云计算、大数据、人工智能技术,量子计算技术也出现了定义越来越明确的堆栈架构,如图 6-1 所示。量子计算技术堆栈的底层

基础是量子硬件，量子硬件主要负责执行量子比特的计算；中间层为复杂的控制系统，控制系统主要用来调节量子计算机整体的状态并启动量子计算，尤其是对量子逻辑门的操作以及量子计算与经典计算的集成工作；最顶层为算法的实现以及执行应用程序的量子软件层，量子软件层通过量子接口将源代码编译为量子计算机可执行的程序。通常，量子计算服务公司留有与经典计算机可适配的统一软件调配格式，用户通过顶层调用量子软件层来解决自己实际的量子计算需求。

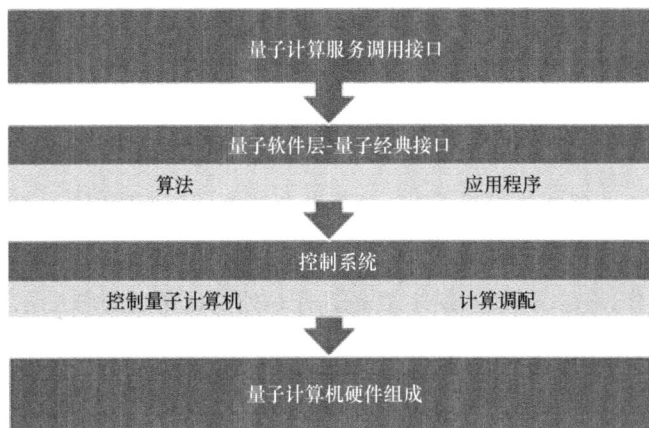

图 6-1　量子计算技术堆栈架构

6.1.3　量子计算政策布局

量子计算目前被视为继人工智能后又一具有颠覆性影响的技术领域。作为突破当前计算极限的重要手段之一，量子计算的发展与应用已成为国家（区域国际组织）间开展科技、经济等领域综合国力竞争的战略制高点。为加快推进量子计算技术、应用及产业的发展，多个国家和地区已陆续制定并推出了相关战略规划或法案文件。

欧美地区一直高度重视量子计算技术的发展布局。美国将量子信息科学作为其未来保持全球领导力的"关键与新型技术"，并于 2023 年立法更新了《国家量子倡议法案》（NQI Act），统一部署全国量子计算系列行动。欧盟于 2018 年启动了"量子旗舰计划"，开展量子计算领域的研究，成立行业利益相关者团体并开展

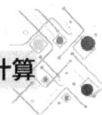

教育试点，建立欧洲国家间合作的动态机制，推动在欧洲创建一个强大的量子计算生态系统。此外，英国、法国、德国、丹麦等诸多国家也发布了各自的战略规划。例如，英国在 2014 年出台了全球首个量子信息国家级发展政策——《国家量子技术计划》，又在 2023 年 3 月发布了《国家量子战略》（NQS），规划未来十年内发展包括量子计算在内的多项量子技术。

我国一直高度重视量子技术发展，"十四五"规划中已明确将量子技术列为优先发展领域。与此同时，我国各地方政府也在加快量子计算的规划布局，北京、合肥、武汉和深圳等多个城市纷纷对量子计算展开布局，通过投入资源成立国家实验室等举措开展量子设备、量子软件和量子生态建设。这些举措有望加速我国量子计算的产业化发展，从而加快量子计算在药物研发、高端制造、金融与能源等领域的落地。

6.2　量子计算发展现状

6.2.1　量子计算硬件发展现状

量子计算硬件处理器基于量子叠加和多比特纠缠的耦合与状态演化来实现高效并行计算能力，它是制备、操控和测量量子比特的关键物理载体，也是量子计算样机研发攻关的核心。当前，量子计算处于发展初期阶段，其硬件平台根据实现量子比特二能级体系及制备操控方案不同，可大致分为超导、离子阱、光量子、中性原子等，各技术路线硬件平台并行发展，呈现出开放竞争的态势。

超导量子计算平台基于超导约瑟夫森结构建二能级体系，因其具备可设计、可扩展、易耦合等优势，在科技界引起了广泛关注。近年来，这一技术路线不断演进，已催生了 Transmon、Xmon、Fluxonium 等多种超导量子比特形式。与此同时，超导量子计算处理器在量子比特数量和保真度等核心指标上也在稳步提升。2023 年，Rigetti 公司推出了具备 84 个量子比特的量子处理器"Ankaa-1"，IBM 公司发布了具有 1121 个超导量子比特的量子处理器"Condor"；中国科学技术大学则在原先 66 个量子比特的超导量子处理器"祖冲之二号"的基础上，新增了

110 个耦合比特的控制接口，使得用户可操纵的量子比特数达到 176 个比特。2024 年年初，本源量子公司的超导量子计算机"本源悟空"上线运行，搭载了 72 位自主超导量子芯片。

离子阱量子计算机在技术上利用电荷与电磁场之间的相互作用约束带电粒子运动，利用受限离子的基态和激发态组成两个能级作为量子比特，并利用微波或激光操控量子态。离子阱技术路线具有量子比特全同性好、量子态相干存储时间长、支持长程量子纠缠逻辑门等优势，近期在保真度提升和全连接比特数增长等方面取得进展。2023 年，Quantinuum 公司发布了囚禁 32 个离子的全连接离子阱量子计算原型机 Model H2，其单比特量子逻辑门保真度达到 99.997%，全联通的双比特量子逻辑门保真度为 99.8%，量子体积指标达到 524288。国内方面，华翊量子公司于 2023 年 4 月发布了 37 个量子比特的第一代离子阱量子计算机商业化原型机 HYQ-A37；幺正量子公司于 2023 年 9 月发布了高通光离子阱原型机，室温状态下已实现 53 个离子的一维离子链稳定囚禁。

光量子计算处理器利用单光子或光场压缩态等多种自由度进行量子态编码和量子比特构建，其具有光子受环境影响小、可在常温环境工作、相干时间长等优势。中国科学技术大学长期致力于光量子计算原型机的研究，并首次实现了光量子计算优越性验证。该校的研究团队与中国科学院上海微系统与信息技术研究所以及国家并行计算机工程技术研究中心合作，在 2023 年发布了具有 255 个光子的光量子计算机"九章三号"，进一步提升了高斯玻色采样速度和量子优越性。国内光量子企业方面，图灵量子公司已发布商用科研级光量子计算机"TuringQ Gen 1"；玻色量子公司于 2024 年发布了具有 550 个量子比特的相干光量子计算机"天工量子大脑 550W"。国外光量子计算研发企业中最具代表性的是加拿大的 Xanadu 公司和美国的 PsiQ 公司。PsiQ 公司自成立之初便致力于研发具有百万量子比特的通用光量子计算处理器 Xanadu 公司于 2022 年 6 月发布了光量子计算机"Borealis"，可通过测量多达 216 个纠缠光子的行为来进行计算。

基于中性原子的量子计算，一般是利用光镊或光晶格从磁光阱或玻色—爱因斯坦凝聚态（BEC）中捕获并囚禁超冷原子，形成单原子阵列，然后将原子基态超精细能级的两个磁子能级编码为一个量子比特的 0 态和 1 态，再进行计算。该技术路线的量子计算具备相干时间较长、可控的相互作用及良好的可扩展性等优势。近年来，中性原子量子计算发展迅速，大有后来居上之势。2023 年，美国企业 Atom Computing 公司发布了 1225 个站点的原子阵列和 1180 个量子比特的中性原子量子计算原型机。同年 10 月，《自然》杂志发表了 3 篇关于中性原子量子计算相关成果的文章，分别来自加州理工学院、普林斯顿大学和哈佛大学。其中，哈佛大学使用基于里德堡阻塞机制的最优控制门方案，在 60 个铷原子阵列实现 99.5% 的双比特纠缠门保真度，超过了表面码纠错阈值。我国中性原子量子计算研发以武汉的中国科学院精密测量科学与技术创新研究院最具代表性，其孵化企业中科酷原公司于 2024 年 6 月推出具有 100 多个中性原子的量子计算机"汉原 1 号"。

6.2.2　量子计算软件发展现状

量子计算软件用于量子算法的实现和应用程序的执行，通过量子接口将源代码编译为量子计算机可执行的程序，其与量子计算硬件平台并行发展，共同为科学研究和行业应用提供有力支持。量子计算软件不同于经典计算软件，它需要满足量子计算的底层理论与算法逻辑，涵盖面向不同硬件平台技术路线的量子指令集及量子中间表示等，其技术要求较高，当前还处于发展初期。

近年来，国内外科技巨头和初创企业在量子计算软件领域争相展开布局，以期掌握未来行业发展的主动权。在国外，IBM、谷歌、微软等科技巨头基于长期的技术积累率先在量子计算软件方面展开布局，Rigetti、Xanadu 等初创企业也陆续推出自主研发的量子计算软件；在国内，华为、腾讯、本源量子等企业正在积极推动量子计算软件的研发工作，并已有相关软件发布。表 6-1 为国内外具有代表性的量子计算软件。

表 6-1　　　　　　　　　　国内外具有代表性的量子计算软件

发布机构	IBM	谷歌	微软	亚马逊	Xanadu	Rigetti	华为	腾讯	本源量子
软件名称	Qiskit	Cirq	QDK	Braket SDK	PennyLane、Strawberry Fields	Forest	HiQ	TensorCircuit	QPanda
编程语言	Python	Python	Q#	Python	Python	Python	Python	Python	Python, C++

6.2.3　量子计算云平台发展现状

现阶段，量子物理机作为新型计算系统，其建设和运维尚未形成标准化体系，成本昂贵；并且量子计算机易受环境干扰，只能在极高规格标准下建设的实验室中部署，因此量子计算以"云计算"形式提供"算力共享"已逐渐成为行业共识。量子云通过整合现有 IT 资源及量子计算资源，以统一的方式为客户提供服务，对 IT 及量子计算资源的利用具有较大的规模效应，能够为稀缺的量子计算基础设施和 IT 基础设施降低大量成本。

当前，越来越多的云计算服务公司和研究机构开始积极布局研发量子计算云平台，并相继发布量子云服务产品。如表 6-2 所示，国外量子云平台主要有 IBM 量子云平台、亚马逊量子云平台和微软量子云平台等，国内量子云平台主要有华为量子云平台和本源量子云平台等，各云计算企业及科技公司纷纷将量子计算云平台作为量子服务的主要输出路径。量子云服务提供量子模拟器和量子程序的正确性验证功能，帮助量子计算程序设计者更快地进行量子编程和量子算法的模拟验证来加速创新。

表 6-2　　　　　　　　　　　　国内外代表性量子计算云平台

	硬件类型	超导			离子阱		光量子	半导体/超导	量子退火	云平台服务		
	平台名称	IBM Quantum	Quantum Cloud Services	Google Cloud	IonQ Quantum Cloud	Quantinuum Nexus	Xanadu Quantum Cloud	Quantum Inspire	Leap	Amazon Braket	Azure Quantum	Strangeworks QC
国外	量子处理器	ibm_fez	Ankaa-2	Sycamore	Forte	Quantinuum H2	Borealis	Spin-4 Starmon-5	Advantage	IonQ、IMQ、QuEra、Rigetti	Quantinuum、IonQ、QCI、Rigetti、Pasqal	IBM、QuEra、IonQ、Quantinuum、Rigetti、Xanadu、Atom Computing、NVIDIA……
	量子比特数	156	84	72	32	56	216	4；5	5000+	QPU family	QPU family	QPU family

续表

硬件类型	超导					离子阱	核磁	云平台服务	
平台名称	天衍量子计算云平台	Quafu	本源量子云	国盾量子计算云平台	量旋云平台	<Qu|Cloud>	量旋云平台	五岳量子计算云平台	弧光量子云平台
国内　量子处理器	祖冲之二号	Baihua Miaofeng Dongling Haituo	本源悟空	骁鸿1号	8比特芯片	<Aba|Qu>100	2/3/5比特芯片	超导：天工1号 超导：夸父1/2/3/4/5号 CIM：天工量子大脑1号 离子阱：<Aba|Qu>100	超导：66比特量子芯片 离子阱：11比特量子芯片
量子比特数	176（66数据比特，110耦合比特）	110；108；105；106	72	176（66数据比特，110耦合比特）	8	20	2；3；5	超导：20；21；110；108；105；106 相干光量子：100 离子阱：20	超导：66 离子阱：11

参考来源：中国信息通信研究院，量子信息技术发展与应用研究报告（2024）

6.3　量子计算应用场景

1994 年，麻省理工学院教授 Shor 证明了量子计算可以在短时间内破解经典计算机需数百年才可破解的密码学问题。这类破解可直接威胁到目前的各类通信安全，并可以轻易侵入互联网与国防系统。美国国防部因此对量子计算的发展进行了规划，随后迅速投入各类资金，一方面开展对量子计算的应用研究，另一方面开展应对量子计算对通信网络破坏的防护研究。在政府组织的带领下，各类科技公司也看到了量子计算的发展潜力，纷纷探索量子计算的潜在用途。目前，我们可以看到量子计算主要聚焦在机器学习与人工智能、工业仿真及各类优化问题上，虽然还没有开发出通过量子计算解决具体问题的应用程序，但是随着量子计算概念的普及和各类开源社区活跃程度的持续提升，在短期内一定会制定出利用量子计算解决具体问题的实施方案。

在进行具体场景应用时，量子计算与云计算不同，后者是一种基于互联网的运算方式；量子计算也与大数据不同，后者通过大量数据获取信息进行决策。受限于量子物理机可编程扩展性差的现状，量子计算在商业服务时还不能提供一种通用计算模式，而是更多地用于解决特定的计算问题。对于线性时间内可解决的

计算问题，量子计算相较于经典计算并不会展现压倒性的计算优势，但对于复杂性呈指数级增长的计算问题，量子计算与经典计算相比具有极大优势。

依托强大的计算性能，量子计算已在化学模拟、金融模型分析、药物研发和交通优化等领域推动了更多应用场景的落地。例如，华为云通过量子化学应用云服务，使用 HiQ 量子模拟器成功模拟乙烯、氨气和甲硅烷等分子基态能量，加速新材料的研发。中国工商银行利用量子模拟器支持随机性算法，将量子随机数应用在客户登录、支付结算、资金交易等场景中，并对客户信息进行标识和校验，以更加有效地查验用户身份，防止假冒行为，确保客户意愿的真实性、交易过程的完整性和安全性。微软与福特汽车通过量子计算方法模拟了 5000 辆汽车在繁忙路段行驶的交通场景，在每辆汽车具有 10 种路线选择的情况下，当所有车辆同时请求穿越大城市繁忙路段时提供最快的路线推荐，仅用 20s 即可统筹优化所有汽车行驶路线，并将建议传递给每辆拥堵车辆，使整体拥堵时长减少近 70%。

在应用产业方面，未来的量子计算厂商不仅需要提供量子编程工具和算法实现平台，还要有独立的设计量子处理器与控制系统的能力，同时能够提供普惠的量子云计算服务。目前，各类云服务提供商已经做好量子计算到来的准备。相关公司在加强对量子计算理论研究与人才储备的同时，应与产业巨头及高校开展合作，共同推动量子技术与实际应用的快速结合；通过提供在线的量子平台，吸引用户在平台实现量子计算过程，体验量子计算的强大算力；培育一批聚焦量子计算软件与硬件的开发人员，建设围绕自身的量子计算规则生态社区。同时，相关公司还应探索云端新型计算模式，打造通过算力网络和云平台访问量子计算机的物理接口，使用 CPU+QPU 与 CPU+GPU 共存的方法以提升云端算力，实现短期内通过算力网络将量子计算与经典计算进行互补的联合计算能力。

第7章

无所不达的网络

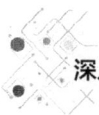

从网络本身的演进发展来看，未来十年通信网络将从服务百亿人向连接千亿物的方向发展。这一转变将面临以下 3 个方面的挑战：

① 通信网络规模持续增长导致网络管理更加复杂，如何实现网络智能化运营维护以便保持成本基本不变，成为一项关键挑战；

② 工业互联网、无人值守农业、自动驾驶等场景对网络的覆盖能力、质量保障能力和安全可信提出了更高的要求，如何通过协议和算法创新，实现网络能够承载多种业务，同时满足高质量和灵活性的需求，成为另一项挑战；

③ 由于摩尔定律放缓，量子计算等新技术还不成熟，计算、存储、网络能效的持续提升已经出现了瓶颈，需通过基础技术创新构建一个绿色低碳的网络，实现网络容量在增加数十倍的同时能耗基本保持不变。

算力和网络是算力网络的两大核心，两者相互促进、持续发展。随着算力的应用越来越广泛，场景越来越细分，需要异地异属异构多种算力共同协作，完成系统级计算；并且数据采集的触点全面渗透到办公、生产、生活的各个环节，大量的数据在边缘产生和处理，云边端算力协同的趋势越来越明显。这些变化都需要一张灵活高效的网络来支撑。

从网络演进轨迹来看，未来的网络不仅要连接个人，还要连接与个人相关的各种感知、显示和计算资源；不仅要连接家庭用户，还要连接与家庭相关的家居、车和内容资源；不仅要连接组织里的员工，还要连接与组织相关的机器、边缘计算和云资源，以满足智能世界丰富多样的业务需求。这就要求网络变得"无所不达"，例如，6G 网络将以空天地海全域覆盖突破连接维度，实现沙漠腹地到远海作业区的无差别泛在接入；800G 全光传输网络将变成"光速数据列车"，让每千米光纤承载的数据信息洪流输送到各个需求站点；SRv6 IP 网络则扮演着"空间折叠者"角色，借助 IPv6 扩展报头的确定性路由能力，实现跨域微秒级意图同步。这些无处不在的连接正在重构世界的运行方式。

7.1 6G 网络

6G 即第六代移动通信网络。在充分吸取 5G 网络部署应用经验的基础上，6G

在升级网络性能的同时，将更多的精力聚焦在与业务的融合方面，使其能更接近业务，更好地服务业务。

6G 目前还处在研究初期，IMT-2030 愿景中定义了六大典型场景用例，如表 7-1 所示。

表 7-1　　　　　　　　　　　IMT-2030 六大典型场景用例

沉浸式通信	• 沉浸式 XR 通信、远程多感官智真通信、全息通信； • 以时间同步的方式混合传输视频、音频和其他环境数据的流量； • 独立支持语音
超大规模连接	• 扩展/新增应用，如智慧城市、智慧交通、智慧物流、智慧医疗、智慧能源、智能环境监测、智慧农业等； • 支持各种无电池或长续航电池物联网设备的应用
超高可靠低时延通信	• 工业环境通信，实现全自动化、控制与操作； • 机器人交互、应急服务、远程医疗、输配电监控等应用
泛在连接	• 物联网通信； • 移动宽带通信
通信 AI 一体化	• IMT-2030 辅助自动驾驶； • 设备间自主协作，实现医疗辅助应用； • 计算密集型操作跨设备、跨网络下沉； • 创建数字孪生并用于事件预测； • IMT-2030 辅助协作机器人
通信感知一体化	• IMT-2030 辅助导航； • 活动检测与运动跟踪（如姿势/手势识别、跌倒检测、车辆/行人检测等）； • 环境监测（如雨水/污染检测）； • 为 AI、XR 和数字孪生应用（如环境重建、感知融合等）提供环境感知数据/信息

这些场景整体上可以分为以下 3 类。

1. 通信增强扩展场景

IMT-2030（6G）在通信增强方面，在 5G 的增强移动带宽、超可靠低时延通信、海量机器类通信的基础上，扩展出 3 个场景，分别是沉浸式通信、超大规模连接、超高可靠低时延通信，以改善数据速率、区域流量容量、连接密度、时延和可靠性。

2. 覆盖增强新增场景

在 IMT-2030（6G）的另外 3 个场景中，泛在连接虽属于通信增强的范畴，但在覆盖范围和移动性方面存在显著差异。地面无线网络不仅需要覆盖扩展技术，还需引入新架构和新商业模式，以支持地面网络和非地面网络互连。通过泛在连接，当前的宽带和物联网业务有望推广到农村、偏远地区和人口稀少地区，以较

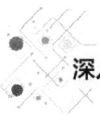

低的成本连接未连接的用户。

3. 业务扩展新增场景

通信感知一体化、通信 AI 一体化作为 IMT 愿景建议书中首次提及的新场景，旨在提供通信以外的服务。为了在新业务、新应用涌现时对无线网络进行评估，这些场景定义了一些新功能，包括感知精度、分辨率、检测概率，以及 AI 相关的分布式训练和推理能力。在感知和 AI 的新功能中融入增强通信。6G 网络作为一个分布式神经系统，可以将物理世界、生物世界和网络世界融合起来，真正实现数字孪生，促进创新，提升生产力，改善整体生活质量，并为未来万物智联奠定坚实的基础。

为支撑以上业务场景，6G 除了在速度、带宽、时延等方面提供远超 5G 网络的性能，还将提供更广泛的覆盖、感知融合、AI 赋能、可持续性、互操作性、高精度定位六大新型能力。6G 关键技术能力如图 7-1 所示。

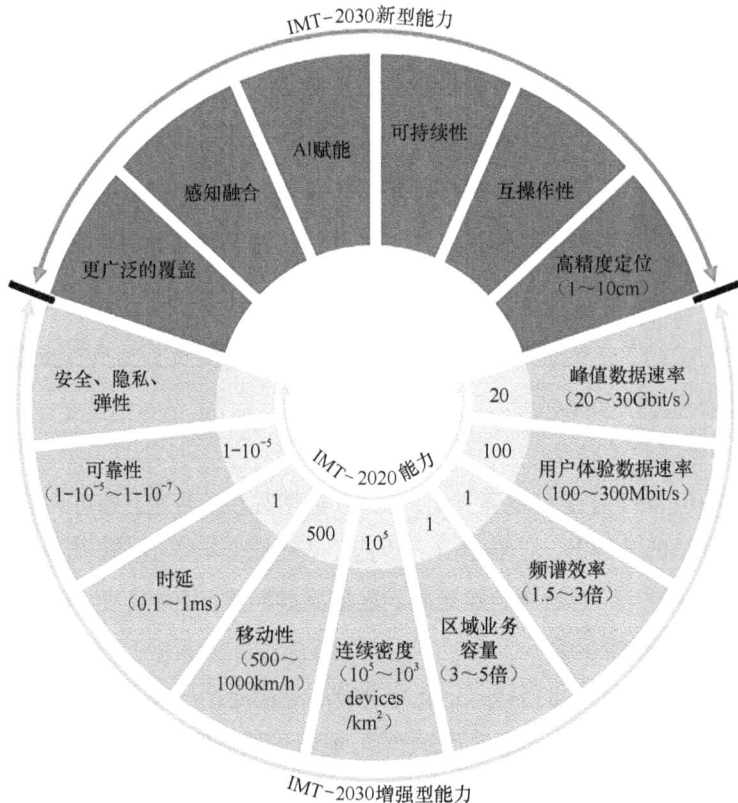

图 7-1　6G 关键技术能力

7.1.1 更广泛的覆盖

更广泛的覆盖主要是指通过构建空天地一体化通信系统，满足全时全域、全空通信需求。该通信系统由天基、空基和地基通信网络组成，具有互联互通、协同工作能力，如图 7-2 所示。其中，天基通信网络主要指卫星通信系统，空基通信网络主要指基于飞机、无人机等飞行器提供通信数据传输服务的通信系统，地基通信网络则包括卫星地面站、无线基站、互联网等通信系统。

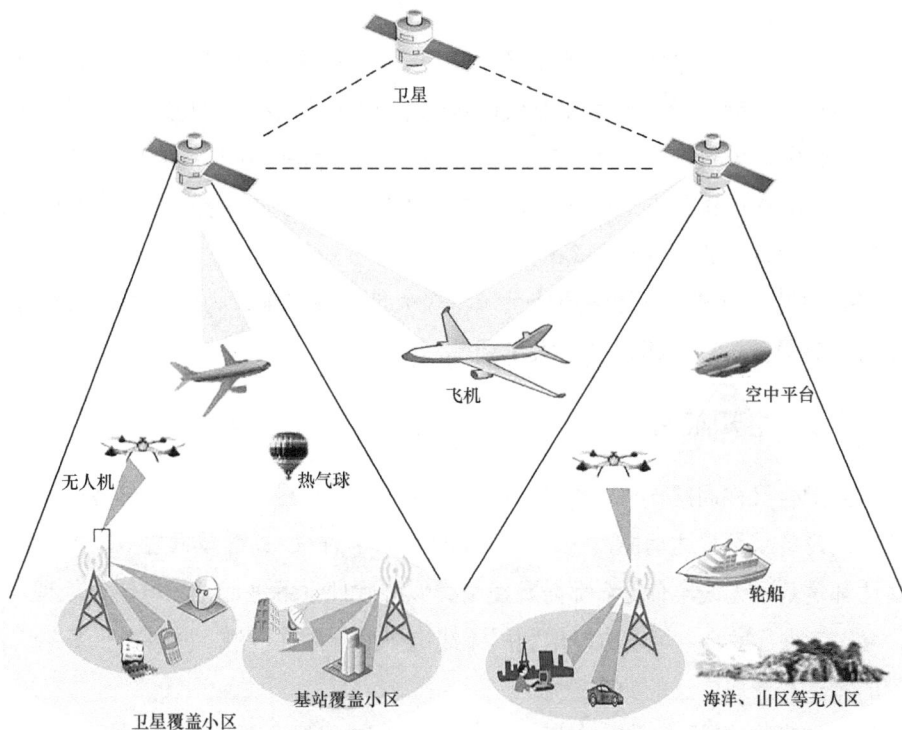

图 7-2　空天地一体化通信系统示意

相较于 5G 网络，6G 网络在覆盖能力上的一个重要进步是引入了天基与空基通信系统。相较于地面基站，天基卫星天然具备覆盖广、无地理部署限制、不受地面灾害影响等特点。6G 网络将卫星作为无线信号载体，实现范围更广的覆盖，包括无人区、偏远山区等，同时也提供地质灾害场景下的通信连接。卫星通常按距离地面的高度，从高到低分为高轨卫星、中轨卫星、低轨卫星。其

149

中，高轨卫星距离地面越高，覆盖范围也会越大，但成本也越高，信号时延也越长；低轨卫星虽然覆盖范围相较于高轨卫星小，但是具有时延低、成本低等优势。将大量低轨卫星组建成星座，可实现全球范围内的覆盖，这是未来卫星产业的主要发展趋势。2023年，华为发布了Mate 60手机，该手机支持卫星通信。之后，国内其他手机厂商陆续宣布后续发布的手机产品将支持卫星通信。目前的手机大多数是集成传统卫星通信模组的，需要与特定卫星运营商绑定，而在6G场景下，手机无须单独集成卫星通信模组即可实现卫星通信，且网速会得到大幅提升。

同时，随着6G技术进一步发展，以无人机等飞行器作为信号载体的空基通信系统将进一步助力通用场景及专用场景通信协同。目前，空基通信主要被应用在救援、救灾等场景下。例如，2023年8月，北京市昌平区遭遇暴雨导致地面通信中断，中国移动紧急启动空基应急通信无人机，在当地提供3km范围的通信信号覆盖，快速建立临时通信保障能力。

可以预见，空天地一体化通信系统将极大地提高未来算力网络的覆盖范围，将算力服务覆盖至超边缘，甚至太空领域。

7.1.2 感知融合

感知融合又称通感一体，即将通信系统和感知系统进行融合，可通俗理解为对传统基站设备赋予雷达功能，这是我国发起并主导的6G关键技术之一。由于基站与雷达都是基于无线电信号，都需要使用类似的硬件设备进行无线电信号处理，因此，将二者进行融合，可以更好地利用无线电资源与硬件资源，同时基于基站广泛覆盖的特点，形成广泛的业务覆盖。

作为支持6G愿景的关键技术之一，目前，国内已经有部分早期技术原型得到验证。例如，中国移动自研的"6G通感算智融合技术平台"通过聚集通信、感知、计算、AI等多维能力要素，以通算融合的异构硬件为底座，完成20余项对外开放能力构建，可有效支撑6G通感算智融合机理、内生AI设计等新技术能力、新服务模式、新发展范式的验证，并入选2024年十大"国有企业数字技术成果"。未来，伴随着技术的逐步成熟，感知融合将覆盖低空安防、智慧交通、环境治理等多种场景，如图7-3所示。

感知融合将感知设备与通信网络进行融合，实现对物理世界实时、全面的感知。这将为算力网络提供更丰富的数据源，也为算力网络的编排调度系统实现智能决策提供基础。

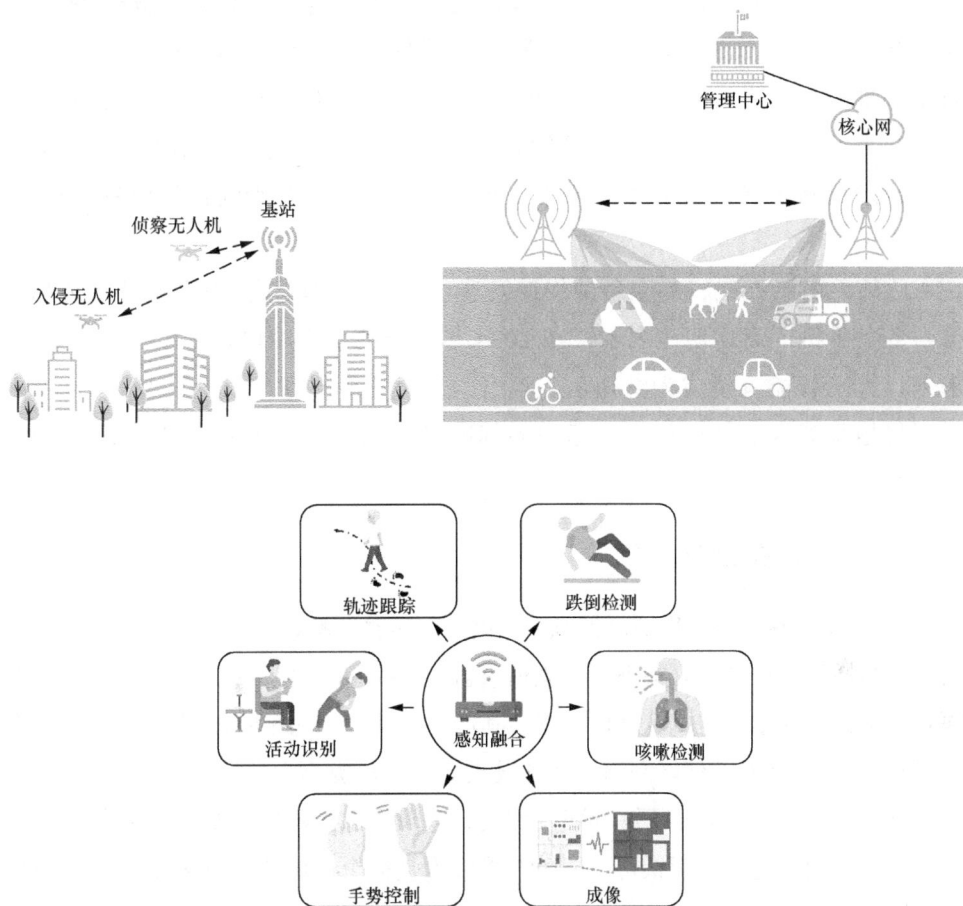

图 7-3 感知融合场景举例

7.1.3 AI 赋能

5G 时期，移动网络已经引入网络数据分析功能（NWDAF）设备作为对时下快速发展的机器学习与数据分析的响应，但由于缺少应用场景，落地效果并不理想。而在 6G 时期，得益于人工智能的爆发式发展，随着 GhatGPT、DeepSeek 等

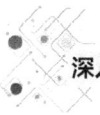

人工智能软件的火热和相关应用的落地，基于人工智能技术构建甚至重塑移动通信网络成为可能。

现在，通过深入分析网络数据，依托人工智能模型训练数据，促进网络智能化升级，突破无线网络发展瓶颈，这已成为业内广泛共识。虽然 6G 与人工智能的结合仍面临如算力需求提升导致的网络建设成本增加、数据安全问题等挑战，但它也带来了巨大的优势，如性能提升、应用丰富、运维简化等，这使得如智慧城市、工业互联网、虚拟现实等领域进一步创新成为可能。随着技术不断发展，相信 6G 与人工智能的结合将为移动通信领域带来新的变革。

此外，由于人工智能应用的快速发展，目前它们已逐渐普及至移动终端，国内各大手机厂商均明确表示，在 2024 年发布的手机中内置人工智能应用。未来，人工智能有望成为继短信、语音、数据之后的手机原生应用之一。为了更好地承载人工智能应用，相关的标准和各大研究组织目前已纷纷开启相关研究。

7.1.4　可持续性

未来，6G 网络将采用更高的频率、更高的传输速率、更大的带宽，这可能导致网络能耗的大幅增加。根据国际电信联盟（ITU）的预测，6G 网络如果继续以提升频率的方式提高带宽、降低时延，其能耗将是 5G 网络的 10 倍。因此，实现 6G 网络的绿色节能是保障网络可持续发展的重要前提。

基于 5G 网络的建设经验，对于 6G 网络建设提出的绿色节能的可持续发展要求，得到了运营商的广泛认可。绿色节能技术是多个领域技术的整合，包括无线节能、硬件加速、共享共建等。

① 无线节能：通过采用更高效的调制方式、更优化的信道编码、更智能的资源分配等技术，降低无线传输的能耗。

② 硬件加速：通过采用专用硬件加速芯片，提高网络设备的处理效率，降低能耗。

③ 共享共建：通过多家运营商共享基站、传输网络等基础设施，减少重复建设，降低能耗。

④ 弹性伸缩：根据用户需求和业务量，动态调整网络资源的规模，降低闲置资源的能耗。

⑤ 简化运维：通过自动化运维，减少人工操作，降低能耗。

⑥ 按需覆盖：根据用户需求，只在需要的地方提供网络覆盖，降低无效覆盖的能耗。

7.1.5　互操作性

互操作性可以理解为早期移动通信网络能力开放概念的扩展。在早期，移动通信网络的开放主要集中在网络能力的开放上。例如，允许第三方设备和应用程序接入网络。随着移动通信网络的发展，网络的复杂性不断增加，单纯的网络能力开放已经无法满足用户的需求。因此，需要通过标准化架构和接口，实现不同网络之间的互操作。

6G 网络的互操作性将为用户带来全新的体验，并推动移动通信行业与其他系统的融合发展。其主要优势体现在以下几个方面。

① 用户体验提升：通过与其他系统协作，实现用户体验的端到端提升，如在选择合适的用户资源访问点的同时，优化网络传输路径。

② 网络效率提升：基于用户业务请求，提供适合的网络资源，在提升体验的同时，避免资源浪费，提升效率。

③ 业务覆盖提升：通过融合网络与其他系统，提供融合服务，覆盖更多的业务场景。

7.1.6　高精度定位

6G 网络的高精度定位目标是指在室内定位精度达到小于 10cm、在室外定位精度达到小于 1m 的目标。实现这一目标通常需要采用多种技术的集合，其中包括全球导航卫星系统（GNSS）、智能超表面和室分定位等。

GNSS 是实现高精度定位的基础技术之一。GNSS 可以利用卫星信号进行定位，其中包括美国的 GPS、俄罗斯的 GLONASS、欧洲的 Galileo 系统和我国的北斗卫星导航系统。这些卫星系统可以提供全球范围内的定位服务，但在室内环境下信号受到建筑物的阻挡，导致定位精度下降。

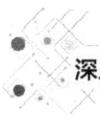

为了弥补室内定位精度的不足，智能超表面成为一种重要的技术。智能超表面是一种由大量微小元件组成的表面，可以通过调整元件的电磁特性来控制入射信号的传播。通过在室内环境中部署智能超表面，可以实现对信号的精确控制和定向传播，从而提高室内定位的精度。智能超表面可以根据定位需求进行优化设计，以实现更高的定位精度。

此外，室分定位也是实现高精度定位的重要技术之一。室分定位是基于室内分布式天线系统的定位方法，通过在室内环境中部署多个接收器和天线，可以实现对信号强度和到达时间的测量，从而实现定位。室分定位可以提供比传统基站定位更高的定位精度，并且对于室内环境下的复杂多径干扰具有较好的抗干扰能力。

6G 网络的高精度定位对于许多应用场景具有重要意义，如室内导航、物联网、智慧交通等。实现室内小于 10cm、室外小于 1m 的定位精度，可以为这些应用场景提供更精准、可靠的定位服务，推动相关行业的发展和创新。

7.2　400G 传输网络

伴随 5G 规模商用、人工智能、云计算、大数据等业务不断发展，网络带宽压力剧增，主流的 25G/100G 光传输网目前已捉襟见肘，400G 光传输网已是大势所趋。

相较于 25G/100G 光传输网，400G 光传输网具备更大带宽、更低时延、更低功耗。从技术角度看，400G 光传输方案根据场景不同，分为以下几种实现方式。

7.2.1　单载波

如图 7-4 所示，单载波 400G 技术采用高阶调制格式，通过基于 400G PM-16QAM、PM-32QAM 和 PM-64QAM 等单载波调制方式来构建 400G 波道。其中，PM 被称为相位调制，

图 7-4　单载波 400G 技术

负责将信号调整为 X、Y 两个方向；QAM 被称为正交幅度调制，负责进行信号分离；而 16、32、64 则表示一个信号元可以表示的状态，也可以理解为可携带的信息量。单载波 400G 的实现方案相对简单，结构更简单，可以做到更小的尺寸、更低的功耗，但相对的，由于采用了高阶调制方式，即每个符号位表示了更多的信息位，因此接收端必须要有足够高的信号质量才能避免误判，所以对信噪比的要求也非常高，这直接导致了单载波 400G 技术很难应用于长距离传输。

7.2.2　双载波

如图 7-5 所示，双载波 400G 采用 2×200G 超级通路技术方案，主要是通过 8QAM、16QAM 和 QPSK 等调制格式来构建 400G 通道，相较于单载波技术，双载波传输性能有明显的改进，特别是在传

图 7-5　双载波 400G 技术

输距离上已经能基本满足远距离传输应用需求，但对于超长距离传输仍然力不从心。

7.2.3　四载波

如图 7-6 所示，四载波 400G 技术是指 4 个子载波采用奈奎斯特波分复用技术，结合 PDM-QPSK 调制方式创建的 400G 通道。该方案虽然系统较为复杂，但是技术相对成熟且兼容现有 100G/200G 基础设施，适用于超长距离传输。

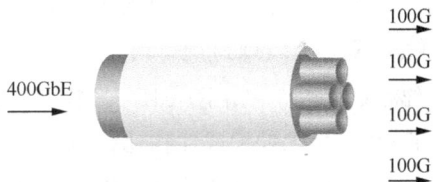

图 7-6　四载波 400G 技术

中国移动自 2018 年起，就 400G 技术进行持续性的系统研究和攻关；2022 年完成全球首个 400G QPSK 长距现网测试（北京—济南段，距离超 1000 千米），验证了超长距传输能力；2023 年启动 400G 全光网规模商用，在长三角、京津冀、粤港澳等重点区域率先部署，并逐步向全国扩展。到目前，中国移动的 400G 部署已进入规模商用阶段，聚焦"骨干网升级+城域算力互联"双主线，结合多载波技术灵活适配不同场景。中国移动以算为中心持续优化网络架构，已完成全国

20ms、省域 5ms、地市 1ms 的三级算力时延圈构建，实现算力枢纽节点间全 Mesh 互联，并构建基于光交叉连接（OXC）的高速互联新型全光网，完成全球规模最大的 400G 全光骨干网的建设。这体现了我国运营商在超高速光通信领域的领先性，也为全球 400G 规模化应用提供了重要参考。

7.3　SRv6 IP 网络

分段路由（SR）是一种源路由技术，相较于传统路由技术其仅声明目的地址，其特点是数据包的发出端会明确数据面在网络中的途经节点并将这些信息填写在 IP 包头中。如果将传统路由技术比作寄快递，发送方只需要填写目的地址，然后将包裹交给快递公司即可，包裹在寄往目的地前会经过哪些站点，对于发送方而言是无法知晓的。而 SR 技术则可类比于导航，发送方可以在包裹出发前，通过导航系统明确到达目的地的路线。

基于 IPv6 转发平面的段路由（SRv6）作为新兴的 IP 技术，充分利用 IPv6 原生的扩展头机制，使用 IPv6 地址本身作为 Segment 标识，通过在 IPv6 报文头和净荷之间插入段路由报文头（SRH）的方式实现源路由路径信息的编码。在报文的整个转发过程中，普通的中间节点仅支持 IPv6 转发即可，无须支持特殊的转发逻辑，从而将 Underlay 网络的范围从 MPLS 的标签分发域扩展到 IPv6 联通域，极大地增强了 SRv6 技术的扩展性和部署的灵活性，这也赋予 SRv6 技术未来丰富的想象空间，因此，SRv6 技术成为下一代互联网演进的主流技术路线。截至目前，中国移动已建成全球规模最大的"SRv6/G-SRv6" IP 骨干网，持续提升网络服务能力。SRv6 技术关键特点如下。

7.3.1　简化控制协议

为了解决 IP 网络的孤岛问题，以往需要将网络划分为独立不同的域，并使用跨域 VPN 等复杂技术打通不同的域间网络，这导致端到端业务的部署非常复杂。SRv6 只采用了内部网关协议（IGP），统一了控制协议，降低了运维和部署难度，如图 7-7 所示。

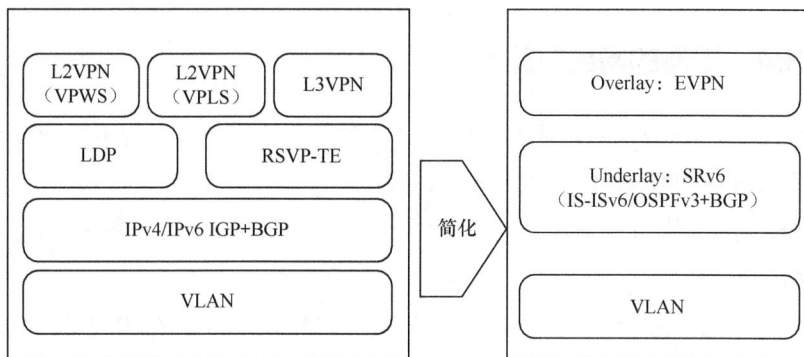

图 7-7 SRv6 简化控制协议

7.3.2 高扩展性

在网络中，中间节点无须感知每条链路的状态，利用 SR 的技术特点，在头节点进行路径规划，网络中间节点几乎不感知路径状态，这使得网络具备很高的扩展性。

7.3.3 良好的网络编程性

利用 IPv6 数据包中的扩展报文头，使用长度为 128 比特的 Segment 定义网络功能，然后通过对 Segment 进行排列就可以实现网络设备的一系列转发、处理行为，结合软件定义网络技术，能够更加灵活地对业务进行编排，如图 7-8 所示。

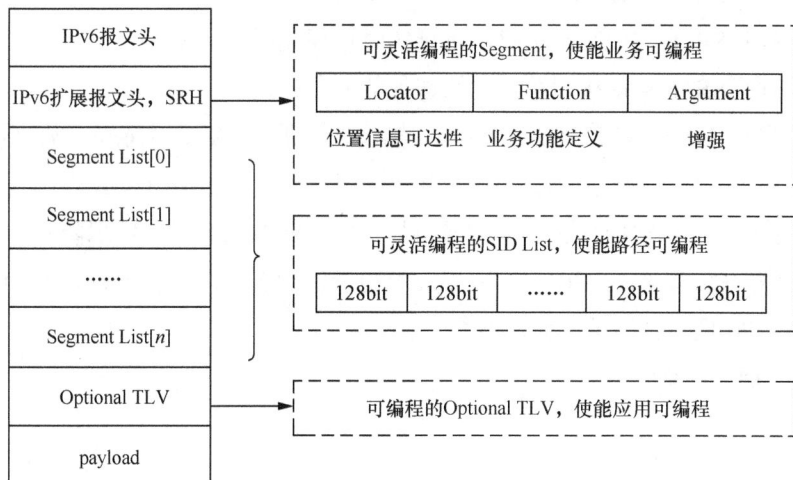

图 7-8 SRv6 三层可编程空间

157

7.3.4　更高的网络可靠性

SR 能提供 100%网络覆盖的快速重路由保护，实现任意点的本地 50ms 快速保护，不依赖端到端双向转发检测（BFD）。

SRv6 最大的价值在于能最大限度地挖掘网络的变现能力，集中体现在规模和效率两个方面。

在规模方面，SRv6 与 SR-MPLS 技术相似。相较于传统的 IP 网络，SRv6 极大地简化了网络服务的部署，破除了传统协议对于网络规模的限制。与 SR-MPLS 不同的是，SRv6 技术采用 IPv6 替代 MPLS 转发，降低了网络节点的能力要求，使物理网络不再局限于标签分发的边界，让大规模扁平化组网成为可能。熟悉运营商 MPLS 部署现状的人大多都知道，拉通跨域 MPLS Overlay 服务在技术和管理上都是极其复杂的，而 SRv6 技术很好地解决了这些问题，可以更好地支撑运营商中长期的网络规模增长需求。

在效率方面，SRv6 可从多维度提升网络服务效率。从网络自身来看，与 SR-MPLS 技术一样，通过与 SDN 技术相结合，SRv6 可在更大的范围内实现流量工程（与 RSVP 相比），提升全网资源的利用率；从服务角度来看，相较于 SR-MPLS 技术，SRv6 推动了网络能力的进一步开放，将差异化服务进一步向用户侧延伸。

其主要应用场景如下：

① 基于 SRv6 实现时延选路，时延实时可视化；

② 基于 SRv6 实现极简跨域，快速使能业务；

③ 基于 SRv6、随流检测（IFIT），实现业务的 SLA 实时感知，故障快速定界定位；

④ 基于 SRv6 软切片能力，实现高品质用户业务的高优先级保障。

在算力网络背景下，SRv6 的主要应用场景包括按需的路径规划、基于用户需求和业务请求提供合适的端到端路径。

第 8 章

从算网协同到算网融合

8.1 现阶段：算网协同

在企业数字化转型、云服务需求和国家政策等多重因素驱动下，越来越多的企业、行业和政府机关将业务迁移到云上。国际数据公司（IDC）数据显示，2024 上半年，中国公有云服务整体市场规模（IaaS/PaaS/SaaS）为 210.8 亿美元（约合 1518.3 亿元人民币）。国际咨询机构 Gartner 预测，到 2025 年底，云服务的所有细分市场都将实现两位数增长；到 2027 年，90%的企业机构将采用混合云。国际研究机构 Omdia 预测，到 2026 年，混合云和多云市场复合增长率将超过 26%，并将取得超 380 亿美元的市场规模。

在上述背景下，单一化的连接模式已经不能满足企业"多系统、多场景、多业务"的上云需求。相反，企业要求云和多样化网能力高度协同，能够支持多云互联，提供确定性业务体验、安全保障和自助敏捷等服务。因此云网融合的概念应运而生，促进了云和网络共同发展。云计算业务的开展需要强大的网络支撑能力，网络服务的优化同样要借鉴云服务按需、弹性、自助服务的理念。随着云计算不断发展，网络基础设施需要更好地适应云计算应用需求，优化网络结构，以确保网络灵活性、智能性和可运维性。

算网协同阶段，算和网依然是两个独立的个体，各自编排调度，但它们开始在资源布局、服务运营等方面进行协同，通过算网协同实现分布式云和网络共同支撑用户对算网服务"一点订购、一点接入"的需求。这就要求入算网络、算间网络、算内网络等都可根据各类云服务需求按需开放网络能力，实现网络与云的敏捷打通、按需互联，并体现出智能化、自服务、高速、灵活等特性。

目前，算网协同已成为云服务提供商差异化竞争的主要手段之一。算网协同能力的优劣，将决定服务提供商面向企业的服务能力。对电信运营商而言，算网协同是运营商重构新业务生态的契机，强大的基础网络能力与丰富的政企资源是其最大优势。

8.1.1 业务需求

随着行业数字化转型的加速，政企客户对云和网的协同提出了更高的要求。

对于中小企业客户来说，云办公的逐渐普及和电商化服务有助于其降低成本，提升竞争优势。在医疗行业，随着医联体、医共体的发展，越来越多的医院核心系统逐渐部署在云端，不同的系统对网络传输要求不同，如医学影像存储与传输系统（PACS），需要大带宽、低时延的入云专线，医院信息系统（HIS）、实验室信息系统（LIS）等需要高安全、高可靠的入云专线。在教育行业，云计算、大数据、VR 等新技术的应用，推动了教育信息化进程，同时也对云能力和网络安全性要求越来越高；在政务领域，通过完善国家电子政务网络，集约建设政务云平台和数据中心体系，全面推进运行方式、业务流程和服务模式数字化、智能化。在工业企业园区，视频监控、智慧物管、协同办公、智能制造等场景需要云边协同、确定性网络承载。上述这些场景，都对算网协同提出了新的更高的要求，具体如下。

1. 一站式受理

企业希望能够在一个平台上一站式购买所有信息化服务，包括算力资源服务和网络服务，以及企业研发、生产、销售、供应链、内外部沟通等应用服务，以降低企业集成难度。针对大型企业，其分支机构遍布全国甚至全球，一站式满足各分支不同地域的服务需求，能够为企业带来极大的便利。

2. 自助快速开通

中小企业规模小、发展快且存在很大不确定性，传统的"一客一议"模式无法满足这类企业灵活的业务诉求，因此需提供自助式开通方式，使这类企业可根据业务快速调整算力资源或带宽，在满足业务需求的同时避免资源浪费。

3. 泛在网络服务

随着企业数字化转型的不断深入及数字化应用的持续发展，企业用云的形态也在不断丰富，包括混合云、多云、边缘云等众多的形态和使用场景。云服务提供商需要积极而持续地跟踪行业应用的变化，从而灵活满足多样化场景对于云和网的差异化需求。

在经济全球化背景下，中国通过"一带一路"倡议推动多边合作，为区域经济一体化提供公共产品支持，这不仅使企业加速走向全球市场，还因企业多分支机构与多云之间存在着多场景便捷互联的需求，推动了 SD-WAN 等技术的快速发展。

从云到云的连接、人到云的连接，再到物到云的连接，连接云服务的对象发

生了较大的变化，基于有线网络的传统连接方式已无法满足现有需求，因此通过5G、网络切片、软终端等技术将移动终端连接入云已经成为普遍的需求。

基于用户使用场景的无法预知性及连接对象的多样性，不难推导出一个结论：企业数字化转型对泛在网络服务的需求将持续存在，而且这种需求会越来越强。

4. 端到端安全

随着企业管理及核心系统上云，企业数据中心与云之间形成了混合组网的架构，出现了以下 3 个变化。

① IT 资源部署方式变得多样化：本地和远程资源、物理和虚拟资源、专属和共享资源。企业必须对众多资源进行监督管理。

② IT 系统从本地扩展至多地：逻辑和物理边界、资源运维的边界和安全防护的边界都在扩大。

③ IT 系统访问入口点多样：从互联网接入公有云、从本地接入公有云及多个公有云间的接入等。入口点增多意味着出现安全漏洞、被攻击的风险增大。

这些变化也会导致新的安全风险，包括公有云应用的访问安全、云上数据安全、公有云与私有云之间的连接安全、移动设备云接入安全等。大型企业以及党政军部门对于安全的需求尤为突出，在为其提供入云连接、混合云连接、公有云云间连接时，除需要考虑带宽和时延需求外，还需要将算网协同、组网安全作为高优先级需求，提供租户隔离、数据加密、终端安全、数据不出园区等全方位的安全保障。

5. 端到端质量保障

不同客户对于算网服务质量的要求存在较大差异，如大型企业及党政军等重要客户，对于服务质量的要求非常高，需要确定性的服务能力，包括带宽、时延、隔离性、可靠性等关键指标。它们往往会选择专网专线获得混合云连接和云间连接能力，而且需要统筹考虑云业务 SLA 保障要求。端到端保障能力需要考虑以下两个层面。

① SLA 保障：提供与业务匹配的确定性质量，尤其是对于高等级业务提供高质量保证，从而满足客户对网络质量的特定要求。

② 差异化保障：网络面向云业务提供差异化的连接服务质量，通过多层冗余备用、多路由、QoS 机制、资源动态调度等技术实现多种等级的服务。

6. 面向客户的云网产品运维服务

在数字化转型过程中，行业客户面对的往往是一个复杂的算网基础设施组合，

可能包含多个云资源池的资源、大量的网络服务，甚至是来自不同服务提供商的云网服务，因此，如何运维管理是个难题。这就要求算网服务提供商能够提供维护支撑手段，帮助客户降低运维难度、避免风险。提供的手段不限于统一监控、资源管理、拓扑可视化、接口开放，甚至是一体化运维平台。

大中型企业一般需要实现对全体员工、业务、生产、物流等资源的统筹管理，实现 IT 系统全面上云，构建数字化管控能力。在分支机构众多、业务环境复杂的情况下，核心系统部署上云，对可靠性、可用性要求极高。具体如下：一是需支持快速响应、可自主服务、灵活组网、天级交付；二是支持电信级的网络可靠性，需具备异地多云双活能力，保障业务连续性；三是有运维自服务能力，可提供端到端链路监测，降低成本；四是支持泛在接入，随时随地完成接入组网。例如在视频监控领域，需要实现在小区、农田耕地、矿山开采、森林防火、河道监控等各类场景实现信息监管；再如一些大型企业，在全国各地有十几万路的监控需求，对全国一站式受理、泛在网络接入能力、大规模的接入组网能力、传输链路的端到端质量保障、可视化的运维平台都提出了更高的要求。

8.1.2　发展现状

算网协同可为用户提供从网到云、从云及网的端到端服务能力。这种服务模式在大型企业客户中通过多云部署帮助其提升竞争优势，在政府客户中通过本地数据与云上数据的结合确保安全性，在分支客户中通过快速入云实现互联互通等。目前，电信运营商、云服务提供商都推出了一系列算网协同服务。

1. 电信运营商

电信运营商可充分发挥基础资源优势、属地化服务优势、一体化运营服务优势等，开展算网协同服务。

（1）基础资源优势

在算力资源方面，电信运营商从核心、大区、省、边缘进行多层次的算力布局，优于公有云仅基于大区的资源布局；在网络资源方面，电信运营商全国覆盖的基础网络设施，由骨干、城域/省网组成的扁平化 IP 网络覆盖全国区县，尤其是"最后一公里"接入支持 4G、5G、PON、传输专线等多种技术，可以充分满足云上应用的差异化需求。

（2）属地化服务优势

电信运营商具备覆盖全国各省、市的云资源池和 IDC 机房，能为客户就近提供云服务，可以满足以政府、金融业为代表的客户对"数据不出省"的属地化需求。

（3）一体化运营服务优势

电信运营商既有算力资源，也有网络资源，天然具备构建端到端云网一体化运营服务体系的能力，能够为大企业、中小企业、个人和家庭等各类客户提供全面的云网一体化服务。

电信运营商可利用自身分布式算力、泛在网络的基础，发挥云边协同、云网协同等资源协同优势，提供更优质、更丰富的算网服务。

① 云边协同：电信运营商边缘机房按需就近部署边缘计算节点和 5G 用户面功能（UPF）设备，充分发挥 IT 和 CT 各自优势，打造便捷可靠的边缘服务能力，协同提供综合数字化解决方案，满足各类能力接入，赋能各类行业应用。

② 云网协同：电信运营商通过 Underlay 和 Overlay 专线协同，依托广泛分布的云资源节点和通达全球的丰富的网络资源，为用户提供快捷组网、专线入云、多云互联的云网融合服务。电信运营商支持企业通过 Internet、专线、4G/5G 网络等多种方式就近接入，实现应用级别的七层流量精细化管控及全网的智能流量调度，可满足百万量级、单租户上万节点规模的并发承载需求。

以中国移动的移动云为例，在算网协同阶段，网管系统负责封装网络侧能力并通过 API 方式进行开放，移动云云管系统中的云网编排器统一调度网管系统和多样化算力 API，实现算网协同编排，支撑算网产品服务上线，具体实现架构示意如图 8-1 所示。

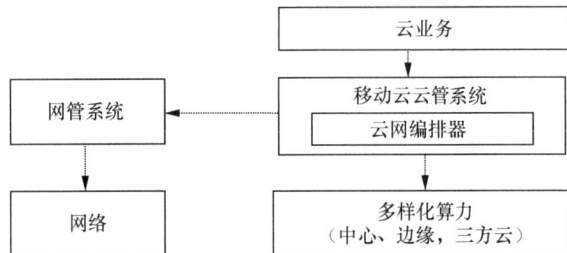

图 8-1　中国移动算网协同实现架构示意

目前，中国移动基于算网协同提供端到端的上云网络、云间网络、云内网络

服务，目前已提供超 30 种产品，如图 8-2 所示。

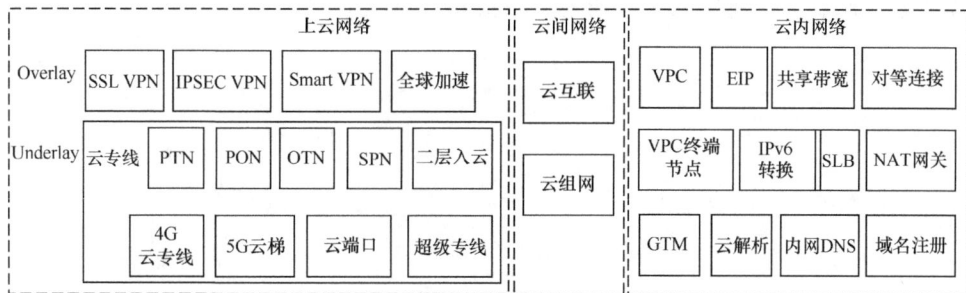

图 8-2　中国移动上云网络、云间网络、云内网络产品体系

上云网络产品为客户提供不同类型的接入服务，云专线提供 PTN、PON、OTN 和 SPN 等多种 Underlay 接入方式；4G 云专线、5G 云梯等为客户提供 4G、5G 无线入云方式。

云间网络产品基于中国移动建设的云专网网络，为客户提供跨资源池的云内 VPC 高速互访通道，可实现点到点的（云互联）、多点互联（云组网）的高质量、高隔离的互通方案。

云内网络产品基于资源池网络能力提供丰富的网络服务，包含弹性公网 IP（EIP）、共享带宽、网络地址转换（NAT）网关等产品。为企业用户上云提供业务可视化运维、DNS 解析、全局流量调度等增值服务。

2. 云服务提供商

云服务提供商一般基于电信运营商基础网络建立自己的云专网，通过该云专网向用户提供各种场景下的互联产品，同时以此为入口，云服务提供商还将计算、存储等各类型的云产品推荐给用户。以阿里云为例，阿里云是基于电信运营商的数据中心互联（DCI）网络方式搭建资源池间的高速互联网络，并在全国热点地区搭建网络前置点，前置点与资源池之间高速互联，形成了一张基础 Underlay 网络。通过 Overlay 层的云企业网产品，阿里云为客户提供跨地域私有高可用网络。网络前置点可提供专线和互联网的快速接入，解决企业上云的"最后一公里"问题。

阿里云以云网络产品为核心提供云网融合的一体化服务。从产品体系角度看，阿里云网络以方便企业入云、牵引企业上云作为核心需求，主要分为云上网

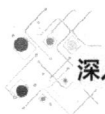

络、跨地域网络、混合云网络 3 类产品，分别满足传统的数据中心网络组网、数据中心互联、多样化接入三大场景，如图 8-3 所示。

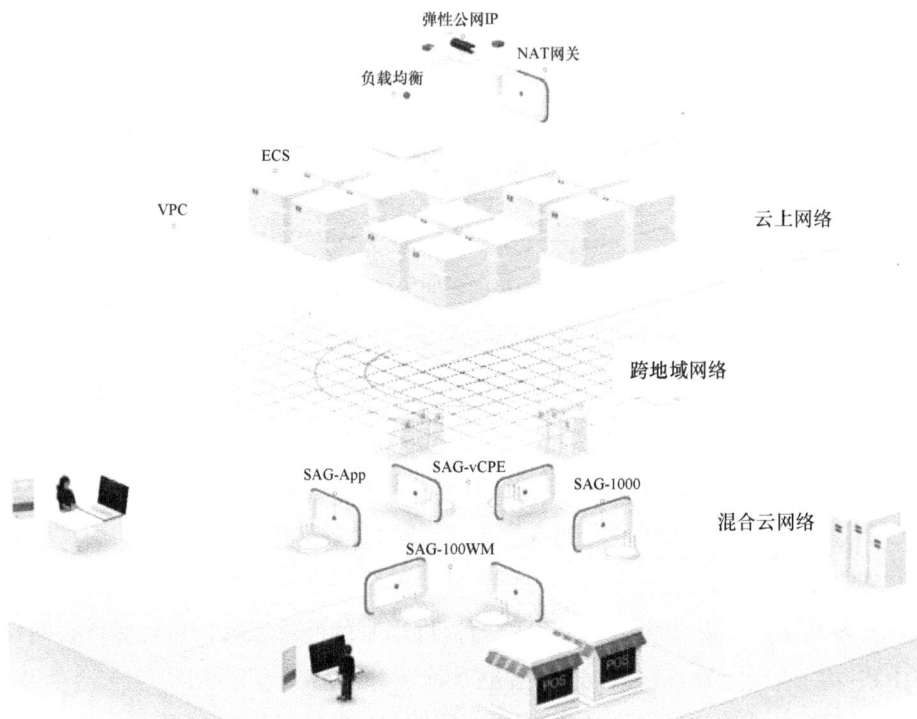

图 8-3　阿里云网络产品体系

云上网络产品让用户具备在云上构建某个地域业务系统的网络能力，包括构建云上网络环境、管理 Internet 流量等。产品主要包括专有网络 VPC、负载均衡（SLB）、NAT 网关、弹性公网 IP 等。

跨地域网络产品为用户提供了多地域私网互联和跨地域公网加速能力。用户通过跨地域网络产品可以满足多地域，甚至全球化部署业务系统的需求。跨地域网络产品主要包括云企业网（CEN）和全球加速（GA）。其中，云企业网产品实现了客户多 VPC、线下分支间的任意互联。

混合云网络产品可以为用户构建云上、云下互通的混合云，为传统用户提供快捷的上云通道。混合云网络产品提供 3 种差异化服务的接入方式，包括 VPN 网关、智能接入网关、高速通道。

166

8.1.3　典型应用场景

算网协同阶段的算网服务广泛应用于各类客户需求场景，为用户提供从网到云、从云及网的端到端服务能力，典型的应用场景如大型企业客户通过多云部署帮助其提升竞争优势，政府客户本地数据与云上数据结合确保安全性，以及客户分支快速入云实现互联互通等。

1. 分支快速入云

分支快速入云场景是将 SD-WAN 技术应用于广域网领域，通过在用户侧零接触部署 CPE，基于互联网智能就近接入点实现快速上云。通过集中控制、智能选路，实现企业分支的快速入云，如图 8-4 所示。

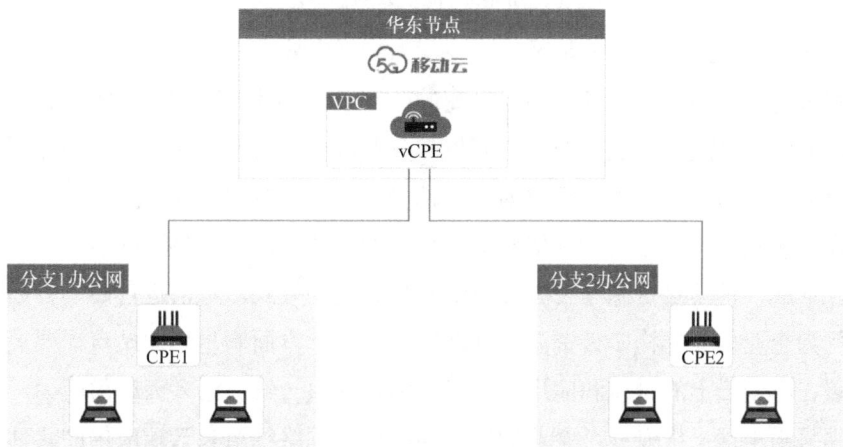

图 8-4　分支快速入云

2. 混合云组网

混合云组网是指企业本地环境与公有云资源池之间的高速连接，如图 8-5 所示。主要有两种场景：一是本地计算环境（包括用户自有 IT 系统、监控中心、数据平台）与云上资源池的互联；二是本地数据中心（私有云）与云上资源池的互联。

基于以上两种连接场景，企业用户首先实现了企业内部多云之间的互联，其次实现了私有云和公有云之间的网络互通，让企业能够像使用自己的私网一样进行资源的弹性调度，最终满足本地计算环境与云上资源池之间的数据迁移、容灾备份、数据通信等需求。

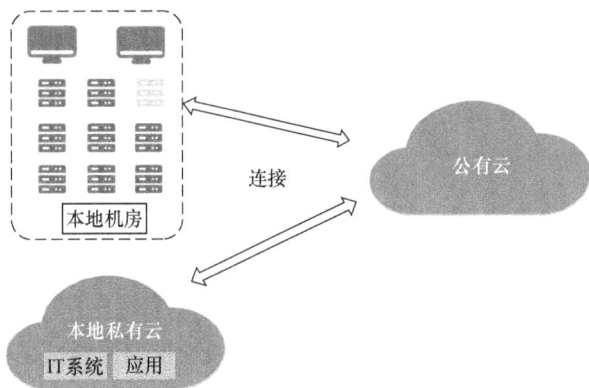

图 8-5 混合云组网

3. 多云互联

多云互联是指不同的云服务提供商的公有云之间的高速互联,如图 8-6 所示。目前,多云已经成为企业首选,企业将部分业务分别部署在两个或多个不同的公有云服务提供商平台上也已经成为越来越多中大型企业的部署方式。

在该场景下,电信运营商依托于自身的网络覆盖能力,将不同的公有云资源互联,形成一种网络资源与公有云资源互相补充的模式。电信运营商一方面依托云专网为企业构建异构多云资源池互联专网,另一方面满足企业站点需要灵活访问部署在不同云上的系统和应用的需求。它们提供一线灵活多云访问能力,即企业终端只需申请一根专线,企业侧则不需要感知网络细节和云端应用的具体部署位置。

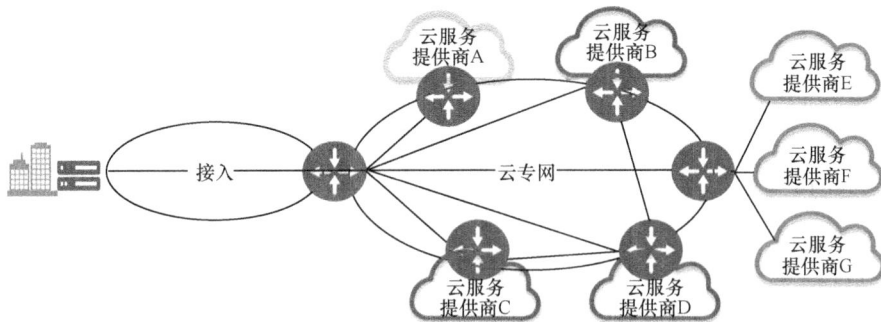

图 8-6 多云互联

168

4. 云上云下组网

云上云下组网场景是指利用覆盖全网的专有网络，为客户实现全国任意站点之间的组网通信，该场景可以灵活地支持全国客户总部、分支站点、自建机房、私有云、第三方公有云之间的组网需求，能够快捷扩展客户分支节点，如图 8-7 所示。

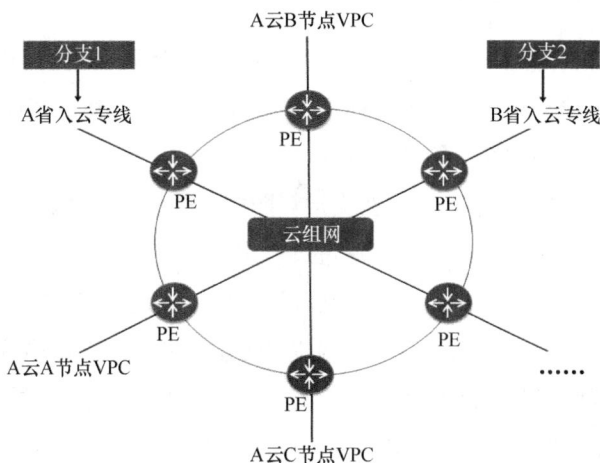

图 8-7　云上云下组网

5. 云+网+应用

随着企业上云进程的加速，云计算的应用场景也开始转变。在行业上云过程中，除要对云网有诉求外，还需要将上层行业应用与云网络充分结合，形成完整的垂直行业解决方案，如图 8-8 所示。

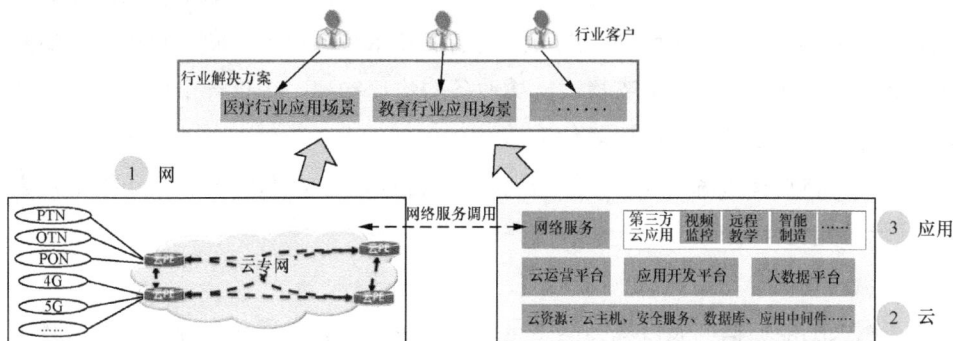

图 8-8　云+网+应用

169

8.2 算网融合

8.2.1 演进总体思路

这一阶段是算力网络发展的重要阶段，其核心理念是算和网的逐步融合发展。虽然说在基础设施层算和网还是独立的，可以看作两个"身体"，但在编排管理层，就要建设一个负责算和网统一管理编排的"算网大脑"——算力网络的核心中枢系统（也是算力网络的操作系统），旨在实现算网资源的统一管理、编排和调度。

从算网协同阶段向算网融合阶段演进过程中，我们在基础设施层、编排管理层、运营服务层等都有很多工作要做。如在基础设施层，要进一步夯实分布式云架构、全域互联网络和立体安全防御体系；在编排管理层，要重点突破多要素融合编排、原生编排、算网智能化和算网数据感知等技术，创新性地构建算网大脑；在运营服务层，需要打造丰富的算网服务，以支撑东数西算战略落地，降低客户使用算网服务门槛，提升管理运维及客户服务效率。算力、网络、安全等在其他章节已经有所描述，本节重点介绍算网大脑的架构及目前业界的进展情况。

8.2.2 算网大脑定位

算网大脑是算力网络的"操作系统"，是实现算网资源和能力统一编排、调度、管理、运维的核心。其整体定位如图 8-9 所示，算网大脑向下实现泛在算力的跨层、跨区域、跨主体融通，以及网络的多技术领域协同。向上它提供多要素融合供给和算网一体化服务支撑，支撑业务的快速构建，提供一个更可靠、更高效、更智能、更便捷的算网服务体系。

算网大脑具有"统一编排、跨域调度、动态感知、融数注智、闭环控制、灵活开放"的主要特征。

1. 统一编排

算网大脑能够横向整合算力网络全要素资源，纵向实现从资源、能力、服务到应用跨层的统一协同编排。

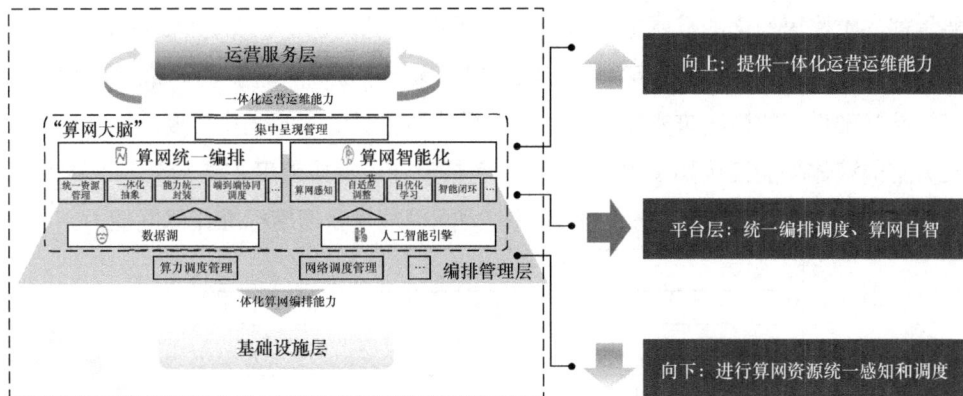

图 8-9　算网大脑整体定位

2. 跨域调度

算网大脑能够对算力网络各域提供的原子能力进行协同、灵活、高效地调用执行，驱动各域根据需求使能域内基础设施提供所需服务。

3. 动态感知

算网大脑能够感知算网全领域环境，采集和分析资源、性能数据，既包括对静态环境数据的收集，也涵盖对动态环境数据的感知。

4. 融数注智

通过引入人工智能、大数据分析、数字孪生等技术，融合算网全域数据的感知和分析，可为算网大脑提供智能分析和智能决策能力，使算网大脑成为真正的智能中枢。

5. 闭环控制

算网大脑通过问题自动发现或预测、自动定位、自动排障或优化的自动化、智能化闭环控制，实现对算网业务及性能持续的保障、优化。

6. 灵活开放

为支持更丰富的算网业务或满足更多定制化算网业务需求，算网大脑具备灵活多样的、对外开放的能力和数据。

8.2.3　算网大脑功能架构

算力网络需要纳管多种内核异构、空间异构和逻辑异构的算力基础设施，以及多种跨领域、跨层次的网络基础设施，包括安全、区块链等众多其他要素。它还需

要承载各类快速变化的算网融合类业务，这些因素共同决定了算力网络的高复杂度和高动态性。算网大脑作为算力网络的中枢决策调度系统，需要基于算网业务需求和算网基础设施的情况来实现业务方案的设计和各类资源的优化调度。基于此，算网大脑的整体功能架构如图 8-10 所示，包括设计、编排调度、感知接入、能力接入和智能 5 个方面的核心功能，并通过能力网关纳管和调度标准化算网能力。

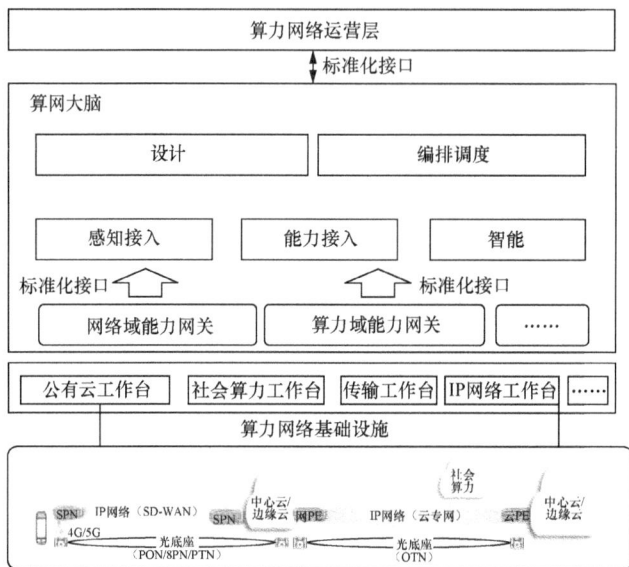

图 8-10　算网大脑的整体功能架构

1. 设计

算网大脑负责实现算网业务拓扑、流程及端到端解决方案设计，形成算网产品方案。

2. 编排调度

实现业务需求分析、算网产品方案加载、一体化方案生成与交付、资源能力调度以及实例的全生命周期管理等。

3. 感知接入

实现算网多专业、多维度的数据感知接入，完成算网全域数据汇聚、管理。

4. 能力接入

实现基础设施层能力的接入和管理，包括接入认证、能力封装、能力管理、执行监控等。

172

5. 智能

提供业务需求解析、方案设计、业务/资源调整调度等过程中的智能化能力。

6. 网络域能力网关

对接各种网络工作台，如 IP 网络工作台、传输工作台等，实现对网络基础设施的实时感知，并通过纳管和调度网络能力实现对网络资源的敏捷开通、动态优化等。

7. 算力域能力网关

对接各种算力工作台，如公有云工作台、社会算力工作台等，实现对算力基础设施的实时感知，各种异构算力服务，IaaS、PaaS、SaaS 各层服务的能力集中接入，并通过纳管和调度算力能力实现对算力资源的敏捷开通、动态优化等。

下面以中训边推类业务的人证识别场景为例，算网大脑通过分布式资源和能力的统一管理，对业务和资源的智能感知、分析和云边协同调度，实现了中训边推类业务的快速应用部署。

人证识别服务（中训边推类）设计及开通流程如图 8-11 所示。

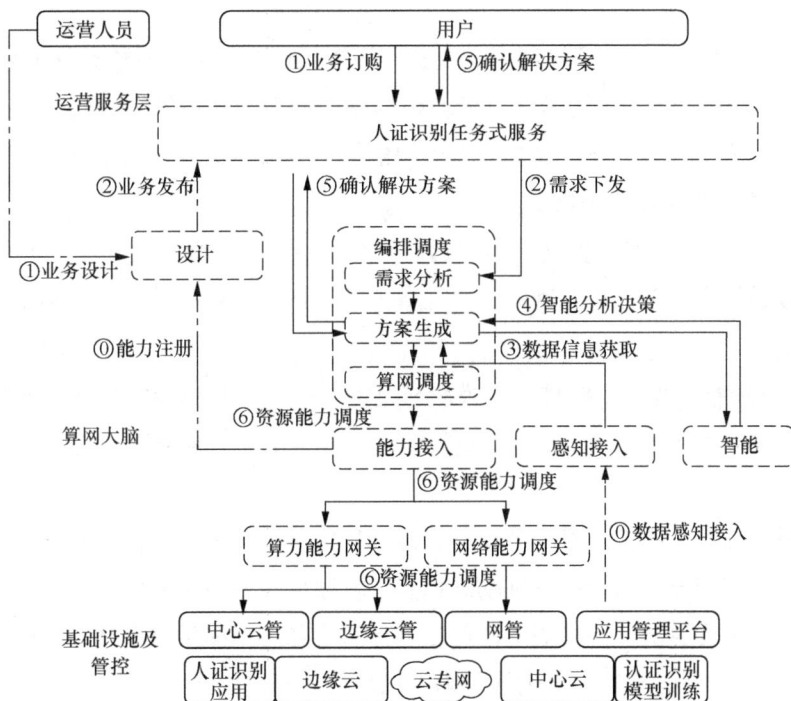

图 8-11　人证识别服务（中训边推类）设计及开通流程

具体流程如下。

（1）设计态

⓪ 能力注册：将算网大脑能力接入模块中的已接入、封装的原子能力向设计模块进行注册。

① 业务设计：面向运营/产品设计人员，通过设计模块拖曳的方式设计人证识别服务模型。

② 业务发布：业务设计构建的"人证识别服务"在算力网络运营平台上架，接受用户订购。

（2）运行态

⓪ 数据感知接入：感知接入模块持续感知算力、网络等资源、性能及其他数据。

① 业务订购：用户向运营平台提出业务需求，包括图片大小、检测数量、倾向的检测地点、成本约束等参数。

② 需求下发：编排调度模块匹配业务模型进行业务需求分析，分解算、网资源和能力需求。

③ 数据信息获取：编排调度模块从感知接入模块获取资源数据及拓扑信息。

④ 智能分析决策：编排调度模块根据图像处理的任务规模、实时性要求、检测地点、成本约束等条件通过智能模块的智能分析决策算法匹配算、网资源和 AI 模型，生成最优组合方案。

⑤ 确认解决方案：算网大脑向运营平台反馈业务方案，运营平台根据营销策略生成最终报价单，用户确认最终业务方案，运营平台将用户确认结果返回给算网大脑。

⑥ 资源能力调度：编排调度模块通过能力接入模块调用能力网关开放的原子能力，实现算网跨域调度，完成资源开通、训练/推理服务部署、任务启动等一体化交付。

同时，算网大脑持续对业务运行状态和性能进行感知和分析，在发现潜在服务性能劣化等情况时对业务进行动态调整，持续保障业务服务质量。

算网大脑支撑的任务式服务，可以为运营者和客户提供以下几方面的优势。

① 便捷的服务开发：提供低代码、图形化等开发模式。

② 使用门槛低：用户不需要感知资源数量、规格、位置等，只需为服务付费。

③ 资源能力一体化编排调度：实现算、网、数、智、安、边、端、链一体化服务。

④ 确定性服务保障：实现网络 SLA 实时可视，并按需实时调整资源和能力。

8.3　算网大脑支撑任务式服务创新

2023 年 10 月，中国移动在全球合作伙伴大会上宣布，启动算网大脑"天穹"全网试商用。基于算网大脑，中国移动创新了任务式服务，包括中训边推、东数西算、数据快递服务等，也优化了如云电脑、云游戏、云渲染等业务服务体验。

8.3.1　任务式服务模式

任务式服务模式与传统的云计算资源式服务模式不同，它是指基于算网大脑调度算网资源达成客户对业务服务等级目标（SLO）的要求，而不是让用户去指定算网资源种类、数量等信息。这是一种为结果付费的模式。在任务式服务模式下，用户使用算网门槛更低，资源使用率更高，且能提供确定性业务保障。

以东视西渲业务为例，如图 8-12 所示，用户使用资源式服务时，一般需要在云服务门户上提交所需的云主机规格、数量，并选择具体资源等，然后部署渲染软件的镜像，再开始进行渲染。而使用任务式服务时，用户只需要提交渲染需求，如渲染的影视素材、渲染格式要求、完成时间要求及是否更注重完成时间或节约成本等与用户业务 SLO 相关的要素。算网大脑计算并调度算网资源来完成用户需求，并在任务执行过程中，实时监控任务执行进度；在任务执行比原定计划慢时，算网大脑会调增所需算网资源以确保业务 SLO 的达成。

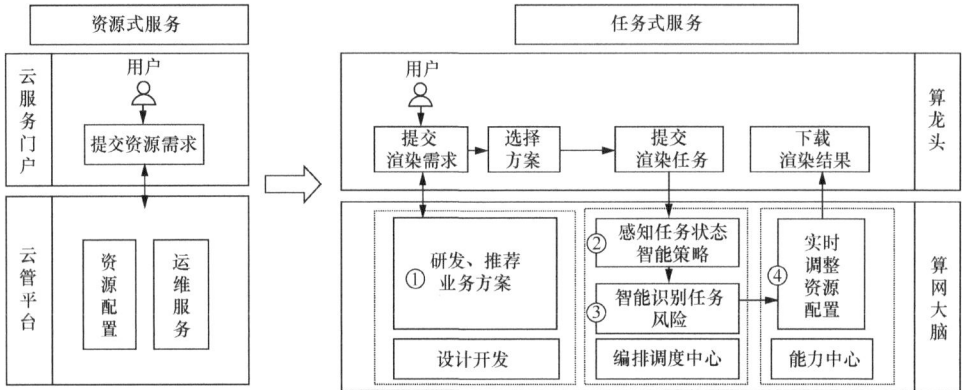

图 8-12　东视西渲业务

8.3.2　任务式服务举例：中训边推

"中训边推"作为一种在人工智能领域新兴的任务式服务模式，其核心在于充分利用中央数据中心的强大计算能力进行大规模模型训练，随后将训练好的模型推送部署到边缘计算节点，以支持低时延、高可靠性的实时推理任务。在训练和推理的过程中，基于用户意图识别的结果，算网大脑的流程式编排模块能够生成最优的资源分配和任务执行方案。该模式不仅考虑了任务的执行优先级、计算需求和网络带宽，还能动态适应任务的实时变化，最终实现在多域、多节点的复杂环境中灵活分配和调整资源，确保任务的高效执行，从而实现通算、智算与边缘计算的跨域调度，如图 8-13 所示。

"中训边推"适用于多种应用场景，特别是在需要快速响应和数据隐私保护的场景中尤为突出。例如，在智能制造领域，工厂生产线上的传感器不断生成大量数据，这些数据可用于预测维护、质量控制和优化生产流程。传统的做法是将所有数据上传至云端进行处理，但数据量庞大且实时性要求高，这种方法可能导致时延问题，并且增加了网络带宽的压力。采用"中训边推"的方式，可以在中央数据中心训练复杂的机器学习模型，然后将轻量化的推理模型部署到生产线附近的边缘计算设备上，从而实现快速响应和实时决策。

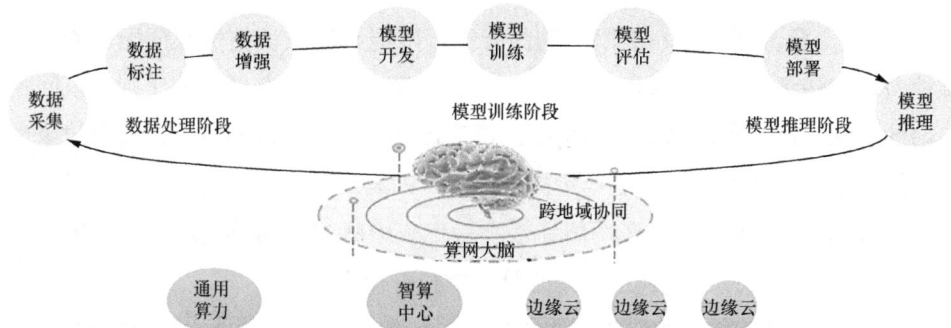

图 8-13　任务式服务举例：中训边推

以中国移动"中训边推"技术实现为例，"中训边推"主要包括以下几个关键技术。

1. 大规模算力编排与调度

"中训边推"依托算网大脑大规模算力编排和调度技术，实现了通算、智算和边缘计算的跨域调度。这一技术通过统一的资源纳管接口和联邦集群的树状结构编排，支持百万级节点规模的异构资源管理，突破了传统系统在规模和复杂度上的限制，并能够在多地域、多场景下高效调度和管理计算资源，显著提升了资源利用率和业务响应速度。

2. 基于强化学习的资源混部技术

基于强化学习的资源混部技术，通过智能化的资源分级分配，实现了计算资源的精细化管理。这一技术能够根据用户画像和任务需求，动态调整物理硬件资源的分配，使资源利用率达到最佳水平。相较于传统的静态资源分配方式，基于强化学习的资源混部技术不仅优化了资源利用率，还通过 CPU 核心动态分配、频率缩放和资源分时复用，实现整体能耗下降。

在效益层面，"中训边推"模式带来了显著的效益，包括但不限于以下几方面。

① 减少时延：将推理任务推送至边缘节点，极大地减少了数据传输的时延。对于需要实时响应的应用，如自动驾驶汽车、远程医疗诊断等，这一点尤为重要。

② 增强数据保护：由于数据不需要上传到云端进行处理，而是直接在边缘节点完成推理任务，因此可以更好地保护用户数据。这种模式特别适合于处理敏感数据的应用场景，如金融交易分析、个人健康监测等，确保数据不会泄露给第

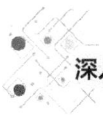

三方。

③ 提高资源利用率：算网大脑的智能调度能够动态调整资源分配，避免资源浪费。在任务需求高峰期，可以快速增加计算资源；而在低谷期，则可以回收多余的资源，提高资源的整体利用率。模型优化和压缩技术的应用也使得边缘节点能够处理更复杂的任务，进一步提升了资源的利用效率。

④ 增强系统可靠性：在网络连接不稳定或中断的情况下，边缘节点依然可以独立完成推理任务，增强了系统的可靠性和鲁棒性。

综上所述，"中训边推"模式不仅解决了传统云计算大模型训推面临的时延、隐私和成本问题，还为各种实时性要求高的应用场景提供了强大的技术支持。随着边缘计算技术和智能调度算法的不断进步，这一模式将在更多领域得到广泛应用和发展。

8.3.3 任务式服务举例：数据快递

随着新技术、新场景、新模式不断涌现，行业数据量呈现爆发式增长。同时，超算、智算、通算快速发展，数据云上分析、计算、训练等成为行业数据处理的重要形式。由于数据的生产端和云计算数据中心所在地不同，海量数据异地云上需求需要在广域网实现高质量数据传输。例如，在天文数据处理、科研数据处理等领域需要基于大型超算中心计算时，经常需要将装有数据的硬盘通过快递公司传送到超算中心。再如，某证券公司有一批金融模型需通过外地一超算中心进行训练，因数据量较大，每次传输的数据都在 TB 量级，如使用高速专线，每月费用高达近百万元，成本过高。而将数据硬盘通过传统物流快递又无法满足金融数据安全，因此该机构目前只能使用人工方式运送数据硬盘，每次传递数据往返时间长达数天，效率极低。

通过对多个类似的场景和需求进行调研，问题总结如下。

① 随着越来越多的业务跨地域部署算力，不同地域之间的数据无法灵活互通。

② 瞬时超大带宽和超低时延的需求很难满足，网络速率无法保证：客户的业务随着时间的变化可能会出现明显的流量高峰，此时需要超大带宽才能满足高并发的需求，同时，还需要稳定快速的网络传输速率，以保障用户的使用体验。

③ 网络连接实例固定计费，客户成本无法降低：在传统的数据传输场景中，网络连接需按照实例固定计费，无法实现弹性计费，因此会导致成本过高。

算力网络基于网络的弹性伸缩能力和算网大脑对算和网的感知调度能力，提供的数据快递服务，这可以解决上述问题。数据快递应用架构如图 8-14 所示。

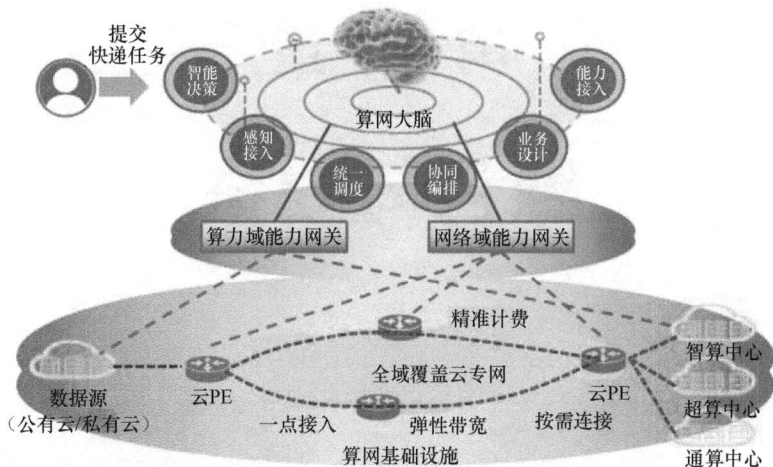

图 8-14　数据快递应用架构

数据快递服务通过将接入侧带宽弹性供给和骨干侧流量多路负载技术相结合，以及算网大脑对算和网的感知调度能力，有效解决了当前超算中心、智算中心等在处理科研和商业化计算时遇到的数据传输问题。目前，这一创新服务已成功应用于"太湖之光"超算中心数据传输业务，实现了 3 小时 4TB 数据的稳定传输。

数据快递服务通过高效、便捷、经济的方式将海量原始数据从生产端传送到云端，充分挖掘数据价值，提升云计算效益，是算力网络使能数智社会的关键新型业务。这项服务已经获得了广泛的关注，并在技术、产业、生态等方面取得了一定进展。

第 9 章

绿色与安全

9.1 低碳节能构筑绿色算网

9.1.1 绿色算网面临的挑战与达成目标

随着全球气候变化问题日益严峻，绿色低碳与节能转型已成为各行业发展的核心战略。在算力网络快速发展的背景下，如何将其与低碳、节能相结合，是当前业界讨论的热点话题。特别是在"东数西算"工程中，由于东部地区资源环境约束与西部地区丰富的可再生能源资源之间存在地理分布不均的问题，构建全国一体化算力网时必须解决数据中心布局优化、能源利用效率提升、废弃物处理及清洁能源消纳等一系列难题。此外，随着数据量的爆炸性增长和业务负载动态变化加剧，如何实现数据中心的高效智能管理和调度，以达成绿色低碳目标，成为当前面临的一大考验。

对此，我国出台了诸多指导性政策，极大推动了绿色算网的构建进程。例如，国家发展和改革委员会等部门联合印发的《关于深入实施"东数西算"工程 加快构建全国一体化算力网的实施意见》（下称《实施意见》）指出，要统筹推动算力与绿色电力的一体化融合，其内容包括以下几个方面。

1. 促进数据中心节能降耗

持续开展绿色数据中心建设，加强数据中心智慧能源管理，开展数据中心用能监测分析与负荷预测，优化数据中心电力系统的整体运行效率。支持采用合同能源管理等方式对高耗低效数据中心整合改造，强化废旧服务器及电子设备的无害化处理，提升算力废弃物的绿色回收与循环再利用水平。推进数据中心用能设备节能降碳改造，推广液冷等先进散热技术。优化数据中心负荷运行时段，提升数据中心等负荷的柔性调节响应能力。推动数据中心备用电源绿色化。加强全链条节能管理，严格节能审查、节能监察，提升数据中心能源利用效率和可再生能源利用率。

2. 创新算力电力协同机制

支持国家枢纽节点地区利用"源网荷储"等新型电力系统模式。面向国家枢

纽节点内部及国家枢纽节点之间开展算力电力协同试点，探索分布式新能源参与绿电交易，提升数据中心集群电力供给便利度，充分利用数据中心闲时电力资源，降低用电损耗及算力成本。鼓励数据中心间开展碳汇互认结算探索，推动东西部国家枢纽节点间开展碳汇补偿试点。

算力网络作为现代信息技术的重要基础设施，在其规划与建设过程中，低碳节能理念应当被赋予重要地位，并成为指导其发展的关键宗旨之一。因此，为构建绿色、高效、可持续的算力网络，需将低碳节能原则全面融入数据中心的设计、建设和运营全过程，从源头减少能源消耗和碳排放量，以实现数字经济发展与生态环境保护的"双赢"。

9.1.2　绿色算网的关键技术举措

在绿色算网目标驱动下，本节将从数据中心节能降耗、创新算力电力协同机制方面阐述构建绿色算网的关键技术举措。

1. 数据中心节能降耗

（1）数据中心能源管理智慧化

实现算力网络低碳节能目标的关键一环在于提升数据中心的能源管理效率，而这主要通过加强数据中心智慧能源管理和进行精准的用能监测分析与负荷预测来达成。

首先，智慧能源管理是现代数据中心绿色化转型的核心。它借助物联网、大数据和人工智能等先进技术手段，实时收集并整合数据中心内部各个设备的能耗数据，对电力系统的运行状态进行全面细致的监控和智能分析。通过动态优化供电策略、制冷策略及负载分配方案，数据中心能够在保障业务稳定运行的同时，有效减少无效能耗和碳排放量。例如，根据实时的计算任务需求，灵活调度 IT 设备的工作模式和冷却系统输出，确保资源利用最大化，避免能源浪费。

其次，精准的用能监测分析与负荷预测对于优化数据中心电力系统整体运行效率至关重要。通过对历史能耗数据的深度挖掘和未来负荷变化趋势的科学预测，数据中心可以提前制定合理的用电计划和应急措施。如在电网低谷时段进行数据备份或大规模计算任务执行，以充分利用电价优惠及电网余裕容量，减轻高峰时段的电力压力，进一步提高能源使用效益。

（2）高耗低效数据中心整合与废弃算力设施处理

要实现算力网络的低碳节能目标，不仅需要关注新建数据中心的绿色设计，还需要对现有高耗低效的数据中心进行整合改造，并强化废旧服务器及电子设备的无害化处理和循环再利用。合同能源管理（EPC）作为一种创新的市场化手段，在此过程中扮演着重要角色。

首先，通过实施 EPC，政府、企业与专业能源服务公司可以形成紧密的合作关系。在 EPC 模式下，相关主体可尝试负责对高耗低效的数据中心进行全面诊断与评估，并提供包括能效提升技术改造、运行维护优化等在内的全方位解决方案。

其次，针对废旧服务器及电子设备，应严格遵循国家相关法律法规，建立完善的回收体系，强化无害化处理过程。这包括对废弃硬件进行拆解分类，将其中的有害物质进行专业化处置，同时提炼出可再利用的稀有金属和其他材料。此外，还应鼓励并推广电子废弃物的资源化利用。例如，通过逆向物流渠道回收退役的 IT 设备，经检测修复后用于次级市场，或进一步拆解提取有价值部件，以延长产品（零部件）生命周期，减轻新资源开采和生产环节的环境压力。

（3）用能设备节能降碳改造

液冷技术在算力网络中的应用是实现用能设备低碳节能的重要手段。随着云计算、大数据和人工智能等技术的迅速发展，数据中心的计算密度不断提升，传统的风冷散热方式不仅能耗较高，更已难以满足高效能服务器的冷却需求。

首先，液冷技术可显著地提升能源效率。与风冷相比，液冷凭借液体优异的热导性能，可以直接接触发热元件，快速吸收并传导热量，从而更高效地将热量排出系统外。这不仅能有效降低数据中心内部的温度、减轻制冷设备的运行负荷，还能大幅度提高电源使用效率（PUE），使得数据中心的运营更加绿色节能，图 9-1 及图 9-2 所示分别为当前主流液冷技术，即浸没式液冷与冷板式液冷。

其次，液冷技术有助于进一步推进数据中心的可持续化建设。采用间接或直接浸没式液冷方案，数据中心可以摆脱对环境温度的依赖，适宜在温差较小的地区部署，有利于数据中心向可再生能源丰富但气候条件并不理想的西部地区迁移。这有利于落实"东数西算"战略，充分利用西部丰富的太阳能、风能等清洁能源，减少碳排放量。

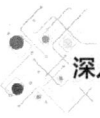

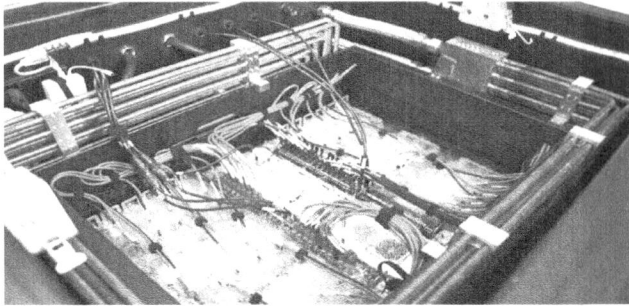

图 9-1　浸没式液冷

图 9-2　冷板式液冷

最后，液冷系统的噪声更低，且占用空间小，这不仅有助于改善数据中心的工作环境，还有助于提升数据中心的空间利用率，为构建高密度、高性能的绿色算力网络提供了有力支持。

此外，在芯片层面，随着工艺和材料技术的不断进步，节能在封装技术和降频技术方面逐步发展，以应对用能设备不断增长的电力需求和环境保护的双重挑战。

在封装技术节能创新方面，传统的二维平台封装逐渐转向了 3D 立体封装，这种技术创新将裸芯片（裸晶片）堆叠和封装堆叠应用到芯片设计中。这一变革减小了寄生性电容和电感，从而降低了能耗。通过在垂直方向上堆叠多个芯片，电子信号可以进行短距离传输，降低了信号传输的损耗。同时，3D 立体封装允许更紧密地安排组件，从而使封装的物理尺寸缩小、散热效率提高。这一技术的采用，使芯片的性能和能效得到了显著提升。

在处理器降频技术节能方面，当工作负载降低时，多核处理器会通过控制降低芯片的实际功耗。具体包括以下几个方面。

① 降频：降低处理器的时钟频率，减少每秒钟执行的指令数量。这可以将

184

处理器的性能降低到与当前工作负载相匹配的水平，从而降低功耗。

② 降电压：降低芯片的工作电压，以小电流流过芯片的电阻，以降低功耗。

③ 关时钟：在空闲状态下关闭芯片中某些时钟，使这些部分完全停止工作，以降低功耗。

这些降频技术可以根据需要在芯片的不同部分灵活应用，从而实现更高的能效和低功耗。在面对变化的工作负载时，处理器可以自动调整其工作状态，以平衡性能和功耗，确保芯片在不同情况下都能够高效运行。

（4）数据中心负荷运行时段优化

优化数据中心负荷运行时段与提升其负荷的柔性调节响应能力，是实现算力网络低碳节能目标的重要途径之一。

首先，在数据中心运维管理中，深入分析业务负载的周期性、峰谷特性及可预测的计算需求，科学合理地调度数据中心资源，将大规模数据处理和计算密集型任务安排在电网低谷时段进行，可以有效降低峰值电力需求，减轻电网压力，同时也充分利用了电网在非高峰时期的闲置电能，减少碳排放量。

其次，利用智能监控和预测技术实时监测数据中心能耗状况及未来负载变化趋势，构建灵活的能源管理系统。该系统可以根据实际业务需求动态调整服务器集群的工作状态。如采取休眠、降频或激活备用设备等措施，以适应负载变化，提高电力使用效率，避免不必要的能源浪费。

最后，增强数据中心基础设施的灵活性和扩展性，如采用模块化设计、热插拔技术和分布式架构，使得数据中心能够快速响应负荷波动，做到按需供电和制冷，可进一步提升整体 PUE。同时，通过引入储能装置和可再生能源发电系统，结合市场电价信号与电网调度指令，实施精准的能量管理和供需平衡，为数据中心提供绿色、经济且稳定的能源供应。

（5）数据中心备用电源绿色化改造

要实现算力网络低碳节能目标，关键在于对数据中心能源系统进行全方位绿色化升级和精细化管理，推动数据中心备用电源绿色化就是其中的重要一环。具体可通过采用清洁能源如太阳能、风能等替代传统化石燃料作为备用电源，或者引入储能技术，如电池储能系统，以在电网供电中断时提供清洁、可靠的电力支持，从而减少碳排放量并提高可再生能源利用率。

加强全链条节能管理是确保数据中心高效运行的核心策略。从规划设计阶段开始，应严格遵循绿色数据中心建设标准，采用高效 IT 设备、冷却系统以及先进的供配电设施。在运维阶段，借助智能化管理系统实时监测与分析能耗数据，优化电力资源分配，动态调整负荷平衡，有效减少无效能耗。此外，推行能效对标，定期进行节能审查和节能监察，确保各项节能措施得以切实执行，并通过持续的技术创新和设备更新换代，不断提升数据中心的整体能效水平。

2. 创新算力电力协同机制

（1）算力电力协同

算力电力协同以新型电力系统为支撑，以算力基础设施高质量发展和全国一体化算力网建设为指引，综合考虑全要素和全生命周期深化智能调度、源网荷储、新型供电与备电、绿电聚合供应等技术与机制创新，使算力与电力两大生产力在产业规划、生产运营、资源调度、市场体系等层面实现全局优化，打造技术先进、供需匹配、绿色低碳、安全可靠的绿色算力中心集群，支撑电力系统灵活调节和数智化转型，共同推动数字经济与能源经济高质量发展。算力电力协同发展体系如图 9-3 所示。

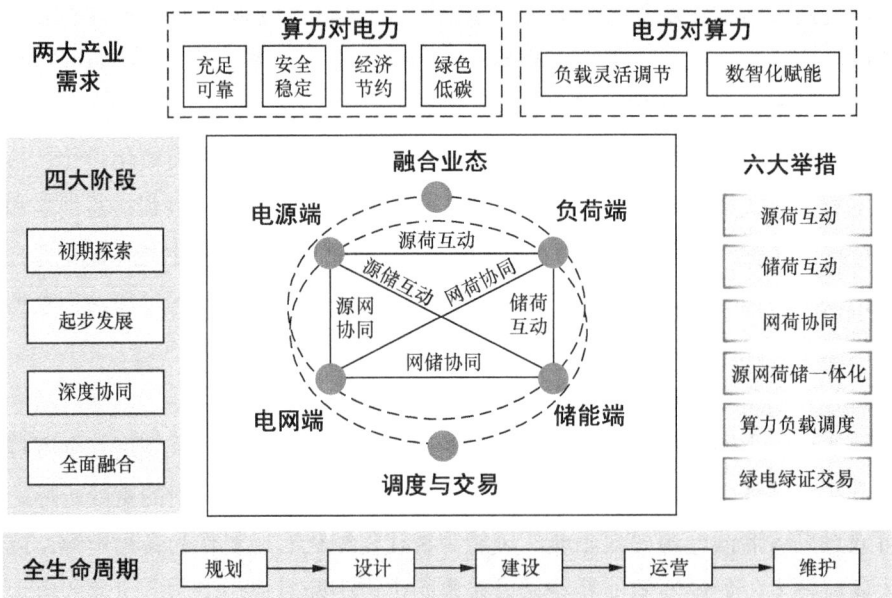

图 9-3　算力电力协同发展体系

算力电力协同是绿色算力发展的必然选择和进阶路径。作为衡量算力基础设施绿色化程度的综合性指标,绿色算力在设备、设施、平台和应用层面的多维举措均聚焦于提高能效、降低能耗和清洁转型,这与算力电力协同的战略目标高度契合。算力电力协同需深入探索两大产业从规划、设计到建设、运营的全生命周期合作,围绕绿色电力应用加速推进算电协同领域的技术革新和业态培育,构建完善算电协同产业链,最终形成"算力跟着能源跑、能源跟着算力跑、业务跟着绿算跑"的发展格局。

首先,开展算力电力协同试点项目是算力网络低碳节能的重要突破口。可通过构建智能电网与数据中心的实时联动系统,实现电力供需的精准匹配,使数据中心在满足计算需求的同时,能够灵活响应电网负荷调度,有效降低高峰时段的用电压力。

其次,积极探索分布式新能源参与绿电交易的方式,鼓励数据中心集群采用风能、太阳能等可再生能源供电,以提高绿色能源在总能耗中的比例,减少碳排放量。同时,推动建立和完善有利于数据中心获取和使用绿色电力的市场机制,提升清洁能源供给便利度,形成良好的绿色电力消费环境。

再次,优化数据中心集群内部及跨集群间的电力资源配置,充分利用数据中心业务运行的潮汐效应。例如,在用户访问低谷期(如夜间)富余的电力资源进行数据备份、预处理等非实时任务,既避免了电力浪费,又降低了整体运营成本。

最后,通过技术创新和设备升级,减少数据中心内部的电力损耗,包括改进配电设施效率、采用高效散热技术以及实施精细化运维管理等措施,力求在保障算力服务稳定性的前提下,最大限度地提高能源利用效率,从而实现降低用电损耗及算力成本的目标。

(2)碳汇互认结算

首先,数据中心间可考虑进行碳汇互认结算,这意味着不同地区、不同类型的数据中心可以通过建立统一的标准和核算机制,对其产生的碳排放量以及采取的节能减排措施所产生的碳汇进行量化评估,并相互承认其减少碳排放所具有的价值。例如,西部地区数据中心依托丰富的可再生能源优势,通过降低自身碳排放水平或通过植树造林等项目创造碳汇,这些碳汇可以被东部高能耗数据中心认可并用于抵消部分碳排放，从而实现全网范围内的碳中和。

其次，可以推动东西部国家枢纽节点间开展碳汇补偿试点，旨在打破地域壁垒，构建一套科学合理的碳汇交易体系。在"东数西算"战略下，东部地区的计算任务逐渐向西部迁移，这使得西部数据中心承载了更大的数据处理压力，但同时也提供了利用西部丰富清洁能源的机会。通过碳汇补偿机制，东部地区可以为使用西部清洁能源资源而产生的间接碳排放提供经济补偿，支持西部地区进一步扩大清洁能源设施建设和维护，形成良性循环。

9.2　一体化端到端防护打造安全算网

9.2.1　算力网络面临的安全挑战

在时代大变局下，新基建、数字化浪潮风起云涌，云计算、大数据、物联网、5G 等技术向千行百业加速渗透。伴随着这些技术的加速应用，安全的重要性也被急剧推到前所未有的高度。尤其在算力网络新基建的推动下，安全需求已经成为算网设施建设的基础需求。

当前，针对算力设施的攻击呈现急剧上升的趋势。例如，2022 年 1 月，美国数字化调度平台 FlexBooker 在亚马逊网络服务（AWS）的服务器被黑客闯入，导致 370 万用户的敏感信息外泄并被放在暗网中出售。同年，黑客还入侵了澳大利亚领先的健康保险公司 Medibank，导致大规模数据泄露，涉及 900 多万客户。在可以预见的未来，随着算力网络不断发展完善，安全风险也将不可避免。

算力网络整体架构面临的安全风险，大致可以分为基础设施层安全风险、编排管理层安全风险、运营服务层安全风险，具体如图 9-4 所示。基础设施层作为多元节点所在之处，是支撑整个算力网络的基础，而由基础设施层所获取的信息会存放在编排管理层，最上层则为运营服务层。算力网络可以自由调度算力资源，因此各个算力节点间必定须要互相联系，而网络环境从来不是一片净土，存在各种各样的安全隐患，当各个节点通过网络连接时所暴露出的安全风险就会更复杂。

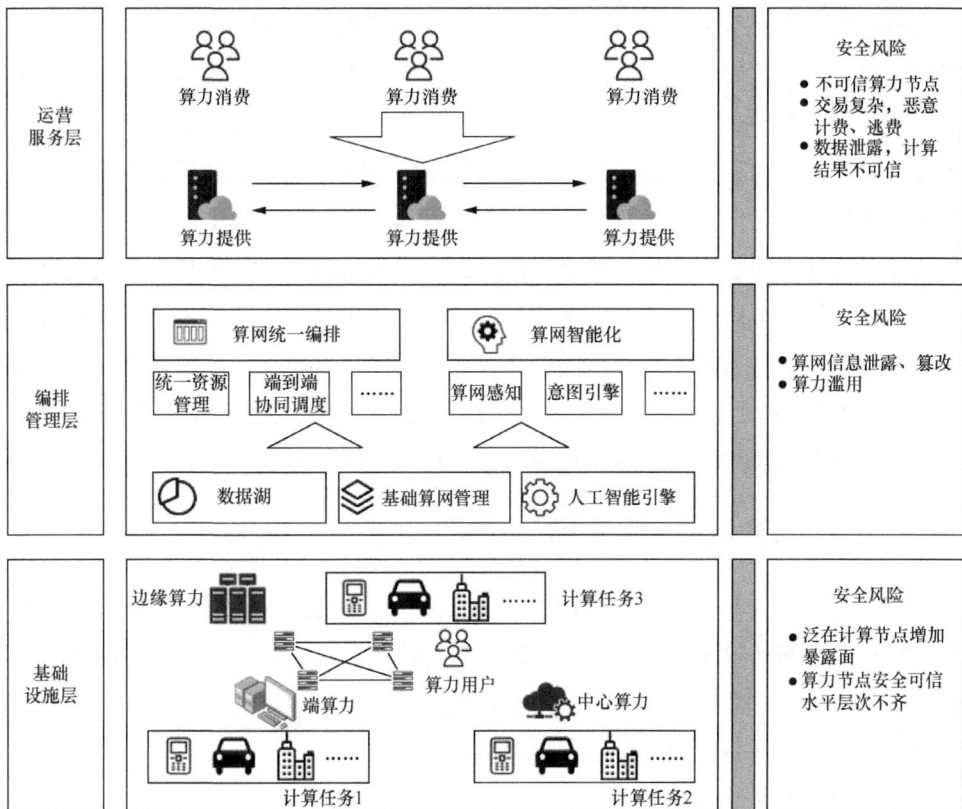

图 9-4　算力网络潜在安全风险

除此之外，算力节点的多元化也对整个算力网络提出了安全挑战。算力网络类似于渔网，如果渔网的某一个连接节点坏了，那么这张渔网很有可能就不能使用了，需要修补或者买一张新的。算力网络也是这个道理，当某一处的算力节点被攻击，那么这种攻击所带来的危害就会蔓延至整个算力网络。多元算力和网络的融合使原本封闭的网络和系统打开，网络、应用、数据就有了更多的暴露面，这是算力网络的基础设施层所面临的安全风险。在编排管理层，如果想要正常开展工作，首先需要保证来自各个算力节点的信息都是准确无误的。如果某一节点遭受攻击，被攻击的计算节点完全处于黑客的掌控之下，人们就会对信息的可信度产生怀疑。此外，基础设施层获取的信息大量集中存储于编排管理层，使得黑客可以在攻破算力节点后进入编排管理层，对存储的数据进行窃取或篡改，使用算力网络的用户信息就得不到保障，也无法正常开展运营服务。算力网络集大量

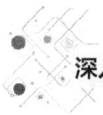

算力节点为一体，不管是科学计算、AI 训练还是其他对计算要求高的任务，它都可以满足，但是这一特点在合法合规的情况下才属于优点；如果使用者出于攻击的目的，例如密码破解或其他违反道德或法规的计算行为，这一特点就会被使用者成功利用，成为恶意攻击的帮凶。算力网络不管底层原理或逻辑是怎样的，最后都会用来服务用户。在运营服务层，某个算力节点一旦被攻击，作为一个不安全节点参与算力网络中，那么就会对用户产生恶劣影响，比如用户数据的安全性受损、交易的不可信等。算力网络的多节点化导致用户使用的算力节点是不确定的，某一算力节点上的所有者存储的计算数据会脱离其所有者的掌控在多个目标节点之间流转，但是算力节点被攻破后，数据流转的路径及安全性都是不可控的，可能会造成数据泄露、被篡改或伪造等不可预期的情况发生。

9.2.2　算力网络安全目标

算力网络安全的根本目标是构建一个安全、可靠的基础设施环境，保障数据在计算资源之间高效流动的同时，确保其安全性、隐私性和合规性。2023 年，工业和信息化部等六部门印发的《算力基础设施高质量发展行动计划》指出，要从以下 4 个方面加强算力基础设施安全保障能力建设。

1. 增强网络安全保障能力

严格落实网络安全法律法规要求，开展通信网络安全防护工作。强化安全技术手段建设，加强对网络流量、行为日志、数据流转、共享接口等安全监测分析，推动威胁处置向风险预警和事前预防转变，建立威胁闭环处置和协同联动机制，提升威胁处置科学性、精准性和时效性。

2. 强化数据安全保护能力

加强数据分类分级保护，根据监管要求对重要和核心数据实行精准严格管理。制定数据全生命周期安全防护要求和操作规程，配套建设数据安全风险监测技术手段，加强数据安全风险的分析、研判、预警和处置能力。

3. 强化产业链供应链安全

加强产业链协同联动，逐步形成自主可控解决方案，鼓励算力基础设施采用安全可信的基础软硬件进行建设，保障供应链安全。加强关键技术研发和创新，提升软硬件协同和安全保障能力。依托一体化算力应用安全保障体系，形成"云

"网边端"安全态势感知和网络协同防护能力。推动智能化分析和决策在未知安全风险自主捕捉和防御环节的应用，持续提升算力安全保障能力。

4. 保障算力设施平稳运行

强化算力网络保障，对重要网络设施采用双节点、双路由配置，避免出现单点故障。加强物理设施保护，定期开展巡查巡检，制定应急预案，提高应急处置能力。对重要系统和数据，建立热备双活机制，应用仿真灰度测试、混沌工程等新技术，发掘并消除软件系统的潜在隐患。

为了实现算力网络安全目标，算力网络安全建设可围绕算网网络安全、算网数据安全、供应链安全、服务安全、安全管理协同，搭建起内生安全技术体系。

9.2.3　算力网络安全技术体系

算力网络安全技术体系采用一种新型的安全理念，通过构造内生的安全机制和功能，有效对算网进行安全防御，提供"高可靠、高信用、高可用"三位一体的内生安全功能。算力网络安全技术体系以解决安全风险为目标，筑牢算网融合安全防线，推动算网融合更加强劲、绿色、健康的发展。本节将对算力网络安全技术体系进行详细阐述。算力网络安全技术体系如图 9-5 所示。

图 9-5　算力网络安全技术体系

191

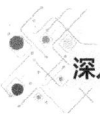

1. 算网网络安全

第一，通过安全加固和可信校验可以实现网元集成的"内生安全"能力。内生安全是一种从系统设计之初就融入安全理念的方法，旨在通过强化设备自身的安全特性，使其在面对各种威胁时具有自我保护和恢复的能力。在算力网络中，可以采用源路由攻击防范、网络拓扑隐藏等内生设计，如定义 SRv6 信任域和感知 SRv6 状态，以防止潜在的安全风险。同时，通过可信校验机制，确保网络设备的软件和硬件组件在集成过程中未被篡改或未被植入恶意代码，从而提升整个网络的内在安全性。

第二，基于 IPv6+流标签和路由协议安全的连接联系机制，可以确保数据包在传输过程中的完整性和机密性。IPv6+作为一种增强版的 IPv6 协议，引入了流标签的概念，可以实现更精细的流量管理和策略控制。此外，改进路由协议的安全性也是关键。例如使用安全的邻居发现协议（NDP）替代 IPv4 中的地址解析协议（ARP）和部分互联网控制消息协议（ICMP）功能，以防止中间人攻击和重定向攻击。

第三，可基于 IPv6+/APN6 实现安全业务链的连接可信安全。应用感知型 IPv6 网络（APN6）是一种能够感知应用特性的 IPv6 网络技术，它能够根据应用需求动态调整网络资源和服务质量。结合 IPv6+的策略路由和服务功能链（SFC）能力，可以构建安全的业务链，确保数据在经过多个网络节点和处理阶段时始终保持安全。这种端到端的安全保障不仅包括数据的加密和认证，还包括对网络设备和服务的完整性验证。

第四，可基于零信任构建接入可信安全。零信任模型是一种网络安全理念，它假设网络内部和外部都存在潜在的威胁，因此需要对所有访问请求进行严格的验证和授权。在算力网络中，系统根据零信任原则，对用户、设备和应用程序的接入进行持续的身份验证和权限控制。这包括采用多因素认证、微隔离和动态访问控制等技术，确保只有经过授权的实体才能访问网络资源、接受或给予服务。

第五，尝试推进可信架构的演进，实现全程可信的网络访问和网络连接计算。可信架构是指在网络设计和实施过程中，全面考虑安全因素，确保从数据采集、传输、处理到存储的全过程都符合安全标准和规定。这包括采用安全的网络协议、加密算法和数据治理技术，以及建立完善的监控、审计和应急响应机制。全程可

信的网络访问和连接计算可以确保数据在整个生命周期中的安全性和隐私保护。

总体而言，算网网络安全建设是一个全方位、多层次的过程，需要从内生安全、协议安全、业务链安全、接入安全和架构安全等多个角度出发，采取综合性的措施和技术手段。

2. 算网数据安全

第一，应探索实现数据流转控制，并构建跨域、跨主体数据流通安全的全链路保障能力。在数字经济中，数据作为一种重要的生产要素，其在不同领域和主体之间的流通和交易的安全性直接影响到经济活动的正常运行和参与者的权益保护。因此，需要从数据采集、存储、处理、交换和使用的全链条出发，构建一套完整的安全保障体系。这包括但不限于：采用加密、脱敏、匿名化等技术，保护数据在流通过程中的隐私；建立可信的数据交易平台和监管机制，防止数据被非法获取和滥用；实施严格的访问控制和权限管理，确保数据只能被授权的实体访问和使用。同时，还需要探索如何在跨域、跨主体的数据流通中实现有效的安全控制和监管，以应对复杂多变的数据流动环境。

第二，实现隐私计算关键技术在算力网络场景的落地，探索异构隐私计算平台的互联互通规模化验证。隐私计算是一种能够在保护数据隐私的前提下进行数据分析和计算的技术，它通过加密、多方计算、零知识证明等方法，使得数据在不泄露原始信息的情况下能够被有效利用和分析。在算力网络中，可以将隐私计算技术应用于各种场景，以实现数据的价值最大化和风险最小化。同时，为了实现更大规模、更具复杂异构架构的隐私计算应用，需要探索如何在异构的隐私计算平台上实现互联互通，解决数据格式、协议、算法等方面的兼容性和一致性问题。

第三，探索数据标识技术的落地，实现数据流转过程的审计溯源。数据标识技术是一种对数据进行唯一标识和分类的方法，它有助于更好地管理和追踪数据的流动和使用情况。在数据上添加唯一的标识符和元数据，可以实现数据的精确查找、关联和追溯，这对于数据安全和合规性管理具有重要意义。在算力网络中，可以采用区块链、数字水印、时间戳等技术实现数据标识的落地，并结合数据标记探针和控制器的部署，实现数据流转过程的实时监控和审计溯源。

总体而言，算网数据安全建设是一个复杂而系统的工程，需要从数据流转控制、隐私计算、数据标识和审计溯源等多个方面进行综合考虑和实施。同时，也

应持续关注和研究新的数据安全技术和趋势，以适应不断变化的网络安全环境和挑战。在未来，随着人工智能、6G 等新技术的应用，数据安全问题将会变得更加复杂和严峻，需要更加积极地探索和实践，以应对这些新的挑战。

3. 算网应用安全

第一，应重视算力交易安全。随着云计算和大数据技术的快速发展，算力作为一种重要的生产要素，其交易和流通安全变得越来越重要。算力交易安全主要包括两个方面：一是算力交易平台的安全，包括用户身份认证、交易加密、防欺诈机制等；二是算力资源的安全，包括服务器硬件的安全防护、操作系统和应用程序的安全更新、网络安全策略的实施等。建立和完善算力交易的安全体系，可以保障算力资源合法、公正、透明地流通和使用，防止算力资源被恶意利用或攻击。

第二，算力并网安全同样重要。算力并网是指将多个独立的计算节点或数据中心通过网络连接起来，形成一个统一的算力网络，以实现资源共享和协同计算。然而，算力并网也面临着诸多安全挑战，如网络拓扑复杂性增加、网络安全风险扩散、跨域安全策略难以协调等。因此，需要采取一系列措施来保障算力并网安全，包括网络架构设计优化、网络安全设备升级、安全策略自动化管理、跨域安全协议制定等。

第三，大模型安全也不容忽视。大模型是算力网络的典型应用场景。大模型是指基于深度学习等人工智能技术训练出的大型神经网络模型，它们在图像识别、自然语言处理、推荐系统等领域有着广泛的应用。然而，大模型的训练和使用过程中也存在一些安全问题，如数据泄露、模型窃取、对抗攻击等。为了保障大模型的安全，需要从数据安全、模型安全、算法安全等多个角度出发，采用数据脱敏、模型加密、防御性编程等技术手段，以及严格的权限管理和审计机制，确保大模型在开发、训练、部署和使用的全生命周期中的安全性和可靠性。

总体而言，算网应用安全建设是一个涉及多个层面和领域的综合性任务，需要从算力交易安全、算力并网安全、大模型安全等多个算力应用场景维度进行综合考虑和实施。

4. 算网安全管理协同

第一，可探索建立算网一体的统一态势感知体系。其可以将计算资源、数据流量、网络安全事件等多维度的信息整合在一起，形成一个全面、准确、及时的安全视图。借助这个平台，可以快速发现和响应各种安全威胁，提高网络防御的效率和效果。

第二，应重视联邦安全协同能力。在分布式、异构的算力网络环境中，单一的安全防护措施往往难以应对复杂的攻击手段和风险因素。因此，需要采用联邦安全协同的方式，将多个节点或区域的安全能力整合起来，实现资源共享、策略联动和威胁情报共享。建立联邦安全协同机制，可以更好地应对跨域、跨层的安全挑战，提高网络整体的安全防护水平。

第三，应当建立基于区块链的审计体系。区块链作为一种分布式、不易篡改的技术，可以为网络安全审计提供一种全新的解决方案。在区块链上记录和验证网络安全事件、访问控制决策、权限变更等信息，可以实现透明、公正、可追溯的安全审计。同时，区块链还可以与其他安全技术（如身份认证、加密算法等）结合使用，进一步提升审计的准确性和可靠性。

第四，可信管理必不可少。可信管理是指通过对网络中的设备、软件、数据等元素进行身份认证、完整性检查和行为监控，确保其在使用过程中的安全性和可靠性。在算力网络中，需要建立一套完整的可信管理体系，包括设备认证、软件签名、数据加密、日志审计等多个环节，以确保网络资源和服务的完整性和可用性。

第五，合规评估也应同步进行。随着网络安全法律法规的日益完善和严格，合规评估已经成为网络运营和管理的重要组成部分。在算力网络中，需要定期进行合规评估，检查网络的设计、建设和运行是否符合相关的法规标准和行业规范，是否存在潜在的法律风险和责任问题。通过合规评估，可以及时发现和纠正网络中的安全漏洞和违规行为，保护用户的权益和企业的声誉。

9.2.4　算网安全展望

随着科技的飞速发展，我们正快速迈入一个以算力为核心生产力的数字经济时代。算力与网络的结合日益紧密，二者深度融合所形成的算力网络，已经成为推动数字经济发展的核心动力。然而，在算力网络快速发展的同时，安全问题不容忽视。由于算力网络涉及海量的数据流动和复杂的应用场景，安全风险呈现多

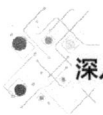

元化、复杂化趋势。从数据泄露、网络攻击到算力滥用，这些问题不仅威胁用户权益和企业利益，还可能对国家安全造成严重威胁。

为了应对这些挑战，我们需要加强算力网络安全建设，推动相关技术的研发和应用。同时，还要完善产业生态，加强国际合作，共同应对网络安全威胁。

当前，部分算力网络安全技术尚未成熟，需要加大研发投入，推动技术创新。例如，加强密码学研究，提升数据加密技术的安全性和效率；发展人工智能和大数据技术，实现对网络攻击的实时监测和智能防御；探索区块链技术在数据确权、交易透明等方面的应用。

此外，量子计算的发展也给算力网络安全带来了新的挑战。量子计算具有强大的并行计算能力和高度纠错能力，可能会破解当前加密算法，对网络安全构成威胁。因此，我们需要密切关注量子计算技术的发展动态，提前布局与量子密码学相关的前沿技术，以应对未来挑战。

除了技术研发，构建完善的产业生态也是推动算力网络安全发展的关键。这包括加强产学研合作，促进科技成果转化；培育一批具有国际竞争力的龙头企业，带动产业集群发展；加强人才培养和引进，为产业发展提供智力支持。

同时，还要积极参与国际标准的制定和交流合作，吸收国际先进经验和技术成果，提升我国在全球算力网络安全领域的话语权和影响力。

政府在算力网络安全发展中也扮演着重要角色。一方面，政府应出台相关政策措施，引导和扶持产业发展；另一方面，政府应完善法律法规体系，规范市场秩序和企业行为。通过制定严格的网络安全标准和监管措施，加强对网络攻击的防范，加大打击力度。同时，还要加强保护个人信息的立法工作，完善个人信息保护法律体系，为个人信息保护提供法律保障。只有政府、企业和个人共同努力，才能有效保障算力网络的安全和稳定发展。

算力网络作为数字经济时代的重要基础设施，其安全问题直接关系到数字经济发展速度和社会智能发展高度。面对技术尚未成熟、产业生态尚不健全等挑战，我们需要加强技术研发、完善产业生态、制定政策法规，共同推动算力网络安全技术的进步和产业的繁荣发展。

第 10 章
算力网络赋能千行百业

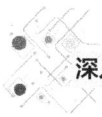

10.1 算力网络支撑"东数西算"国家布局

10.1.1 算力网络支撑"东数西存"场景需求

随着中国数字经济的迅速发展，特别是东部发达地区经济活动的日益活跃，大量生产数据的产生，导致数据中心需求激增，加剧了区域电力供应紧张，进而导致能耗成本高昂，这些问题不利于可持续发展和节能减排目标的实现。同时，大量数据过度集中于单一区域存储，也增加了数据安全风险，一旦发生自然灾害或突发事件，数据可能严重丢失，无法及时恢复，影响企业的正常生产经营活动。因此，"东数西存"在此背景下展现出多重优势。首先，西部地区电力资源丰富，自然环境适宜数据中心建设。通过在西部设立数据中心和备份中心，可以实现全国范围内数据中心资源的优化配置，降低成本，促进绿色发展。其次，"东数西存"有助于分散数据存储的地理风险，增强数据安全性，确保当东部地区发生灾害时，西部备份中心能够快速恢复数据，保障业务稳定运行。

江苏某公司各类生产系统累积的本地存储数据总量已接近 400TB，由于备份数据的必要性，每一份生产数据都需要额外占用多倍的存储空间，因此对存储资源有巨大需求。同时，随着数据量的持续增长，若沿用现有的本地存储架构进行数据保存，将面临多重压力。因此，该公司开始实施"东数西存"战略，将非实时数据和备份数据迁移到内蒙古西部地区的数据中心，并通过算网大脑实现算网资源的智能调度，动态匹配计算任务与数据存放位置，实现计算资源与数据资源的就近交互，降低东部地区对西部数据的实时访问时延，使部署在江苏的系统及用户在使用存储在内蒙古西部地区的数据时，能够获得类似本地访问的速度和体验，具体如图 10-1 所示。

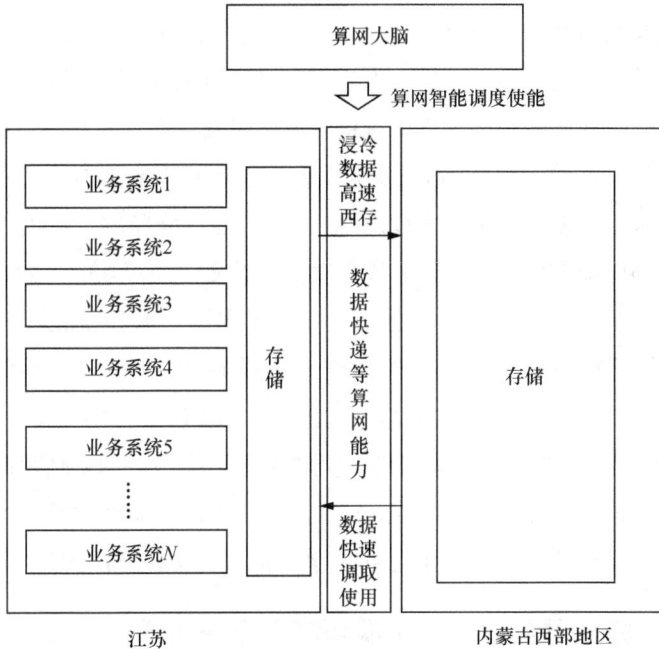

图 10-1　江苏某公司业务温冷数据实现"东数西存"

10.1.2　算力网络支撑"东数西训"场景需求

随着大模型技术的迅速发展，大模型训练和推理对算力资源的需求急剧增加。大模型提供了一种"预训练大模型+下游任务微调"的 AI 开发新模式，通过大幅增加模型的层级和参数量，提前进行模型的预训练，后续通过少量数据集进行增量训练，实现预期效果和模型定制。通过模型的泛化能力，基于大模型的自监督学习方法有效解决了人工数据标注成本高、周期长、准确度低的问题，大幅降低了训练研发成本；同时，针对现有模型精度提升的局限性问题，大模型有望进一步突破现有模型结构的精度局限。大规模预训练模型作为 AI 发展的重要引擎之一，模型性能正在不断提升。逐步夯实 AI 技术基础，有力推动 AI 向通用化、规模化、工业化方向发展，成为重要的科技趋势。大模型需要强大的算力支撑，而西部土地、能源等资源丰富，气候环境优越，具备算力成本优势；数据和应用主要集中在东部数字经济发达地区，东部具备数据和场景优势。因此，可以将大模型对 AI 算力的需求有序引导至西部，从而实现资源配置的优化与资源使用效益的提升。

　　浙江某公司与合作伙伴共同打造了南宋御街智慧导览数智人"杭小忆"。该数智人基于全球首个千亿级参数的图文音三模态预训练大模型"紫东·太初"构建而成。通过在贵州西部构建国产昇腾训练资源池，完成"紫东·太初"多模态大模型的训练，并在该公司的行业 AI 赋能实验平台上，针对南宋御街场景进行本地化增量训练。该数智人具备图文音的多模态 AI 能力，在活字印刷、特色小吃、南宋官窑、丝绸制作等场景实现中文问答、诗文生成、以文搜图等功能，为沉浸式 VR 体验的数字孪生世界提供交互式智能体验，打造了中国气派和浙江辨识度的文化标识，也是结合杭州特色在文旅行业的又一重要技术创新实践。在本案例中，开创性地引入了图文音多模态预训练大模型，依托行业 AI 赋能实验平台，一周时间完成 400 类南宋御街场景化数据的增量训练，大幅缩短了模型后期定制和优化的周期，并降低了成本。依托行业 AI 赋能实验平台，快速支撑预训练大模型针对垂直行业及特定场景的增量训练，进一步推动省内行业 AI 业务的创新与孵化。

10.1.3　算力网络支撑"东视西渲"场景需求

　　猫眼研究院发布的《2023 中国电影市场数据洞察报告》显示，2023 年我国电影年度票房达 549.15 亿元，城市院线观影人次达 12.99 亿次。其中，国产电影贡献全年票房占 83.8%，呈现强劲发展势头。每部影视作品的特效细节需要大量算力进行渲染。除了影视作品制作，常见的渲染应用场景还包括动画特效、CG 动画、游戏特效、线上元宇宙平台、展品渲染等。随着渲染需求的不断增加，算力调度和任务管理面临着巨大挑战：首先，算力需求大，单一资源池的空闲算力难以满足单个渲染工程的算力需求，需要调度跨地域算力资源协同支撑渲染任务的算力需求；其次，算力效能差异大，选型难度高，不同算力类型对相同渲染任务的效能差异显著，单纯依赖人工经验难以实现最优资源配置，以达到最佳渲染效果；最后，渲染成本高，由于渲染任务对算力需求巨大，且对算力价格较为敏感，东部算力定价较高，难以吸引渲染客户使用。"东视西渲"应用能够实现跨地域算力协同，调度跨地域算力资源，满足影视渲染场景的大规模算力需求，同时，通过智能解析用户需求，推荐最优算力配置，以满足渲染任务的要求，并利用西部算力的价格优势降低渲染成本。

　　某传媒客户主要业务涵盖各类动画片、网络剧、微电影、网络游戏、手机游戏等

方面的创作、制作与发行。每年有百万帧的渲染需求，其主要合作渲染厂商为某头部渲染企业。当有大规模渲染需求时，需提前与合作渲染厂商沟通，由合作渲染厂商提前准备并预留相应资源。当出现临时渲染需求或渲染规模超出预期时，合作渲染厂商往往难以及时提供足够的算力完成渲染。"东视西渲"应用支持调度移动云各资源池的算力，满足客户的渲染需求，能够及时提供大规模算力，满足客户需求。将满足客户算力需求的时间从天级别缩短至分钟级别。客户提交渲染任务需求后，"东视西渲"应用能在 2min 内根据客户需求完成资源启动和渲染服务启动，并开始帧任务渲染。渲染客户通常对渲染价格较为敏感，"东视西渲"应用通过调用西部算力资源满足客户需求，使渲染价格降低了约 14.2%。"东视西渲"方案整体架构如图 10-2 所示。

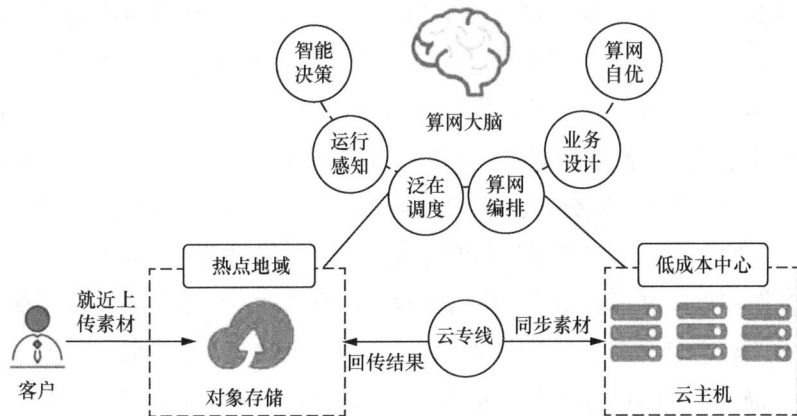

图 10-2　"东视西渲"方案整体架构

10.2　算力网络提供数字新体验

10.2.1　算力网络深刻改变大众数字生活方式

随着科技的飞速发展，算力网络正以前所未有的方式深刻改变我们的数字生活方式，为我们带来更加丰富、沉浸式和便捷的体验。

在 AR/VR 领域，算力网络正推动该领域构建真实与虚拟融合的全新视界。算力网络为 AR 与 VR 技术的广泛应用提供了强大的技术支撑。凭借其高速、低

时延的特性，算力网络确保 AR/VR 设备能够实时接收、处理并呈现高质量的三维图像与交互信息，使用户仿佛置身于栩栩如生的虚拟世界。无论是场景营销、远程教育、医疗培训、建筑设计、文化旅游，还是社交娱乐与体育赛事直播等领域，算力网络都能确保 AR/VR 应用流畅运行，消除时延与卡顿，使用户在虚实融合的环境中获得深度沉浸式的互动体验。同时，AR/VR 进阶形态——元宇宙作为未来数字生活的愿景，也依赖于强大且稳定的算力网络支持。算力网络为元宇宙的构建提供了基础设施，使用户能够在全球范围内无缝接入这一庞大的虚拟生态系统，进行社交、工作、创作、消费等活动。通过高效的分布式计算与边缘计算能力，算力网络确保元宇宙中复杂场景的实时渲染、海量用户同时在线的稳定支持及各类虚拟资产的快速交换。此外，算力网络的智能调度与资源优化能力，使元宇宙能够根据用户行为、设备性能、网络状态等因素动态调整服务，实现个性化、高品质的元宇宙体验。

云游戏也是算力网络赋能数字娱乐的典型应用场景之一。借助算力网络，游戏所需的数据从本地设备迁移到云端服务器，用户无须高性能硬件即可畅玩各类大型游戏，实现了"即点即玩"的便捷性。算力网络的高速传输能力确保了高清画质与复杂特效的游戏画面能够实时传输至用户终端，而低时延特性则保证了游戏操作的即时响应，避免了卡顿与时延等问题，提供媲美本地游戏的流畅体验。此外，云游戏还借助算力网络实现了跨平台与跨设备的无缝衔接，用户可以在手机、电视、计算机甚至车载设备上随时随地享受高品质游戏乐趣。

此外，云电脑作为一种基于云计算的新型计算模式，使个人用户能够通过网络访问远程的高性能计算资源，实现类似本地计算机的操作体验。算力网络在此过程中扮演了桥梁角色，将数据中心的强大计算力与用户终端紧密相连。用户无论身处何地，只需网络连接，即可通过云电脑处理复杂办公任务、进行专业图形设计、编辑高清视频，甚至畅玩大型游戏。这种模式不仅减少了对昂贵硬件设备的依赖，还节省了维护成本。同时，通过算力网络的智能调度，用户可根据实际需求动态调整计算资源，实现按需付费，极大地提升了生活娱乐的便捷性与经济性。

总体而言，算力网络凭借其卓越的传输速度、极低的时延、灵活的资源调度能力与强大的数据处理能力，为 AR/VR、元宇宙、云游戏、云电脑等前沿数字生

活领域注入了新的活力。它打破了时空限制,重塑了我们与数字世界的交互方式,开启了充满无限可能的数字生活新篇章。

10.2.2　算力网络提供多场景数字体验

1. 算力网络赋能 AR/VR,提供商业消费新体验

算力网络赋能 AR/VR 技术,正在深刻改变消费营销模式,为各行各业开启了创新营销与沉浸式体验的新大门。面对线下实体店客流减少与销售压力增大的挑战,某服贸集团敏锐洞察市场趋势,联合福建移动,积极运用 AR/VR 技术打破现实与虚拟的边界,创新营销模式与运营方式。他们通过构建 1:1 的真实世界数字映射,实现了虚实空间的深度融合与联动交互,重新梳理并优化了"人—货—场"的消费链路。依托算力网络的支持,构建了一个无障碍、无限制的商业消费新生态。用户在 AR 导览过程中能够享受高度沉浸的交互体验,有效激发购买意愿,从而显著提升营销活动的生产效率、资源整合效率和用户发展效果。

依托算力网络,该服贸集团深度整合 AI+XR 数字化技术与业务场景,运用云 AR 感知定位及虚实融合技术,对线下现实场景进行增强改造。同时,运用数字孪生和云渲染技术精确复制现实世界,构建出与之平行的虚拟空间。这一平行世界支持虚人虚景、虚人实景、虚景实人等多种形式的联动,构建了一个高度数智化的 XR 虚实空间,其应用架构如图 10-3 所示。

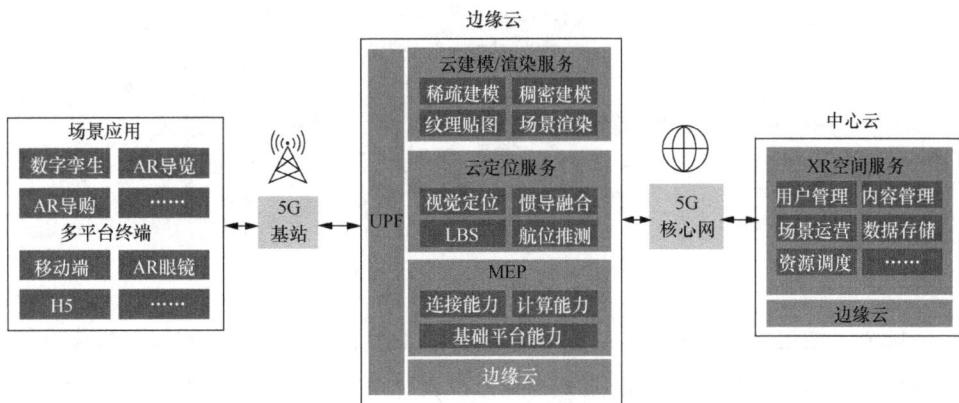

图 10-3　XR 虚实空间应用架构

通过 XR 技术，该服贸集团实现了线下门店的实景三维建模、3D 可视化编辑与内容管理发布，高效搭建了线上线下一体化空间，通过"内容+场景+技术"的完美融合，显著提升用户体验，激发消费热情。为确保服务的高效性与稳定性，该服贸集团 AR 虚实空间应用涵盖了三大核心业务场景：第一，线上数字空间漫游，用户以数字人身份进入与实体店精准复刻的虚拟空间，轻松浏览商品、自助下单；第二，线下空间 AR 导览导购，通过 AR 眼镜为顾客呈现虚拟路标、主题装饰及营销信息，引导线下购物；第三，AR/VR 虚实空间互通联动，线上线下的用户能以虚拟身份进行互动交流，打破现实与虚拟的隔阂，开创前所未有的消费互动体验。

2. 算力网络赋能云游戏，开启畅快游戏体验

云游戏是一种以云计算为基础的游戏方式，其本质是高清视频流的实时渲染与传输。在云游戏模式下，游戏内容的存储、计算与渲染均通过云端资源完成。渲染后的游戏画面或指令经压缩后通过网络传输至用户终端。因此，用户不需要依赖高端处理器、显卡等硬件设备，只需具备基本的视频解码能力，即可畅玩 3A 游戏。这极大地降低了用户获取优质游戏体验的门槛，解决了用户频繁升级终端的困扰，同时，无须下载、安装，即可享受"即点即玩"的跨端游戏体验。传统娱乐与云娱乐算力应用对比如图 10-4 所示。

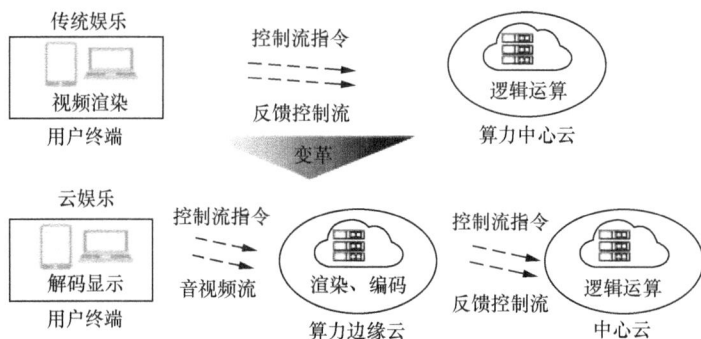

图 10-4　传统娱乐与云娱乐算力应用对比

此外，通过融合数字人、大模型、实时渲染等新技术，云游戏提供可交互的游戏体验。基于云边协同的视频算网能力，云游戏主要探索验证的内容包括：基于视频算力网络能力，通过将游戏服务部署至云端与边缘节点，对游戏进行渲染

与处理，以支撑云边业务需求。云端、边缘与终端均涵盖游戏服务，可实现资源的统一调度。同时，引入数字人、大模型等技术，结合 XR、渲染引擎等，打通各平台，构建一站式游戏服务。

某运营商的快游平台已实现商用化运行，月活跃用户数迅速增长，是目前业界最大、功能最全面的商用化云游戏平台，其应用架构如图 10-5 所示。

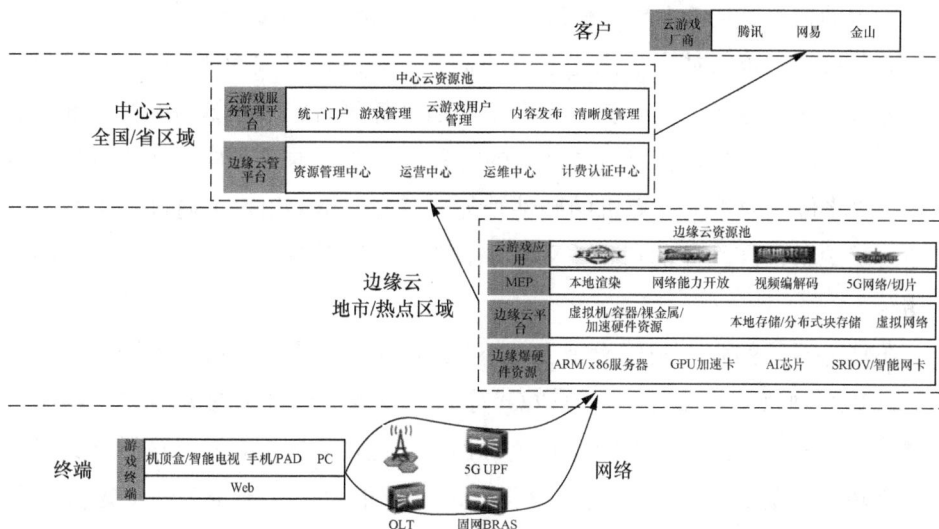

图 10-5　某云游戏平台的应用架构

云游戏依托云端存储、运行与渲染，通过视频流传输至终端，对网络带宽、时延及异构算力提出严苛要求。引入算力网络可以从以下 3 个方面显著优化云游戏体验。

（1）低时延与高稳定性

算力网络通过边缘节点部署，将时延敏感型任务调度至临近用户的边缘算力，大幅缩短传输路径，降低端到端时延。同时，结合 5G 网络切片及业务优先级策略，保障网络质量稳定可靠，满足云游戏实时交互需求。

（2）降低高带宽成本

云游戏的高清渲染流（如 1080P/60FPS 每小时消耗超 12.5GB）导致中心化架构的带宽成本高昂。算力网络通过边缘节点就近处理视频流，减少数据回传至中心云的压力，结合 5G 高速传输，显著减少带宽费用。

（3）异构算力高效调度

云游戏需协调 GPU、x86、ARM 等异构算力以支持实时渲染与 AI 推理。算力网络通过统一纳管全域资源，实现跨产品（如云游戏与云桌面）的算力分时复用。例如，非工作时段闲置的办公算力可动态调度至云游戏，提升资源利用率 30% 以上，降低硬件投入成本。

3. 算力网络赋能云电脑，全面提升工作、生活、娱乐品质

随着科技进步与社会信息化程度的提升，智慧化已成为现代工作、生活、娱乐方式的重要趋势。云电脑作为新型桌面计算平台，借助算力网络，推动工作、生活、娱乐迈向更加智能与高效的阶段。云电脑本质上是一种虚拟化计算服务，它将传统的本地计算机的硬件功能迁移至云端。用户可通过各类终端设备随时随地访问高性能的远程桌面环境，享受与使用普通个人计算机无异的无缝体验。

在算力网络的强大基础设施支持下，云电脑实现了显著的性能提升与功能扩展。算力网络依托云专网、5G/6G 等先进技术，通过算网大脑智能调度，构建遍布各地、弹性可扩展的计算资源池。在这种环境下，云电脑不再受限于部署环境的资源约束，可按需获取强大的计算能力，实现资源的动态分配与高效利用，从而大幅降低用户的设备购置与运维成本。

以移动云电脑为例，其依托中国移动高品质的网络传输和先进的虚拟化技术，将云端的丰富算力资源以电脑桌面的形态供给终端用户使用，是"算力网络"社会级商业化服务的最佳载体。2024 年，移动云电脑聚焦办公、教育、营业厅三大核心场景，提供通用、信创两大解决方案和云笔电、一体机、迷你主机三类终端，支持"公+边+私"全栈交付形态。

（1）办公场景

移动云电脑帮助企业用户实现在任何时间、任何地点，通过多样化终端，安全便捷地接入办公桌面，平滑支持混合办公场景，并保持统一使用体验，具有即开即用、按需分配、弹性扩容、集中管控、高效运维的优势。图 10-6 所示为移动云电脑办公场景方案。

图 10-6　移动云电脑办公场景方案

（2）教育场景

在教育行业数字化转型的过程中，传统电脑已经无法满足学校教学与运维多样化的需求，电教室对电脑集中运维、成本控制、教学体验、教学环境、教学管控、互动教学等方面的诉求强烈。移动云电脑融合教学终端、教学软件，打造教育场景方案，让机房更易管理、老师更易教学、学生更感兴趣，促进教育资源共享，加速教育公平，提升教学质量，满足电教室、实训教学等场景使用。图 10-7 所示为移动云电脑教育场景方案。

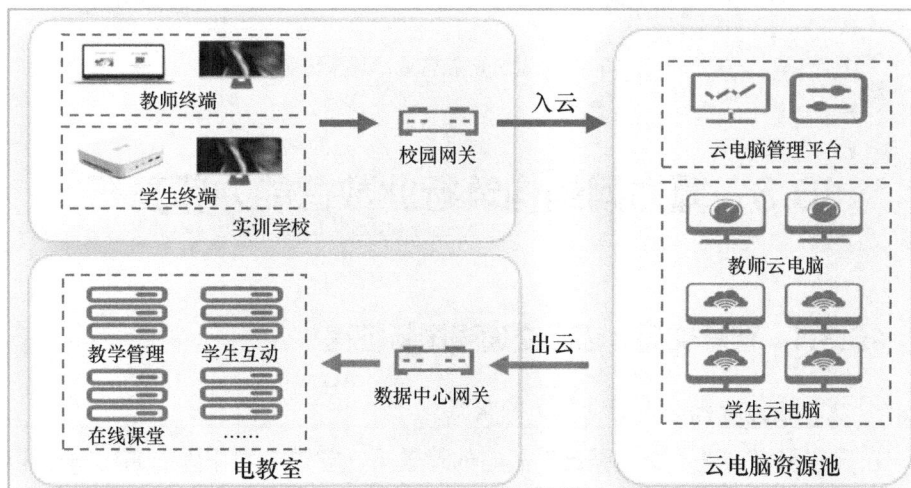

图 10-7　移动云电脑教育场景方案

（3）营业厅场景

在营业厅场景下，传统 PC 存在硬件升级成本高、终端分散运维难、数据存储安全隐患高、外设管控困难、业务部署要求高等问题亟需解决。移动云电脑聚焦营业厅痛点，通过融合云专线、常用外设打造一站式解决方案，助力营业厅、连锁商铺等场景业务云化，进一步提升运维效率、保障数据安全、降低综合成本，实现服务效能与经济效益的双重优化。如图 10-8 所示为移动云电脑营业厅场景方案。

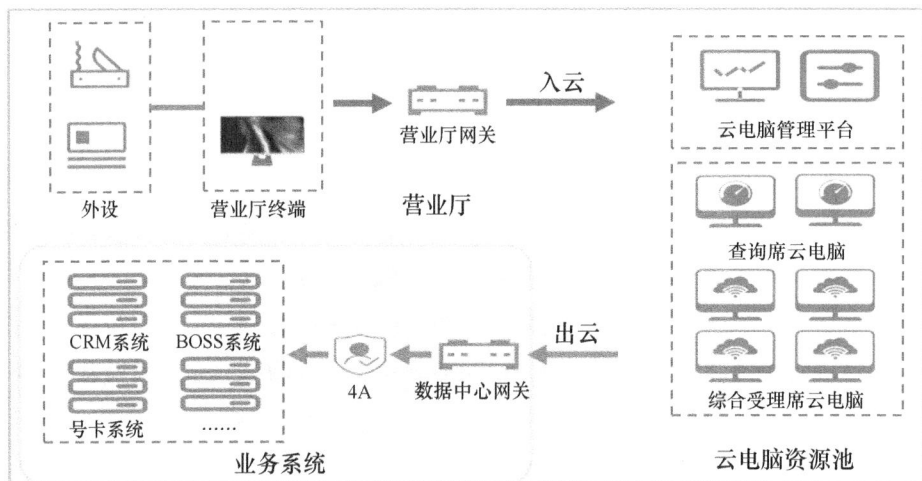

图 10-8　移动云电脑营业厅场景方案

10.3　算力网络构筑行业数智能力新基石

10.3.1　智慧交通，迈上交通强国新征程

1. 从"运力时代"走向"算力时代"

在国家积极推进"交通强国"战略的背景下，智慧交通作为交通运输行业转型升级的核心方向，正以前所未有的速度蓬勃发展。智慧交通的核心在于深度融合物联网、云计算、AI、移动互联网、自动驾驶、三维可视化等先进技术，汇聚

海量交通场景数据，精准对接各类业务需求，为交通管理、交通运输与智慧出行等各环节提供强有力的技术支撑。这不仅显著提升了交通运营效率，还大幅提升了突发事件应急处理能力，为公众出行带来了更为安全、便捷与舒适的体验。

算力网络在这一过程中发挥了至关重要的作用。它将云计算、5G、AI、大数据等技术深度融入交通业务，构建了安全、高效且体验卓越的智慧交通体系。具体来说，算力网络通过 ICT 将城市、组织、个人、货物、交通工具、业务流程等交通参与要素全面数字化，形成庞大的数据湖，进而实现智慧化管理和决策。这一转变标志着交通行业正从以"运力"为主的传统模式，迈向以"算力"为引领的全新发展阶段，实现了从"运力"时代向"算力"时代的跨越。

2. 算力网络实现城市交通智能调度

在城市交通拥堵问题中，交叉路口的局部拥堵现象尤为突出，常常成为引发路网大面积拥堵的导火索。当某个关键交叉路口出现拥堵时，其负面影响会迅速蔓延至关联路段及相邻路口，形成"点-线-面"式的扩散态势，甚至导致区域性交通拥堵，严重影响整个路网的运行效率。因此，通过构建智能调度系统，实现交通基础设施信息化与智能化，以期提升路口通行效率并缓解城市交通压力，成为交通治理现代化的必然选择。车联网技术作为智慧交通领域的关键技术，已成为交通信息化、智能化不可或缺的支撑。但其在实际应用中面临诸多挑战，如对超低时延的严苛要求、对算力的持续增长需求，以及实现车路协同的高质量全互联等。为应对这些挑战，基于算力网络实现车路网云一体化深度融合，成为推动智慧交通快速发展的重要路径。

某公司基于算力网络新型信息基础设施，结合车联网数据协同等技术，打造了车路网云一体化技术体系，并成功应用于某条智能驾驶公交巴士示范线路，其系统架构如图 10-9 所示。此项目有效解决了车路协同超低时延通信难题，各场景均满足端到端平均时延不超过 100ms 的性能要求；同时利用视觉 AI 感知定位和融合技术，解决了在 GNSS 定位信号缺失的情况下车辆高精度定位难题，实现定位精度达到±0.3m 以内。此外，此项目还实现了车辆尾屏显示红绿灯信息提醒等九大车路协同重点应用场景的落地，大幅提升了行车安全与效率；完成了 5G 公众网络（2C）和 5G 专网环境下的端到端性能测试，所有性能指标均达到商用标准；并通过智慧泊车系统有效降低停车场疏导管理成本，综合成本降低约 33.3%。

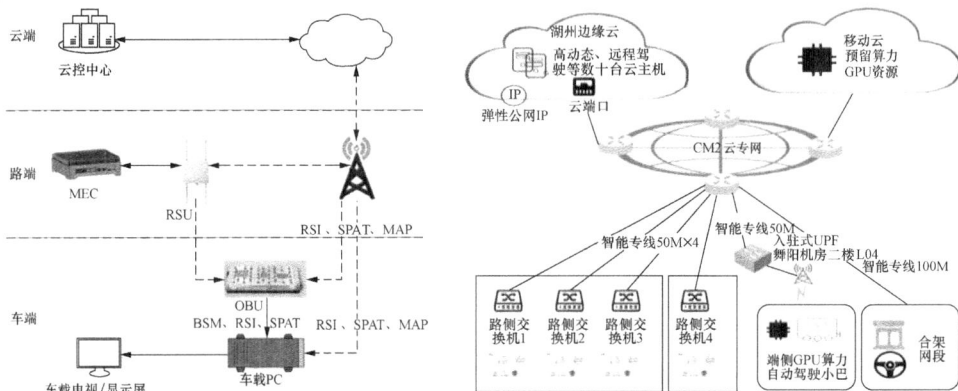

图 10-9　某公司基于算力网络实现车路协同应用系统架构

10.3.2　智慧安防，开启城市治安新风尚

1. "平安中国"推动智慧安防新方向

在"平安中国"建设持续推进的当下，智慧安防作为保障公共安全、提升社会治理效能的关键手段，日益受到国家和社会的高度重视。尤其在交通枢纽、公共广场、大型活动场所等人员密集、流动性强的重点场所，智慧安防的重要性尤为凸显。算力网络作为新一代信息技术的核心载体，凭借其强大的数据处理与智能分析能力，为智慧安防的深化应用提供了坚实支撑，助力构建全方位、立体化、智能化的安全防护体系。

智慧安防的核心在于运用现代信息技术，实现对各类安全风险的精准识别、快速响应与有效管控。算力网络通过整合前端感知设备采集的视频、音频、环境监测等多元数据，结合 AI 算法进行深度学习和智能分析，能够实时监测异常行为、识别潜在威胁，为安防决策提供科学依据。在交通枢纽等公共重点区域，算力网络助力构建覆盖全域、全天候的智能监控网络，实现对人流、车流的精细化管理，有效预防拥堵、踩踏等安全事故，保障人员及设施安全。

2. 算力网络着力解决安防场景顽固问题

在交通枢纽这类高密度、高流动性的公共场所，治安管理等面临诸多难题。一是治安管理难，需配备专门人员长时间查看监控或排班巡查；二是事后核查难，需全量追踪且无法精准定位，事件难追溯。针对上述痛点，某新一线城市交通枢纽基

于算网大脑的调度能力，构建了云边结合的智慧安防架构，如图 10-10 所示，该架构能够实现人流量统计、人脸比对、暴力行为检测等功能，满足日均 10 万客流量的视觉智能检测分析需求。这不仅为打造交通枢纽样板提供了支持，还助力实现了"数智治理"目标。目前移动算网大脑已保障国内某大型交通枢纽站 1600 万人次安全有序进出，站区有效警情下降了 15%。

上述智慧安防架构的优化主要体现在以下几个方面。

① 上报至云端的数据为设备端过滤后的图片、结构化信息，相较于原始视频，这一处理方式大大减轻了网络带宽压力。

② 汇聚到中心节点的数据量减少，云端的计算与存储需求将显著降低。根据 IDC 统计，使用云边结合的智慧安防架构，其成本仅为中心架构的 39%。

③ 由于边缘节点距离设备端更近，可在边缘节点对数据进行过滤和处理，海量的数据无须上传云端处理后再反馈至设备端，从而显著降低反馈的时延，实现业务的快速响应。

④ 由于业务所需的边缘节点数量庞大，单一业务系统建设边缘算力节点将产生高昂的成本。算力网络的使用，可实现不同产品边缘算力的复用，降低资源建设成本。

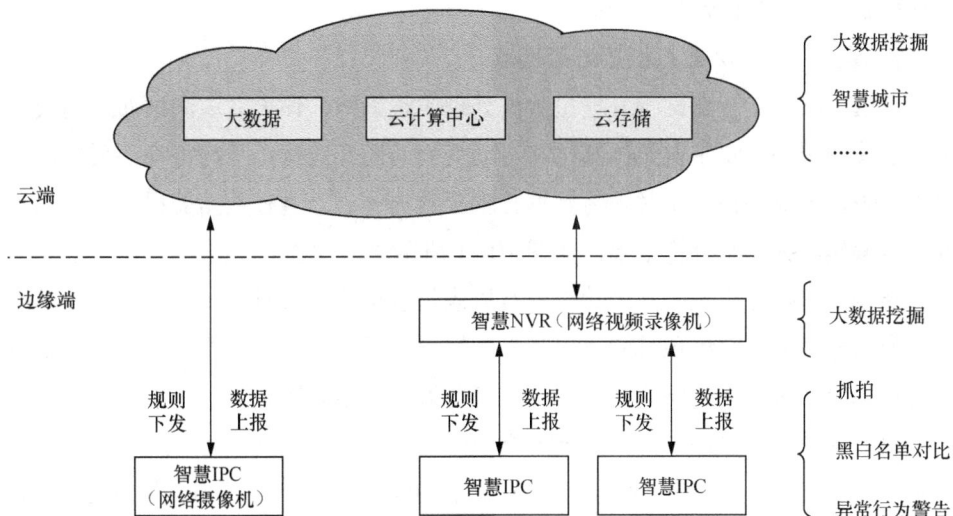

图 10-10　云边结合的智慧安防架构示意

10.3.3 智慧天文，构建太空研究新范式

1. 海量天文数据背后的算力网络需求

天文学是自然科学的重要分支，随着研究的深入，天文学科学数据呈现爆炸性增长。我们通过各种复杂的观测设备，收集到大量关于宇宙深处的详细数据，这些数据具有显著的科研价值，有可能解释令人困惑的宇宙谜团。然而，海量的数据处理和分析是一项巨大的挑战，这已经超出了传统数据分析方法的处理能力，我们需要更强大的工具来提取和分析其中的有价值信息。

在这种情况下，依靠复杂的算法和强大计算能力的 AI 开始发挥其关键作用。AI 不仅可以在海量天文数据中进行模式识别，将高维度、难以理解的空间数据转化为可理解的结构化数据，还可以通过自动化和半自动化方法分析这些数据。这减少了人工介入，提高了数据的解析速度，从而实现了对大量天文研究数据的深度挖掘。

同时，天文观测数据及其分析结果通常需要在各大研究机构和高校间进行共享，这产生了海量数据传输的需求，而如此规模的数据传输，无疑需要快速、稳定的数据传输网络。高速网络的运用，为数据的快速自由传输提供保障，确保着大规模数据的高效传输。

2. 算力网络解决天文搜星场景困境

以国内某天文观测站 AI 搜星数据处理实践为例，该天文观测站通过巡天空间望远镜拍摄的反映宇宙天体演化和运动变化的图像数据，平均每晚要采集的数据约 3TB，还需要在 1 小时内将数据传输至数据中心，进行数据的提取、筛选、分析等操作，并发布分析结果，如图 10-11 所示。

传统的数据分析技术和传输技术难以满足该项目的实时性要求，无奈之下只能丢弃部分数据，这给项目的研究带来了很大的阻碍。基于智能算力的人工智能分析技术及云边网络协同的建构，可以有效解决上述问题。

（1）云边算力协同，提升数据分析效率

项目搭建了一个中心-边缘-端侧的三层算力网络架构，在中心侧部署算力调度和算法训练平台，平台可提供算力和算法的可视化调参与自动测试功能。这些功能可实现任务智能调度与资源智能监控，全面提升 AI 算法的开发效率，显著降低开发成本。

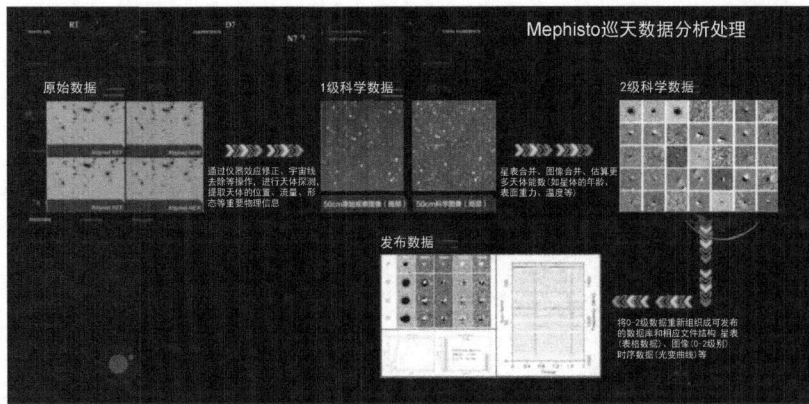

图 10-11 AI 搜星数据处理流程

（2）一体化网络跨域调度，提升数据传输效率

通过 SPN 城域网，数据中心与天文台之间实现了网络连接。通过 SPN 的端到端切片承载，基于切片技术，硬管道实现了无损算力传输，网络具备稳定的低时延性能。数据中心与各高校、研究机构通过跨地市的云专网实现了互联。跨地市算力节点通过光交叉连接（OXC）实现一跳直达。

（3）星体识别 AI 算法，实现真假暂现源的快速识别

暂现源是指短时间内亮度发生剧烈变化的天体，如超新星、产生潮汐瓦解事件的天体等。首先将拍摄到的原始数据进行去雾去噪处理，然后去除射线干扰、仪器误差，完成对平面图像与天体的测量校准及背景图像的减除操作之后，再使用点扩散模型与参照图像进行相减操作，最后得到暂现源的相关信息，并将其发布到候选目录。

第 11 章

算力网络开创社会算力并网新模式与助力数据要素流通

11.1　算力网络开创社会算力并网新模式

11.1.1　背景与政策

我国算力产业正处于高速发展阶段，全国各地的算力基础设施建设快速推进。2023 年，中国信息通信研究院发布的《中国综合算力评价白皮书（2023 年）》显示，在全国范围内进行的综合算力评价中，排在前 10 位的省份呈梯队分布，特别是东部算力枢纽节点所在的广东省、江苏省和上海市等在算力评价上处于领先位置。然而，东部这些地区的土地、能源资源相对紧张，建设数据中心和算力基础设施的成本较高。相比之下，西部地区拥有更为广袤的土地和丰富的可再生能源，在建设数据中心和发展算力基础设施方面具有显著优势和潜力。

于是，为了缓解东部地区土地、能源资源紧张的状况，充分利用西部地区广袤的土地和丰富的可再生能源，近年来国家围绕数据中心的算力统筹规划，连续发布了一系列指导政策，提出了以"东数西算"为核心概念的全新的多层次、一体化数据中心布局，在京津冀、长三角、内蒙古、甘肃等 8 地启动建设"4+4"国家算力枢纽节点，并规划了 10 个国家数据中心集群。在科学技术部指导下，国家超算互联网部署工作正式启动，旨在将全国众多超算中心连接起来，构建了一体化算力服务平台。

现有的互联网传输效率低下、数据安全性缺乏保障，以及搭建专线网络成本高昂，严重影响了数据跨区域的高效传输，进而对全国范围内算力资源的统筹与智能调度产生较大挑战。为此各地政府联合企事业单位陆续尝试建设算力调度平台，旨在实现多层级、多主体、异构算力节点管理、资源调度和算力交易。例如，长三角枢纽芜湖集群算力公共服务平台、北京市算力互联互通和运行服务平台、上海市人工智能公共算力服务平台、贵州枢纽节点算力调度平台、郑州市算力调度服务平台。算力互联互通、算力并网的理念应运而生。算力并网通过市场化的运营和服务体系，紧密连接算力的供需双方，实现算力资源统筹调度，降低超算应用门槛，并带动计算技术向更高水平发展，推动自主核心软硬件技术深度应用，

辐射带动自主可控产业生态的发展与成熟。

行业方面，国内外各算力服务提供商、运营商也纷纷对算力并网方面的标准、平台和规范开展探索，推进算力注册、接入、计量、分级、交易等并网关键技术环节的规范化和标准化，推动行业形成共识，加快构建多方算力并网、交易、调度的生态。

11.1.2　算力并网理念

算力并网是一种基于算力计量、分布式调度和可信交易等关键技术，旨在充分发挥算网融合优势，广泛汇聚社会多方算力资源，推动算力服务的普惠化与高效化的创新技术体系及服务模式。算力并网可以通过整合社会闲置算力，实现多方资源互补，构建多样化的算力服务供给体系。基于此，算力并网能够构筑新型算网服务能力，支撑一体化服务发展，推动算力像水电一样普及，实现"一点接入，即取即用"的社会级服务目标。

算力并网需要整合社会各方算力资源，构建包含多样化算力类型、智能编排与调度系统和高性价比算力产品的综合服务体系，基于统一的算力交易平台和运营门户，为客户提供集网络、算力资源和技术运维于一体的整体解决方案，这一创新模式正推动算力产业在算力类型、组织模式及运营模式等维度实现全面革新。

首先，算力并网推动算力类型从单一、高成本向多元化、低成本演进。算力并网整合社会特色算力与闲置算力资源，构建统一的算力服务平台，统一对外提供算力服务，实现算力资源的泛在共享。一方面，针对闲置算力资源（如社会剩余算力或闲时通用算力资源等），可通过质算与惠算的运营模式进行统一管理和对外输出。另一方面，对于社会特色算力资源（如超算、智算及量子计算算力等），也可采用按需接入算力并网新模式，为特定算网消费方提供专业化算力服务。

通用算力、超算算力、智能算力及量子计算算力等不同类型算力的业务场景也各有特点。通用算力并网旨在面向业务优化高需求地区和资源低成本地区的算力布局，实现全国算力中心的互联互通和统一调度管理。超算算力并网可以促使国家超算中心和社会超算中心算力互联互通，将复杂科研任务分散调度到不同超算中心内协同并行，可进一步利用各超算中心的算力资源完成最终计算求解。智能算力并网可以将多处 GPU 算力节点聚合在一起，形成庞大的计算集群，以满足高强度计算的需求，在保证数据本地处理的同时降低数据传输时延，满足不同地

域计算需求。量子计算算力并网可以使量子计算算力与经典算力相结合，在遇到大规模复杂问题时，首先利用经典算力对问题进行模拟求解，在验证问题正确的前提下再通过量子计算算力开展真实计算，经典算力和量子计算算力彼此互补，最终实现计算问题的完整求解。

其次，算力并网推动组织模式由单一主体向多元协同转变。算力并网的算力供给方合作对象类型多样，包括大型云计算服务商，如移动云、阿里云、腾讯云、华为云、天翼云等；另外还有超算、智算资源提供商，如各省、各地政府建设的超算中心、智算中心等。当然还有其他自有算力资源持有方，如一些科研机构、高校等。

最后，算力并网推动运营模式由独立运营向合作共创转变。算力网络运营方联合算力供给方为客户提供多元化、一站式的算力服务解决方案，传统运营商也将从"大而全"模式向核心能力聚焦模式转变，通过与算力供给方开展分工协作，构建价值共创体系，实现风险共担、收益共享，协同完成算力服务交付。

11.1.3　算力并网技术对接模式

在算力网络体系架构中，算力网络从逻辑功能上分为运营服务层、编排管理层和基础设施层。算力并网需要实现上述三层的纵向贯通，涵盖运营服务层对接模式、编排管理层对接模式及基础设施层的云原生算力纳管模式 3 种对接模式。

① 运营服务层对接模式：算网运营系统通过标准化 API，调用第三方运营系统，实现算力并网。

② 编排管理层对接模式：编排管理层系统平台与第三方云管平台进行对接，并调用第三方云管平台，实现算力并网。

③ 基础设施层的云原生算力纳管模式：云原生算力控制台通过向第三方算力集群植入代理插件，实现算力并网。

这 3 种对接模式可应用的并网对象各不相同，相应对接模式的选择需考虑不同规模、类型的算力提供方的合作意愿、算力能力开放程度等，从而进行算力服务共享。

1. 运营服务层对接模式

在运营服务层对接模式下，算网运营系统通过调用第三方运营平台，实现业

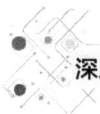

务引流的目的，此对接模式适用于智算、超算等算力资源并网的场景。运营服务层对接模式如图 11-1 所示。

在这种模式下，算网运营方的算网大脑不对第三方运营平台的算力资源使用情况等进行管控。第三方运营平台应支持算网运营方与使用方的用户权限实现按需同步，支持提供算力资源、能力及服务的交付工作，并提供相应的运维管理。算网运营商和第三方运营平台均对算力消费进行计量统计与费用核算工作，可按照数据安全需求等情况，采用区块链技术对交易进行上链溯源及对账管理。算力消费者可以在算网运营系统直接提交算力需求，算网运营商为其提供可选方案；算力消费者也可以直接选购并提交产品服务，完成作业任务的提交与管理等。算网运营系统提供标准 API 方案，该方案涵盖多种可选的合作权限模式。第三方运营平台可以根据自身平台架构和能力，按需从中选择适配方案。

2. 编排管理层对接模式

在编排管理层对接模式下，管理编排层与第三方云管平台进行对接，秉持开放共赢理念，此对接模式适用于接入第三方公有云算力等场景。管理编排层对接模式如图 11-2 所示。

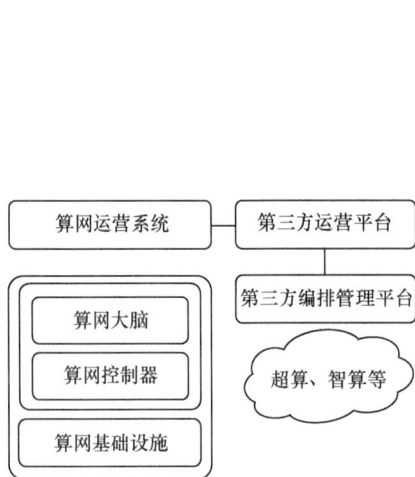

图 11-1　运营服务层对接模式　　　图 11-2　管理编排层对接模式

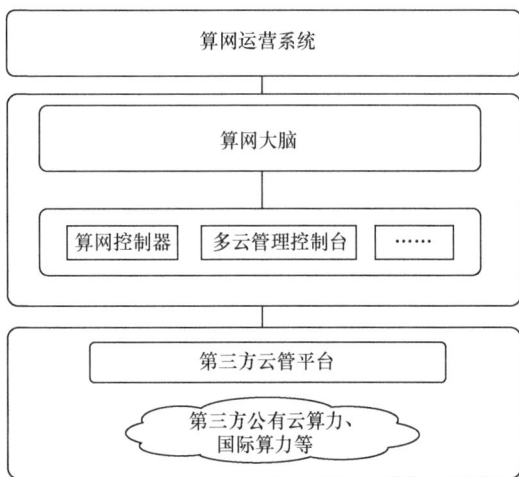

在这种模式下，算力提供方和运营方的合作程度得到进一步加深。第三方云管平台需协同算网运营商，共同完成算力资源的交付工作，并承担相应的运维管理任

务。算网运营商和第三方云管平台均对算力消费进行计量统计与费用核算工作，可按照数据安全需求等情况，采用区块链技术对交易进行上链溯源和对账管理。

针对不同算力类型，这种模式可以采用统一 API 或开源框架作为对接的技术方案。若采用统一 API 方案，多云管理控制台会提供基于消息队列（MQ）和 HTTP 的同步调度接口，由第三方云管平台适配对接，此方案适用于第三方算力资源池或第三方公有云算力并网的场景；若采用开源框架方案，多云管理控制台将提供开放的多云编排管理工具用于对接，如 Terraform 等开源框架，这就要求第三方云管平台也能够支持该统一框架，从而完成适配对接，这种方案适用于国际算力并网的场景。

3. 基础设施层的云原生算力纳管模式

在基础设施层的云原生算力纳管模式下，云原生算力控制台与云原生算力集群进行对接并网，从而实现对第三方算力集群的统一深度纳管、调度和算力封装。这种模式适用于接入小型第三方算力等场景。基础设施层的云原生算力纳管模式如图 11-3 所示。

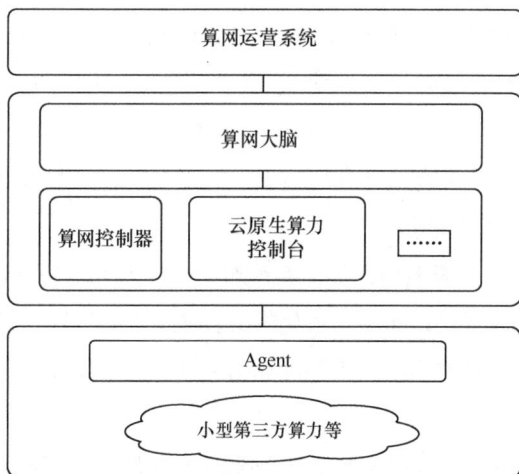

图 11-3　基础设施层的云原生算力纳管模式

在该模式下，云原生算力控制台通过基于云原生的技术方案，向第三方算力集群植入 Agent 代理插件，以此实现并网。算网大脑可感知到相关的算力资源，并对这些资源进行统一编排和管理。在此模式下，双方的合作程度更深，达到了深度纳

219

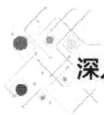

管的目标，进而使用户在使用被接入的各种算力类型时毫无感知，操作体验更为流畅自然。

第三方算力资源池或服务器需支持云原生化的统一封装，以契合该模式下对算力资源软硬件在规模和性能方面的要求。同时，要能够支持完成算力集群的注册、修改、删除等操作，并协同做好算力资源的交付和运维管理工作。在此模式下，算网运营商主要负责对算力消费进行计量统计与费用核算工作，双方均可采用区块链技术对交易进行上链溯源和对账管理等。

除此以外，算力并网还需攻克以下技术难关。

一是算力计量方面，算网运营商需要从计算、网络、存储、内存等多维度构建评估模型，实现对多样化算力资源信息的抽象整合，现有算力计量体系包含业务运行能力计量、节点综合能力计量和异构算力资源计量 3 个不同层次的计量维度。在算力并网过程中，由于参与的算力节点所有者众多，底层异构算力资源类型繁杂，即使面对同一类型的硬件设施，由于不同算力服务商的生产工艺及软硬件技术路线不同，因此性能存在差异。

二是算力封装方面，算网运营商需要实现自有算力和社会第三方算力的统一封装，在这个过程中，需要综合考量算力的类型、地理位置、成本、规模和网络质量、数据中心 PUE 等因素。同时，由于算力资源多样异构且归属不同，算力资源供给方和使用方动态加入、需求各异，算力服务种类丰富灵活，这些情况都需要纳入考虑范围。此外，还需要实现更具有效性和可标识性的算力封装，为算力并入后的收益分配和调度提供更公平可信的凭证。

三是泛算调度方面，算网运营商需实现对并网算力资源的有效感知与精准管控，同时屏蔽上层应用的差异性，实现一致化供给。基于一体化管理级调度技术，针对任务不同等级需求，制定并实施跨域远距离算力调度、数据同步、弹性部署等一系列整体方案。

四是可信交易方面，算网运营商需基于区块链技术实现并网交易全流程可信存证与溯源。针对算力并网交易中涉及的数据溯源、账单对账、电子协议存证等应用场景，利用区块链技术为各应用场景搭建底层联盟链网络，在此基础上提供区块链应用接口，确保多方数据一致性，为交易的公平、公正、可信提供技术保障。

11.1.4　业界算力并网实践

1. 中国移动：全国算力并网行动

截至 2024 年年底，中国算力规模已超 290EFLOPS，而算力利用率仅为 30%，这迫切需要技术革新以促进算力资源的高效互联与整合。为解决算力利用率不足、资源分布不均等难题，中国移动一项旨在构建异地异属异构算力并网的创新计划应运而生。该计划通过技术及运营管理手段实现算力资源的统一接入与高效调度，推动各类算力向"一点接入、开箱即用"的方向发展。2023 年 8 月，在中国算力大会上，中国移动发起了算力并网行动，如图 11-4 所示。该行动通过统一的运营入口"算龙头"，实现用户对全地域、全类型及来自各算力资源提供商的算力的一站式获取（涵盖订购和开通等），助力算力便捷汇聚，并基于算网大脑打造两项创新服务——算网地图和数据快递服务，以支持超算中心、智算中心等所需大数据量、低成本的数据传输。截止到 2025 年 4 月，并网智算算力超 30EFLOPS、超算算力为 800PFLOPS、量子算力为 1138 量子比特。

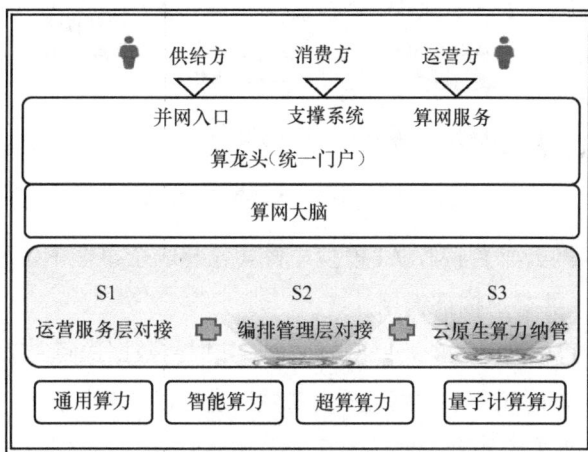

图 11-4　中国移动算力并网行动

2. 基于智算中心的算力并网实践

为解决自有异构算力不足且在短时间内难以快速补足的问题，并满足省内人工智能计算中心所面临的商业客户较少，收益率不高，进而迫切需要提升资源变现能力的需求，河南某公司联合省内人工智能计算中心，对多种对接模式下的智

算算力并网进行验证，对省内异构算力资源进行盘活，探索算力并网新型商业模式，实现了中国移动与社会第三方算力的合作共赢。

河南某公司以其工业互联网云平台为核心，向上打通与某人工智能计算中心的算力通道，实现 AI 算力的跨域调用；向下面向客户，形成可供调用的 AI 产品能力，赋能企业生产，其平台架构如图 11-5 所示，具体如下。

① 人工智能计算中心提供 AI 算力底座，完成模型训练和调试过程，将训练完成的 AI 模型下发至工业互联网云平台。

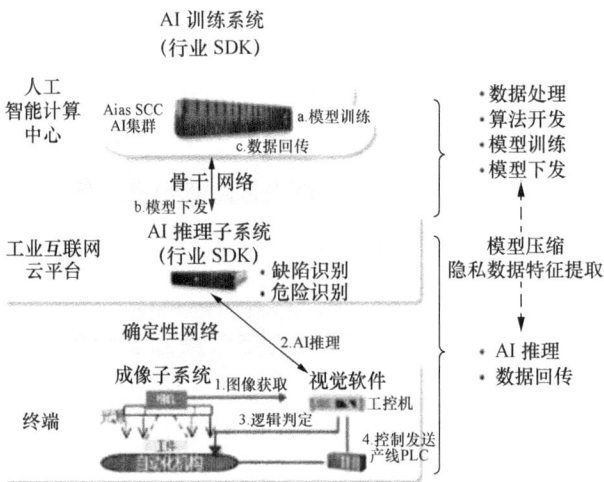

图 11-5　智算算力并网平台架构

② 工业互联网云平台接收 AI 模型，将其包装成企事业单位所需的产品，在应用层开放 API，供客户按需调用。

③ 企业用户可以通过工业互联网云平台，定时将数据送回人工智能计算中心，更新完善数据源。同时工业互联网云平台对数据进行误检率分析等，持续优化算法。

3. 基于量子计算的算力并网技术探索与实践

量子计算将引领新一轮科技革命和产业变革的方向。目前，量子计算基础研究面临的挑战有量子计算算力不充足、软件体系不完善、算法应用场景有限。移动云基于"云计算"基础设计了融合经典算力和量子计算算力的"五岳"量子计算云平台。量子计算算力并网架构如图 11-6 所示，该平台旨在提供量子计算机、量子模拟器和量子算法应用解决方案。移动云针对量子计算机技术路线和接口不

统一等问题，研究开发了量子计算算力并网技术架构通用方案，实现了量子计算算力资源上云，打通了从量子真机、量子算法到应用场景探索实现的产业化通道，推动量子计算技术产业加速成熟，具体内容包括以下几个方面。

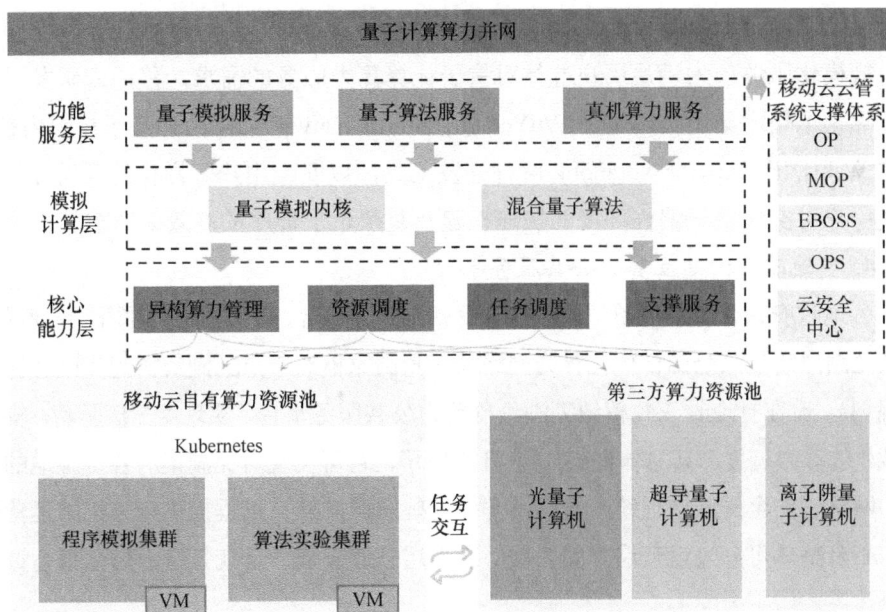

图 11-6　量子计算算力并网架构

（1）在设计量子计算算力并网架构上，打造经典量子融通算力底座

由于量子计算机呈现多种技术路线并行发展的态势，量子计算算力并网需要解决不同硬件与平台之间的接口不统一和通信问题。为解决该问题，移动云设计了量子计算算力并网技术架构通用方案，通过标准接口整合多样化量子计算算力资源，未来可形成"移动云+多形态、多区域、多模式"的量子计算算力装备集合体。目前，"五岳"量子计算云平台已并网 1138 量子比特（含 3 类量子算力），可提供"多制式"量子算力服务、"多模式"量子模拟应用服务、"多元化"量子算法服务，能够助力金融、交通、生物医药等垂直行业用户和高校科研用户，快速形成行业级"量子计算+"解决方案，拓展量子计算的应用边界。同时"五岳"平台能够提供后量子安全服务，面向数据保密性高的企业提供后量子安全架构升级解决方案。

（2）实现量子计算算力"任务式"调用

为统一任务接口、实现经典计算与量子计算机之间的安全传输，移动云提供

了"任务式"量子计算算力服务方案,实现端到端的"数据构建→任务提交→安全鉴权→状态监控→消息互传"一站式服务。

(3)研发实用化量子计算模拟技术,解决量子计算算力难题

目前,量子计算机制造成本高昂,受限于其极高维护成本和庞大的占用空间,难以规模化服务。为满足用户群体对量子计算算力服务的需求,移动云研发了量子计算模拟技术。该技术基于 WuYue Quantum、Kaiwu SDK 两种量子模拟内核,提供 WebIDE、Jupyter Notebook 两种开发工具,以匹配用户多样化的开发习惯。这使用户可实现量子编程环境的快速构建及复杂量子程序的高效编译求解。

4. 各地政府:建立算力公共服务平台

各地政府联合企事业单位,相继建设算力调度平台、算力互联互通平台。例如,安徽芜湖拟定了《全国一体化算力网络长三角国家枢纽节点芜湖集群起步区总体建设规划》,旨在打造长三角枢纽芜湖集群算力公共服务平台,实现"三核驱动,辐射全域"的算力调度。其总体框架如图 11-7 所示,它可实现对芜湖集群各资源池的算力、网络、安全资源进行统一管理,并对这些资源的交易过程提供全方位的运营服务。平台整体可分为运营层、能力层、接入层三级架构,旨在打造一体化算力调度平台体系。

图 11-7 长三角枢纽芜湖集群算力公共服务平台总体框架

① 运营层：为资源服务商提供资源上架入口，向消费者展示资源消费市场，为消费者提供算力服务。

② 能力层：支撑对外提供服务能力，涵盖平台管理、资源交易、平台安全、监控运维等核心功能；具备对社会化算力、网络、安全资源进行统一认证、上架、管理的功能；负责接收资源消费者的业务需求申请，资源消费者可通过平台完成算力、网络、安全服务的订购、开通及使用操作，同时还提供运维保障能力。

③ 接入层：负责制定统一的资源池准入规范；支持公有云、私有云、安全资源池等平台的适配接入，并提供平台开放集成能力。

目前，长三角枢纽芜湖集群算力公共服务平台已经正式上线。截止到 2024 年 9 月，该平台接入的数据中心和产品可提供通用算力 CPU 超 20 万核，智算算力超 12000PFLOPS，超算算力达 12PFLOPS，量子算力达 72 比特，有效降低用户算力使用成本约 30%。

此外，北京市也在加速算力并网实践。2024 年 9 月 19 日，数智"新"北京暨 2024 北京互联网大会在京召开，会上，北京市算力互联互通和运行服务平台上线，目前平台已汇聚京内外 29 家算力服务商，算力资源超 50000PFLOPS，通过该平台，算力能像水、电等资源一样随用随取。

11.2　算力网络助力数据要素流通

11.2.1　背景与政策

全球范围内，云计算、大数据和 AI 等技术正推动数字经济蓬勃发展。当前社会已进入数字化发展的关键时期，数据规模呈现迅猛增长和集聚的趋势。数据已成为推动各行业快速发展和变革的核心竞争要素，无论是政府管理、企业经营，还是普通民众的日常生活，都与数据密切相关。在我国，数据资源已成为数字中国建设的核心要素，在产业数字化、教育数字化、生活数字化、娱乐数字化等方面发挥着重要作用，我国诸多领域数字化转型正处在高速发展阶段，以数据要素为核心的经济新业态越来越丰富。国家数据局发布的《数字中国发展

报告（2024 年）》显示，2024 年，我国数据生产量达 41.06 泽字节（ZB），同比增长 25%，展现出强劲的增长势头。数据要素正成为劳动力、土地、资本、技术之外最先进、最活跃的新型生产要素，是数字经济时代的基础性与战略性资源，驱动经济结构、企业模式及科学范式等不断发生变革。

我国也在政策支持与指导下，致力于打通数据要素流通在各环节的堵点，如表 11-1 所示。

表 11-1 　　　　　　　　　　　　我国数据要素相关政策脉络

政策脉络

时间	文件	主要内容
2019 年 10 月	《中共中央关于坚持和完善中国特色社会主义制度 推进国家治理体系和治理能力现代化若干重大问题的决定》	首次在中央文件中将"数据"列为生产要素
2020 年 4 月	《中共中央 国务院关于构建更加完善的要素市场化配置体制机制的意见》	明确提出引导培育大数据交易市场，依法合规开展数据交易
2020 年 5 月	《中共中央 国务院关于新时代加快完善社会主义市场经济体制的意见》	提出加快培育发展数据要素市场，建立数据资源清单管理机制，完善数据权属界定、开放共享、交易流通等标准和措施，发挥社会数据资源价值
2020 年 12 月	《关于加快构建全国一体化大数据中心协同创新体系的指导意见》	提出完善覆盖原始数据、脱敏处理数据、模型化数据和人工智能化数据等不同数据开发层级的新型大数据综合交易机制
2021 年 1 月	《建设高标准市场体系行动方案》	提出建立数据资源产权、交易流通、跨境传输和安全等基础制度和标准规范，积极参与数字领域国际规则和标准制定
2021 年 3 月	《中华人民共和国国民经济和社会发展第十四个五年规划和 2035 年远景目标纲要》	对"建立健全数据要素市场规则"作出部署，要求统筹数据开发利用、隐私保护和公共安全，加快建立数据资源产权、交易流通、跨境传输和安全保护等基础制度和标准规范
2021 年 12 月	《要素市场化配置综合改革试点总体方案》	探索建立数据要素流通规则
2021 年 12 月	《关于推动平台经济规范健康持续发展的若干意见》	提出从严管控非必要采集数据行为，严厉打击黑市数据交易，依法查处大数据杀熟等滥用行为
2022 年 1 月	《"十四五"数字经济发展规划》	指出要充分发挥数据要素作用，强化高质量数据要素供给，加快数据要素市场化流通，创新数据要素开发利用机制。加快构建数据要素市场规则，培育数据要素市场主体、完善数据要素治理体系，到 2025 年，数据要素市场体系初步建立

政策脉络		
时间	文件	主要内容
2022 年 4 月	《中共中央 国务院关于加快建设全国统一大市场的意见》	提出加快培育数据要素市场，建立健全数据安全、权利保护、跨境传输管理、交易流通、开放共享、安全认证等基础制度和标准规范，推动数据资源开发利用
2022 年 12 月	《中共中央 国务院关于构建数据基础制度 更好发挥数据要素作用的意见》	全方位设计了数据基础制度的"四梁八柱"，提出了数据产权制度、流通和交易制度、收益分配制度、安全治理制度。形成了数据基础制度"总路线图"
2023 年 12 月	《"数据要素×"三年行动计划（2024—2026 年）》	到 2026 年年底，数据要素应用广度和深度大幅拓展，在经济发展领域数据要素乘数效应得到显现，打造 300 个以上示范性强、显示度高、带动性广的典型应用场景，涌现一批成效明显的数据要素应用示范地区，培育一批创新能力强、成长性好的数据商和第三方专业服务机构，形成相对完善的数据产业生态，数据产品和服务质量效益明显提升，数据产业年均增速超过 20%，场内交易与场外交易协调发展，数据交易规模倍增，推动数据要素价值创造的新业态成为经济增长新动力，数据赋能经济提质增效作用更加突显，成为高质量发展的重要驱动力量

此外，2023 年 3 月，中共中央、国务院印发了《党和国家机构改革方案》，提出组建国家数据局。2023 年 10 月 25 日，国家数据局正式挂牌成立，数据局主要负责协调推进数据基础制度建设，统筹数据资源整合共享和开发利用，统筹推进数字中国、数字经济、数字社会的规划和建设等。与此同时，将中央网络安全和信息化委员会办公室承担的研究拟订数字中国建设方案、协调推动公共服务和社会治理信息化、协调促进智慧城市建设、协调国家重要信息资源开发利用与共享、推动信息资源跨行业跨部门互联互通等职责，国家发展和改革委员会承担的统筹推进数字经济发展、组织实施国家大数据战略、推进数据要素基础制度建设、推动数字基础设施布局建设等职责划入国家数据局。数据向生产要素的转化需要政府和市场形成合力，政府在数据基础制度建设、统筹数据资源整合共享和开发利用、市场建设及治理等方面发挥着关键作用。公共数据的开发利用是数据流通的重要内容，需要一个管理部门来推动，国家数据局的成立正是顺应了我国数字经济发展的需要。

11.2.2　数据要素流通的含义

数据要素指的是在一定场景下能够为实体带来价值、提升效率、解决问题或创造新价值的各种数据。这些数据可以是结构化的，如数据库中的表格，也可以是非结构化的，如社交媒体上的文本或图像。数据要素流通则是指数据的交换、共享、整合和利用，旨在促进数据的流动和创新应用，实现数据价值的最大化。图 11-8 给出了当前数据要素流通环节及涉及角色。由此可见，要使数据价值最大化，数据要素化及能够流通是其中的核心。

数据要素化主要包括以下几个方面。

① 数据生成：这是数据要素的源头，包括各种社会经济活动、科学研究、日常生活等产生的原始数据。

② 数据采集：通过各种手段和技术，如传感器、互联网、移动设备等，将数据从各个源头收集起来。

③ 数据处理：对采集到的原始数据进行清洗、整合、标准化等预处理工作，使其成为可供分析和应用的形式。

④ 数据分析：运用统计学、机器学习、人工智能等方法，对处理后的数据进行深度挖掘和分析，提取有价值的信息和知识。

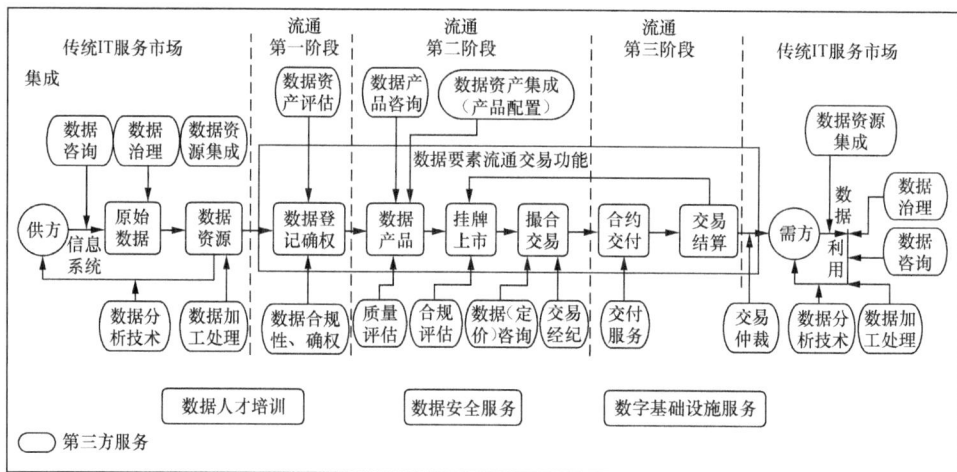

图 11-8　数据要素流通环节与涉及角色（来源：国联证券研究所、上海数据交易所）

⑤ 数据应用：将数据分析的结果应用于各种场景，如决策支持、产品设计、市场营销、公共服务等，以实现数据价值的最大化。

数据要素流通主要包括以下几个环节。

① 数据开放：政府部门、企业单位、科研机构等数据持有主体将其部分或全部数据公开，供其他主体使用。

② 数据共享：不同主体之间通过协议、平台等方式，相互提供和获取所需的数据。

③ 数据交易：在遵循相关法律法规和市场规则的前提下，数据作为一种商品在市场上进行买卖。

④ 数据跨境流动：数据在不同国家和地区之间的流动，需要遵守国际数据保护和隐私法规。

数据要素流通对于经济社会发展的重要意义，包括以下几点。

① 提升经济效益：数据流通可以打破数据孤岛，提高数据的利用效率并挖掘其潜在价值，推动数字经济的发展，创造更多的经济效益。

② 促进创新：数据流通可以促进知识和信息的传播，激发创新思维和创新活动，推动科技进步和社会变革。

③ 优化资源配置：数据流通可以帮助企业和政府更好地了解市场需求和趋势，优化生产流程和资源配置，提高经济运行效率。

④ 提高公共服务水平：通过数据共享和开放，政府部门能够为公众提供更加精准和个性化的公共服务，提高公众满意度和生活质量。

⑤ 保障数据安全和隐私：在数据流通过程中，建立健全数据安全和隐私保护机制至关重要，需要确保数据的安全、合法、合规使用。

11.2.3　数据要素流通典型案例

为充分释放数据要素价值，落实《"数据要素×"三年行动计划（2024—2026年）》，2024 年 5 月 24 日，国家数据局会同生态环境部、交通运输部、国家金融监督管理总局、中国科学院、中国气象局、国家文物局、国家中医药局等部门在第七届数字中国建设峰会上发布首批 20 个 "数据要素×" 典型案例，涵盖了工业制造、现代农业、商贸流通、交通运输等 12 个行业和领域，覆盖了北京、上海、浙江、江苏、四川、安徽、湖南、湖北、广东、福建、山东、新疆 12 个省份，以及部分中央企业、地方国有企业和民营企业，展示了国内当前促进数据要素开发利用的典型经验做法。

1. 某电子控股集团打造工业数据空间，赋能产业链上下游发展

电子信息行业产业链条长、供应商多，一旦某个环节出现延迟供货或断供，将影响上下游企业的生产和现金流，甚至影响企业群体的生存。同时，很多上下游供应商属于中小微企业，普遍面临融资难、融资贵等生存挑战。融资困难可能导致中小微企业资金链断裂，进而成为供应链稳定的风险隐患。某电子控股集团通过建立工业数据空间，整合测试、生产、库存、应付账款、供应商资信和历史交易记录等数据，既用来破除产业链上下游企业之间的信息壁垒，又用来助力中小微供应商获得授信额度，促进产业链供应链高质量协同发展，其业务架构如图 11-9 所示。

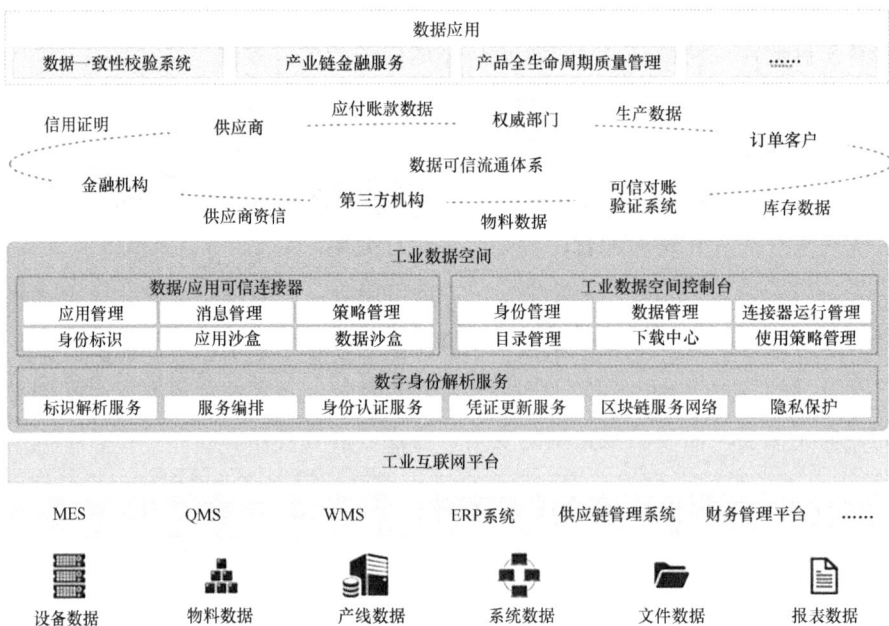

图 11-9　工业数据空间业务架构

一是完成多个工业软件系统数据汇聚与校验。工业数据空间接入多个工业软件系统，对数据进行汇聚、处理和交叉验证，保障数据和行为可信、可证，解决数字化工厂管理系统之间进行出入库交互、物料描述信息同步双方数据不一致的问题，对账用时最低可至 30s，降幅达 99.72%，最短可在 20min 内自动完成全量数据异常发现，效率提升 98.61%，如图 11-10 所示。

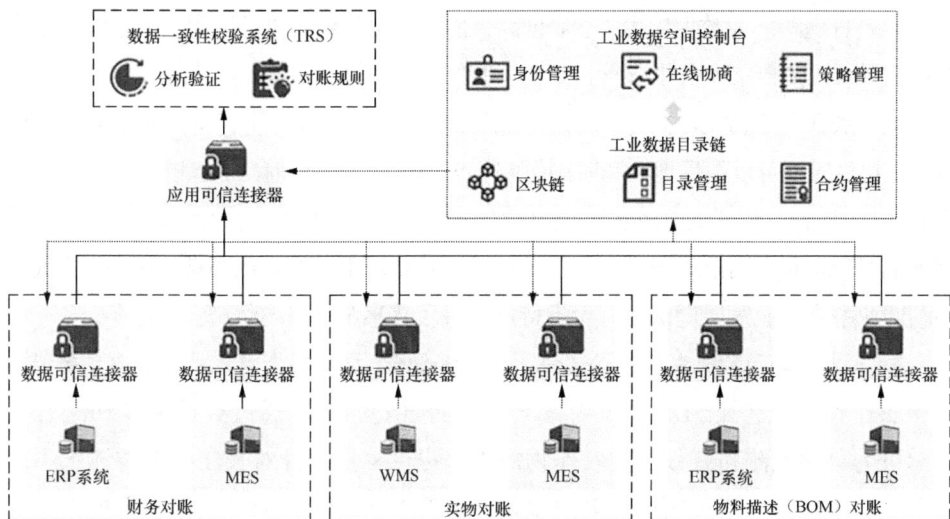

图 11-10　数据一致性校验场景示意

二是实现供应链多个主体间数据可信可控流通。利用数据跨域使用控制技术，通过工业数据空间为供应链各方提供可信可控的数据流通通道，代工企业产测、整机质检等生产质量数据向客户实现可控的共享，如图 11-11 所示。自应用以来，平台向代工品牌商安全共享超 135 万台电视生产质量数据，赋能产值超 90 亿元，强化了电子信息产业链协同能力，提升了产业链韧性与安全水平。

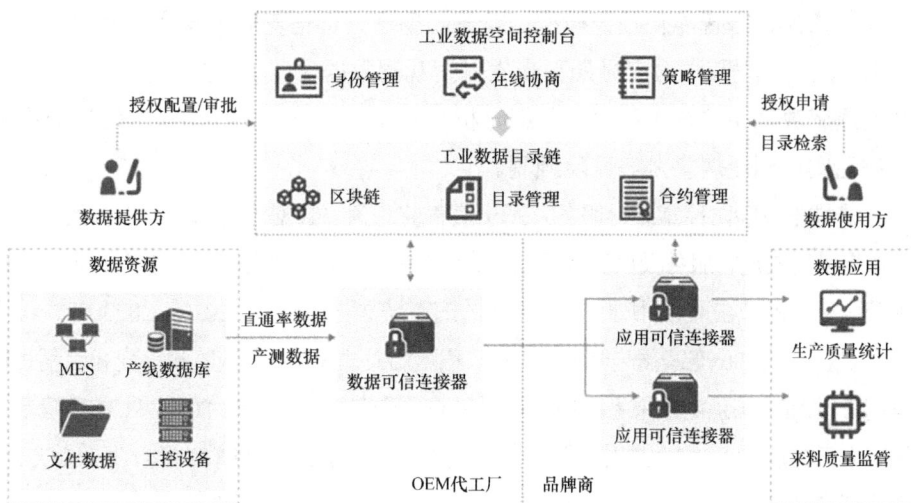

图 11-11　生产质量数据安全共享场景示意

三是打造跨产业数据应用平台，创新供应链金融服务。通过工业数据空间对接金融机构系统，整合龙头企业与产业链上下游的相关数据，获得龙头企业与产业链上下游的应付账款可信确权，以龙头企业的信息优势提升中小微企业的信用水平和信贷能力，这让供应商可以不受地域和时间影响实现快速融资。目前，供应链金融服务已覆盖 64 家大型企业及其上下游超过 1650 家中小企业，融资总额超 40 亿元，中小企业贷款加权平均利率比市场平均水平低 1.05%，且相较于传统贷款周期缩短 5～7 天，为制造业中小企业发展提供了有力支持，促进了普惠金融对实体产业的服务。

2. 某省互联网农业发展中心依托多源数据融合，提升稻麦重大病害监测预警能力

农作物病虫害是影响农作物稳产增产的重要因素，通过数据采集和融合分析，可为科学预测和有效防控农作物病虫害提供支撑。针对长江中下游地区小麦赤霉病和水稻稻瘟病发病风险高的现状，以及传统病害监测手段存在数据采集不全面、监测覆盖范围不到位、风险发现不及时等问题，某省互联网农业发展中心依托政务数据共享平台，通过对病害、气象、遥感等数据的采集汇聚，对作物病害发生进行常态化的概率测算和风险预警，有效提高病害防治的精度。

一是实施多源数据采集与治理。依托该省农业农村大数据云平台，综合应用 GIS、物联网、卫星遥感等手段，采集汇聚农情、植保、气象、基础空间等相关数据，构建赤霉病、稻瘟病数据资源库。

二是搭建病害智能化预警模型。首先，整理分析稻麦病害发病情况的历史调查数据。然后，将其与对应时期稻麦生育期观测数据、气象数据、作物识别数据、多光谱遥感数据相结合，利用大数据分析和机器学习算法，搭建病害发病概率模型，进而实现稻麦病害发病风险预测。

三是推出风险防控常态化服务。基于病害监测预警数据分析结果，为各类生产经营主体提供历史病害服务及监测分析、预警发布等服务，每日发布未来 7 天病害侵染风险预警信息，提升在重点时间、重点区域的病害精准防治能力。2019—2023 年，该省互联网农业发展中心连续预测全省赤霉病、稻瘟病发病风险，累计监测小麦和水稻种植面积超 2 亿亩。在预测效果上，病害逐日风险预测准确率提高到 80%以上，风险预测时间比人工提前 7 天，大大提升了预测的准确性和及时性。在经济效益和环保效益方面，平均每年减少植保用药 1～2 次，近三年年均挽回稻麦损失共计 200 万吨，年均挽回直接经济损失 49.8 亿元，既降低了农业生产成本，又减少了农药使用对环境的影响。

3. 某市电子商务公司实现产业链数据融合应用，助力提升大宗商品流通效率

大宗商品贸易是全球经济活动中的重要组成部分，对经济增长、国际贸易平衡和金融市场稳定意义重大。中国作为全球重要的商品生产和消费国，存在大宗商品国内市场结算标准价格缺失的情况，这在一定程度上导致了国际市场价格影响力不足等问题。某市电子商务公司通过融合多方数据资源，打造了系列商品价格指数等产业数据产品，这些数据产品有效提升了大宗商品的流通效率，提高了我国在大宗商品国际定价方面的影响力。

一是多渠道采集融汇产业链数据。该公司通过人工采集与系统自动化采集相结合的方式，汇聚大宗商品在生产、供应、销售环节的数据及价格数据，并融合外部企业提供的遥感卫星数据，采用图像语音识别、人工智能建模分析预测等技术，形成了一套产业数据库，该数据库覆盖黑色金属、有色金属、建筑材料、能源化工、新能源、新材料、可再生资源、农产品 8 大领域，涉及 100 多个产业链。

二是以需求为导向强化数据产品开发和服务。面向产业链上下游各类企业、金融衍生品市场机构、政府等主体，满足其需求，开发了商品价格指数等系列数据产品，累计形成了 900 多个大宗商品品种的 10 万多条日度价格数据及影响价格波动的多维度数据，数据总量共计近 10TB。2015 年，该公司的铁矿石价格指数被世界四大矿山之一的必和必拓纳入结算体系，截至 2022 年，全球 30%左右的铁矿石贸易采用该指数作为结算依据。该公司以数据终端（PC 端和移动端）服务、数据互换、个性化定制服务等方式，服务 30 多万个付费用户，以及 300 多万个免费用户，为国内外现货和衍生品市场提供结算基准和定价参考。2023 年，该公司产业数据服务业务实现收入 8 亿元，同比增长 15.99%，三年复合增长率 18.90%。

4. 某省量子科技公司建立高质量化学与材料数据库，加速材料研发范式变革

材料科学作为国民经济发展的关键基础支撑，其研发的每一次重大进步都有力推动着国家经济从以往单纯追求速度的高速发展阶段，迈向注重质量与效益的高质量发展阶段。新材料产业的战略性崛起对促进高端装备突破及保障国家重大战略需求意义重大。但材料研发的传统"试错"模式存在研发周期较长、成本较高、不确定性较大等问题。某省量子科技公司通过建立高质量化学与材料数据库，以此为基础训练专项人工智能分析模型，并进一步构建机器人实验系统，从而打造出基于数据的材料研发新模式。这一模式显著提升了新材料研发的质量和效率，

从而大幅增强了相关产品的市场竞争力。

一是建立高质量化学与材料数据库。该公司通过对海量的专利论文等文献数据进行深度挖掘，并在此基础上开展高效的量子化学计算工作，成功建立起了一个包含了9000多万种化合物、1100多万条化学反应路径的规模庞大的材料数据库，如图11-12所示。

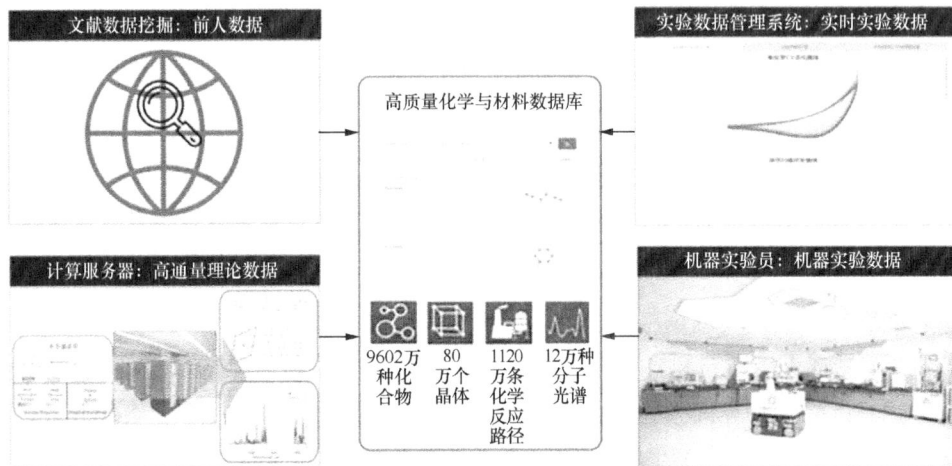

图 11-12　建立高质量化学与材料数据库

二是训练专项人工智能分析模型。构建人工智能分析模型，该模型包含材料结构、性能等特征，专注于材料配方与合成方案的分析。借助高质量化学与材料科学数据库，对模型进行训练和调优，最终形成可用于探索和设计材料配方和合成方案的人工智能产品，如图11-13所示。

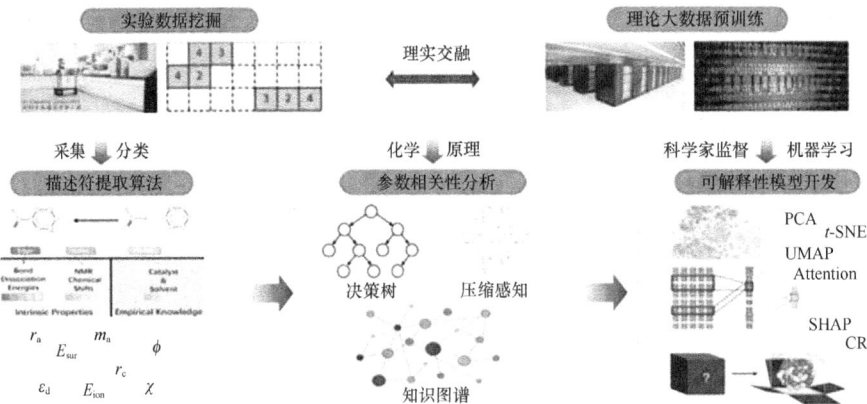

图 11-13　构建知识图谱，开发智能模型

三是构建机器人实验系统。构建机器人试验系统"机器化学家",实现了从数据读取、方案设计到实验操作的全流程智能化操控,变革了材料研发范式,提升了材料研发的效能与质量。"机器化学家"日均可完成百次以上化学实验操作,并将原本需要进行数千次的实验优化过程缩短至 300 次以下,使开发效率提升超百倍,全局优化准确率达到 90% 以上。此外,将实验结果反哺到数据库中,推动了数据智能驱动材料研发的良性循环。2023 年上线以来,该系统已在 20 余家高校、科研机构及行业头部企业得到应用,支撑解决了如开发记忆金属、红外探测芯片光吸收增强、磷矿浮选、智能窗材料等一批技术难题,提升了相关产品的技术水平和市场竞争力。

11.2.4　数据要素流通的难点与业界研究方向

随着数据规模呈现爆炸式增长、数字技术得到广泛应用、数据要素领域企业活力持续增强、数据应用场景愈发丰富,数实融合发展加速演进将成为未来的发展趋势,也将为我国数字产业创新发展带来强大的驱动力。它将给算力供给、调度、使用等算力产业生态相关企业,以及数据采集加工、分析处理、创新应用等数据产业链上下游企业带来重大利好。但总体来看,当前我国数据要素流通还处于起步阶段,数据要素市场发展仍然较为缓慢,数据要素流通不畅、数据跨区域流通壁垒已成为制约数据社会化、市场化开放和开发利用的重大挑战。因此如何基于标准化布局更充分地保障数据核心生产要素高速、有序、安全流通,充分释放数据潜在价值,为千行百业赋能成为数字经济时代必须认真思考的问题。本节将阐述当前数据要素流通过程中的主要难点和业界研究方向。

1. 难点

(1)数据权属难界定

在数据要素流通过程中,数据权属界定之所以成为难点,主要体现在以下几个方面。

① 数据生成过程具有多元性和复杂性。数据可以由个人、企业、政府机构等多个主体产生,而且在生成过程中可能涉及数据的收集、处理、分析、应用等多个环节。每个环节都可能对数据价值产生贡献。但在当前的数据权属框架体系下,对这些不同环节中各主体享有的具体权利尚未有全面而清晰的界定。

② 原始数据与衍生数据区分困难。原始数据的所有权相对容易理解,但当

其经过加工、整合后形成衍生数据时，其权属归属的确定就变得较为困难。尤其是当数据经过深度学习算法或其他技术手段被进一步提炼、增值后，新产生的数据成果应归属于谁，这一问题很难明确界定。

③ 隐私保护与商业秘密冲突。有些数据中可能包含大量的个人信息，还可能涉及商业秘密，在数据流通的过程中需要兼顾个人隐私保护和个人信息安全，同时也要防止商业秘密被泄露。这就要求在确定数据权属时，必须同时考虑数据安全、隐私保护及知识产权等方面的法律法规约束。

（2）数据价值难评估

在数据要素流通过程中，数据价值难评估的原因主要体现在以下几个方面。

① 数据具有非标准化与异质性。不同来源、类型、格式的数据，其价值存在显著差异。而且，即便是同一类数据，在不同的应用场景下，其价值也可能呈现出迥然不同的情况，这无疑对数据价值进行量化评估带来了巨大的挑战。

② 数据具有时效性。数据的价值与其产生的时间密切相关，过时或不再更新的数据可能迅速失去价值，而实时或高频更新的数据则可能蕴含极高价值。如何准确把握并精准衡量这种随着时间不断动态变化的数据价值成为一个极具挑战性的难题。

③ 数据质量难以度量。数据质量涵盖数据的完整性、准确性、一致性、可用性等方面，这些因素直接影响着数据的价值。然而目前缺乏统一的标准来衡量和量化数据质量，这为数据价值评估带来了很大的不确定性。

④ 数据之间的关联性及潜在价值挖掘难度大。通常情况下，单个数据集的价值往往有限，但当它与其他数据集进行结合分析时，便有可能产生巨大的附加价值。然而，识别和预测数据之间的关联性及其所能带来的潜在价值相当复杂。

⑤ 市场定价机制不健全。由于数据交易市场处于起步阶段，且法律政策相对滞后，数据市场尚处于初期探索阶段，成熟的市场定价机制尚未完全建立，因此数据价值评估缺乏足够的市场参考依据。

⑥ 数据使用需合规。在满足数据流通和利用的同时，必须遵守相关法律法规中关于个人隐私保护的规定，这就意味着部分数据需要经过脱敏、加密等处理才能使用，处理过程会降低原始数据的价值，而新数据的价值评估又增加了额外的难度。

（3）数据流通安全挑战

在数据要素流通过程中，安全问题之所以成为一个难点，主要体现在以下几个方面。

① 多主体间数据安全流转暂缺乏成熟的可信承载介质或能力支持。数据安全和隐私保护是数据流通的基本前提，数据一旦脱离其原有的存储位置与相关设施进行流通，就可能对个人隐私造成侵犯，也可能导致企业商业秘密泄露和知识产权遭到侵害。数据可以以较低成本进行复制，数据泄露和越权滥用事件也加深了公众对数据安全的不信任感，各主体对数据在流通过程中可能失控的风险感到担忧。

② 现有隐私保护技术尚存在性能、成本、技术缺陷等现实问题。尽管隐私计算技术发展迅猛，但它在安全和数据的互联互通等方面仍然面临挑战。而较高的技术成本也使众多企业望而却步，这些现实难题在一定程度上严重制约了隐私计算技术的推广和应用。

③ 数据流动存在合规风险。不同国家和地区对数据隐私保护的法律法规不尽相同，且不断更新变化。在数据跨境流动时，如何确保遵守各地严格的隐私保护规定和数据安全法规，避免因不合规问题而发生风险，是一项复杂的挑战。

④ 数据权责界定不清。在数据流转链条中涉及多个参与方，包括数据提供者、使用者、处理者及监管机构等，各方对于数据保护的责任边界通常不够明确，一旦发生数据泄露事件，责任的归属将变得难以确定，这无疑增加了数据安全保障的复杂度。

2．研究方向

针对当下数据要素流通领域所面临的一系列难点问题，政府、数据交易所、研究机构和学术界、法律机构和法学专家、服务提供商和技术公司等业界各方，正积极针对不同方面展开研究，探寻相应的解决方案，为推动我国数据要素实现高效、有序流通及安全、合规利用提供有力的支持。

（1）政府

政府作为顶层设计者和监管者，正致力于构建和完善数据要素市场相关的法律法规体系，该体系包括明确数据产权、规范数据交易行为、保护个人隐私和国家安全等核心内容。同时，通过推动公共数据开放共享政策的实施以及制定数据跨境流动规则，政府积极破除数据孤岛现象，鼓励合法合规的数据流通。此外，政府还设立专项基金和激励机制，引导和支持业界各方开展技术创新和服务模式创新，以解决数据要素流通中的诸多难点问题。

（2）数据交易所

各地纷纷建立起数据交易中心或交易平台，积极探索适应市场实际需求的新

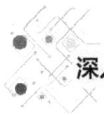

型交易模式和定价机制。数据交易所不仅提供数据交易撮合服务，还在交易标准制定、数据产品登记备案、交易安全保障等方面进行深入探索，努力搭建一个公平、透明、高效的市场环境，切实保障数据要素在流通中既能充分体现其价值，又能有力保障数据安全。

（3）研究机构和学术界

针对数据要素流通过程中所遇到的数据确权难题、隐私保护困境、数据质量评估困难等关键技术瓶颈，研究机构和学术界积极开展前沿技术研究和理论探索，如在数据确权方面应用区块链技术，在隐私保护领域采用多方安全计算技术，在数据处理方面采用差分隐私技术等，力求从技术角度为数据的安全有效流通提供科学且切实可行的解决方案。

（4）法律机构和法学专家

法律机构和法学专家聚焦于完善相关法律法规和解读司法解释，厘清数据权属边界，确立数据侵权责任认定标准，研讨数据权益保护制度，设计合理的数据交易合同范本，建立数据市场监管和争议解决机制，旨在构建一套完整的法治框架，为数据要素市场的健康发展提供坚实可靠的法律保障。

（5）服务提供商和技术公司

各类数据服务提供商和技术公司持续研发并优化应用于数据处理、存储、传输、加密等环节的技术和工具，通过提供数据审计、合规认证、质量清洗、智能分析等增值服务，助力企业提升数据治理效能，降低数据流通风险，并最终实现数据资产的最大化利用。

总之，在数据要素流通的过程中，政府、数据交易所、研究机构和学术界、法律机构和法学专家、服务提供商和技术公司等多方主体紧密合作，聚焦数据确权、价值评估和安全保障等展开多维度的研究和实践，共同构建合规、高效、安全的数据要素市场生态体系，为数字经济高质量发展注入持续动能。

11.2.5　算力网络助力数据要素高效、安全流通

1. 概述

虽然当前数据要素流通过程中存在诸多障碍，但随着算力网络的发展，高效、安全流通的瓶颈被彻底突破。算力网络通过整合通用算力、智能算力、高性能算

力等资源，打破地域壁垒，推动算力与数据、算法融合统一，从而极大促进我国数据要素流通的快速发展。

首先，算力网络通过融合统一的方式打破计算与网络之间的壁垒。在传统架构中，计算和网络资源通常是独立管理的，这导致数据流动效率低下并存在安全风险。而在算力网络中，计算、存储和网络资源被整合到统一管理框架，实现一体化编排与优化。这种架构使数据能够按需动态调度资源，提升了数据处理效率，同时降低了数据传输过程中的安全风险。

其次，算力网络通过智能调度系统实现数据流动的精确调控。通过"算网大脑"等平台，算力网络可以根据业务需求和实时负载动态分配资源，确保数据由最适合的节点处理。这不仅减少了不必要的数据传输，还能避免不适合节点的计算资源浪费，从而降低安全风险。

再次，算力网络采用先进的安全技术保障数据在流转过程中的隐私性、安全性和完整性。数据在算力网络中流转时，会采用加密和其他安全保障措施，防止数据在传输过程中被非法截取或篡改。同时，通过对数据流量的实时监控和分析，系统可以及时发现并应对潜在的安全威胁，进一步提升数据流通的安全性。

此外，算力网络还支持对数据流动的精细化管控，以满足合规性和用户策略需求。例如，通过设置访问权限和使用规则，可确保数据流转符合法律要求。这种机制尤其适用于个人隐私、敏感数据和商业机密的保护。

除了上述技术手段，算力网络还可以使用多方安全计算技术来保护数据隐私。多方安全计算技术可以弥补传统隐私计算技术的固有缺点，能在数据无须外传的条件下完成联合计算任务，这在保障数据隐私的同时，又实现了数据价值的最大化。

安全运营管理也是算力网络管理的关键环节。通过统一的安全策略管理与审计机制，确保整个算力网络的运行满足安全标准。此外，基于身份认证、访问控制、数据加密等关键技术研究与应用，持续提升防护能力。

总体来讲，算力网络通过技术创新和管理优化，为数据要素的高效、安全流通提供了强大的支撑。未来，随着算力网络技术的发展和完善，数据将更加高效、安全地跨场景流通，从而更好地推动社会经济的发展。

2. 中国移动实践

（1）基于算力网络的数联网多方安全数据流通应用探索与实践

在数据要素市场化加速推进的背景下，迫切需要新型基础设施能够突破地域、行业、网络壁垒，实现数据的安全、高效流通。中国移动数联网项目正是以此为目标，通过融合算力网络，构建"连接+存力+算力+能力"四位一体的信息服务体系。该体系不仅满足跨域跨网数据流动的计算、安全和合规需求，还为数据要素的价值发掘与商业转化提供坚实的基础。

数联网充分利用算力网络，构建了"存+算+云"的一体化数据服务框架。通过算力网络，该框架将东部地区的海量数据安全、高效地迁移至西部数据中心进行存储，并提供跨域跨网的数据计算服务。中国移动应用数联网与多方安全计算技术，依托算力网络，构建了"虚拟安全计算中心"，确保数据在加密状态下能够进行跨域计算，各方算力及网络通信成本得以降低。

江苏某公司通过采用类似"东数西存"的策略，结合算力网络的动态调度和编排功能，实现了数据在多个节点间的加密传输、存储及联合建模，依托数联网实现了数据流通的全链路安全管控，如图 11-14 所示。

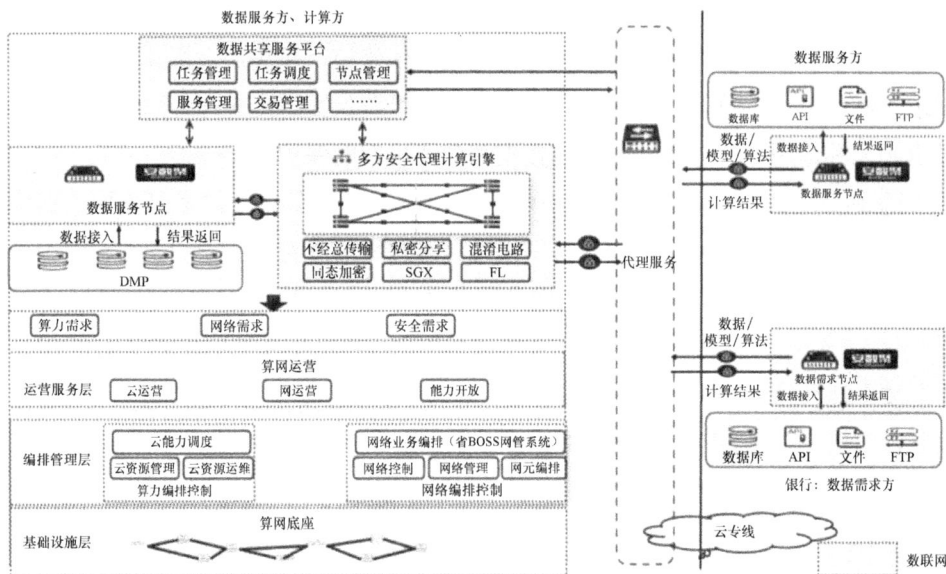

图 11-14　江苏某公司安全数据流通应用探索与实践

通过数联网和算力网络的有效结合，成功推动了跨行业数据生态建设，实现了数据要素在不同领域间的安全、高效流通。在该案例中，借助算力网络的动态调度功能，三方数据融合后模型预测准确率提升了 38%，硬件资源投入减少了 52%，在网络带宽相同的情况下，密文计算效率提升 30%。

综上所述，算力网络作为关键支撑，极大地提升了数联网在数据跨域跨网流通中的安全性和高效性。它不仅驱动了数据要素市场的快速发展，还为企业提供了更加强大、灵活、安全的数据服务解决方案。

（2）基于算力网络实现面向政务数据共享流通场景的数据安全共享及联合建模

政务数据共享流通对政府管理和公共服务改革有着重大意义。随着政府职能的转变和民众对优质公共服务的需求增加，各部门之间的信息交流愈发重要。首先，政务数据共享能够极大提升政府工作效率，避免重复处理信息，加快行政审批，提升社会治理效能，尤其是在"一网通办""一窗通办"等便民服务改革中，让民众办事更便捷，满意度更高。其次，整合各个政府部门的业务数据，可以构建全面的社会经济运行全景，为政府制定科学精准的宏观经济政策、城市发展规划等提供数据支撑，有利于科学决策。最后，政务数据流通对保障公共安全与应急响应能力至关重要，在危机预警、事件处理及后期评估等阶段，提供实时、准确数据，帮助政府更有效地应对突发公共事件。同时，开放政务数据资源能够激发市场活力，推动数字经济、智慧城市等产业发展。企业、科研机构等第三方用户可以挖掘数据背后的巨大价值，开发出更多创新服务产品。

但是，在推进政务数据共享流通的过程中，数据安全和隐私保护是政府关注的重点。山东某技术支撑方依托算力网络的高安全属性，聚焦政务数据安全共享流通，借助数联网与算网大脑的协同能力，针对某单位实现在多个业务场景下开展跨组织、跨系统的联合统计分析和联合建模服务，在保障数据主体权益的同时，通过算力网络，按需提供安全、高速、稳定的网络服务，并实现跨部门、跨系统的数据融合分析。在这个过程中，原始数据无须离开存储环境，便可打破数据孤岛，完成大规模、多维度的劳动力分析模型构建，如图 11-15 所示。

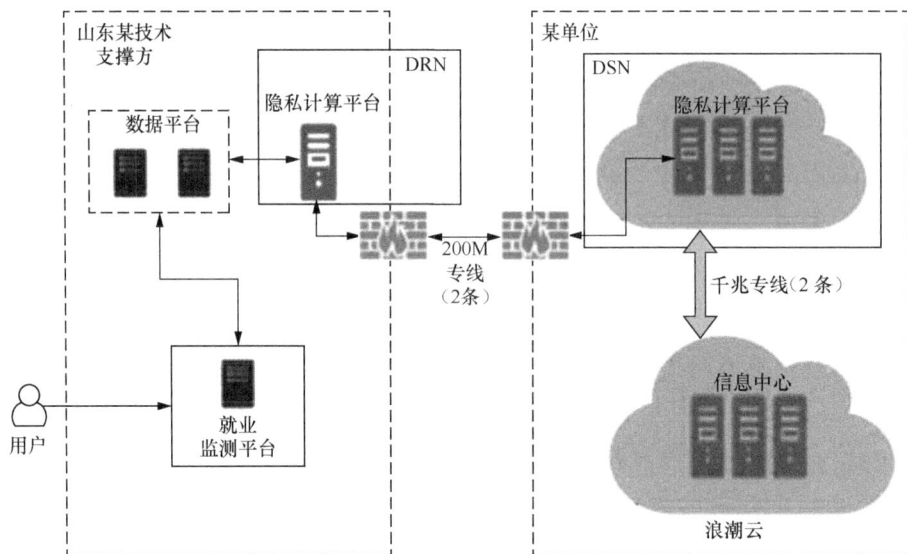

图 11-15　算力网络赋能政务数据共享交换

得益于算力网络的支持，该模型成功完成了覆盖 7000 万用户的庞大计算任务，整合处理了百亿级别的海量数据，模型围绕人口迁徙、务工分析、大学生就业分布、高校毕业生就业情况、高校竞争力分析、重点院校薪资水平、社会保险状况等，形成了系列专题报告，有效破解了用户数量分析难题。

第12章

算力网络现状及未来

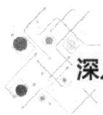

12.1 产业现状

为推动算力网络发展，算网资源提供方、算网资源需求方、算网资源运营方等作为产业生态参与方积极开展相关技术研究，促进算力产品与方案在行业中的部署与应用。

12.1.1 电信运营商牵头算力网络发展，算网服务转型升级

电信运营商积极助力国家产业数字化升级，在构建新型信息基础设施、实现自我转型的过程中，也为全社会数字化转型提供支持。由于电信运营商具备天然的网络优势，理所当然地成为算力网络的牵头方。

1. 中国移动

中国移动依托基础设施层、编排管理层、运营服务层，搭建了算力网络 3 层架构，该架构旨在从泛在协同走向融合统一，构建一体内生的算力网络体系。中国移动算力网络技术架构如图 12-1 所示。

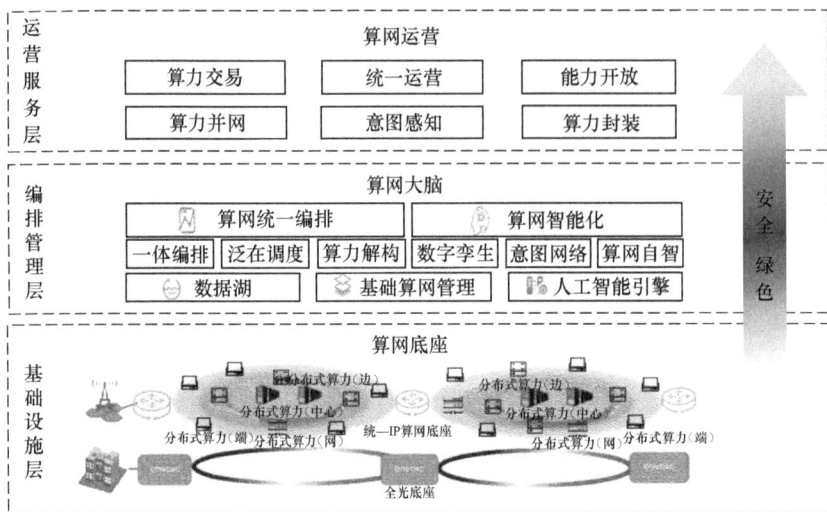

图 12-1 中国移动算力网络技术架构

2023 年 10 月，中国移动正式开启"算网大脑"全网试商用，"算网大脑"成为

算力网络 2.0 的核心枢纽，这标志着中国移动算力网络迈向"融合统一"的新阶段。

算力网络已在全国各省（市、自治区）全面开展试商用，并带来了 3 个分钟级革新。一是分钟级呈现，即算力、存力、运力和能力以分钟级颗粒度，形成全景视图。该视图既包含中国移动在全国 31 个省（市、自治区）的算力，也包含社会算力。二是分钟级资源调度，算网大脑让算网资源实现分钟级开通、计费和扩缩容，创新数据快递等任务式服务。当前，每分钟东西部资源调度近千万次。三是分钟级任务式应用开发，开发者可以便捷地使用算力网络开放的 3000 余项原子能力，仅需 10min 便可开发出一款"东数西算"应用。

当前，中国移动算力网络已支持东数西算、智算、超算、数据快递等数百种算网业务，并在数据灾备存储、影视渲染、天文研究、医药研发等多个领域得到了广泛应用。

中国移动已初步建成技术和规模双领先的全国性算力网络。技术体系持续完善、原创技术取得局部突破，算网大脑已试商用，开创了任务式服务、算力并网等新模式与新业态，超额完成第一阶段目标。面向未来，中国移动将锚定算力网络 2.0"融合统一"的发展目标，以打造"特色的算、优势的网、智慧的脑、普惠的用"为发力点，系统开展技术攻关，全力构建全新算网生态，推动算力网络向更高水平创新发展。

2. 中国电信

中国电信天翼云息壤一体化智算服务平台如图 12-2 所示。它依托算力度量、算力感知、算网融合等多项技术，支持通算、智算、超算等多种异构算力的统一接入、统一封装、统一管理。该平台可根据算效、碳效、时延、安全性等多种策略，对算力进行有效调度，为"东数西算"场景下的跨地域算力调配、人工智能领域对大规模算力的高效需求、跨域调度中的复杂任务处理等提供一站式算力调度解决方案，助力用户高效完成各类计算任务。

目前，息壤平台已全面接入天翼云的多级算力、存储等资源，并与多个合作伙伴实现了算力并网，充分整合各方算力资源，更好地服务"东数西算"工程，助推数字中国建设。未来，中国电信基于云网融合的大趋势，将打造以数据中心（DC）为核心的云网一体信息基础设施，该设施具备泛在接入、超宽连接、云网一体、确定服务四大特征，助力各行各业进一步提升信息化能力。

图 12-2   中国电信天翼云息壤一体化智算服务平台

3. 中国联通

中国联通 IP 云网的发展目标是实现算网一体，其发展规划分为两个阶段，第一阶段，即在云网融合 1.0 的基础上，继续夯实云网融合，持续打造关键核心竞争力；第二阶段，迈向算网一体，将算力定位为基础产品。这两个阶段是相辅相成的，云网融合为算网一体提供必要的云网基础能力，算网一体是云网融合的进阶形态。中国联通算网一体技术架构如图 12-3 所示。

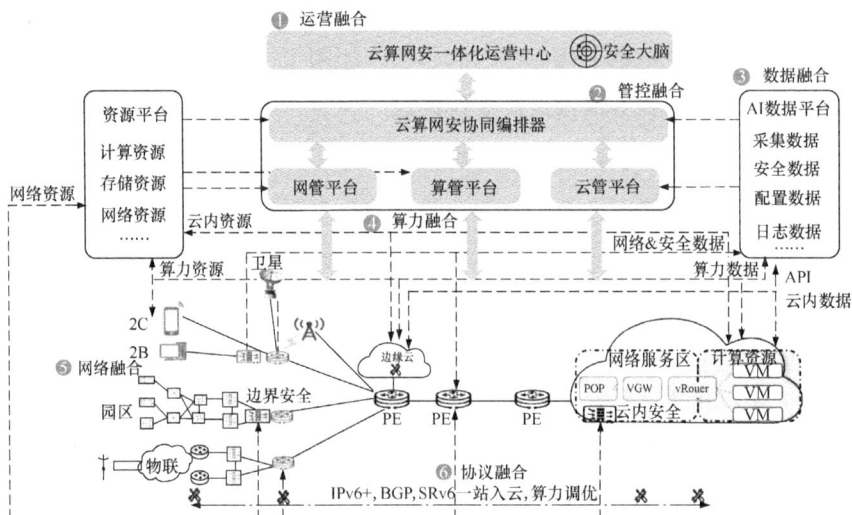

图 12-3   中国联通算网一体技术架构

目前，中国联通结合不同地区、不同行业的实际情况，因地制宜地制定符合客户需求的最佳解决方案，研发了一系列云网融合产品，逐步向算网一体迈进，取得了一定的商业成果，如泛在多云接入服务、云网切片技术等。

未来，中国联通将以云网融合为目标，搭建算网一体架构，提供六大融合能力，即运营融合、管控融合、数据融合、算力融合、网络融合、协议融合。

12.1.2　设备提供商延展新业态，设备形态一体融合

ICT 主流设备提供商为通信信息网络提供 CT 设备，为云计算数据中心和高性能计算中心提供 IT 设备。在算网融合发展初期，具备计算能力的 IT 设备和具备传输能力的 CT 设备成为算网融合设施的重要物理载体，共同构建了算网融合基础设施。

随着智能应用和数字场景对计算能力和传输速度要求的日益提高，设备提供商积极开展技术迭代，以最大限度地提升设备算力，增强设备的计算和传输能力。同时，为了最大限度地减少由数据传输和计算任务协同导致的设备性能损耗，设备提供商转变思路，积极研发具有确定传输、高效计算、数据安全等功能的一体化可编程设备，这种新型设备能够实现对计算、传输及存储资源的一体化管理和调度。

具有感知和计算能力的智能终端由于其数量巨大、移动性强、靠近用户等特点，成为未来网络分布式算力的重要来源。智能终端设备商关注不同场景下的边缘设备对传输和计算能力的需求，在智慧园区、车联网及智能家居场景中，为算网融合提供分布式算力。例如，华为、中兴和华三等公司目前都推出了集成传输、计算及存储等功能的边缘计算服务器和边缘计算节点设备，以满足人工智能训练、人脸识别、虚拟现实等技术对于网络时延和高效算力的需求。

12.1.3　算力供给侧关注新联接，算力服务弹性高效

根据提供算力服务的类型，算力供给侧可细分为通用算力服务商、智能算力服务商及高性能计算服务商。算力供给侧为算网融合提供了大量异构算力资源。聚焦于算网融合分布式架构，各算力供给侧之间形成了多层互联，从而充分释放算力潜力。

算力供给侧建设各类机房及数据中心，拥有大量的计算设备，从而形成了算

力输出的关键物理支撑点。但是面对我国算力分布不均匀、算力资源割裂的问题，算力供给侧推进算网融合的重点就在于构建新型网络架构和提升网络连接能力。通过自建网络或者与运营商合作的方式，算力供给侧可以提高自身算力利用率。其中，"分布式云""超算互联网"及"多云互联"等新型网络架构成为算力供给侧新的关注点。"云-边-端"架构要求算力服务商在云、边、端3个层面，聚焦每层架构的算力需求及应用特点，最终以协同的方式，将计算任务逐层分解，为用户提供低时延、高效率、异构的算力服务。例如，国家超级计算济南中心提出建设智算中心，面向黄河流域提供超算应用服务；搭建"山河超级计算平台"，旨在打造"中国算谷"。

12.1.4 安全服务商把握新机遇，安全理念全面升级

网络安全是算网融合技术体系和网络架构中的重要组成部分，算网融合秉持内生安全理念，从算网基础设施到算网应用等多个维度来保障网络和服务的安全性。因此，在算网产业生态中，安全厂商广泛分布于从算力生产到算网服务的各个层次，主要包括转型的传统安全设备生产商、算网安全服务提供商及采用新安全技术的解决方案提供商。

算网安全服务提供商大多秉持安全内生理念，在算网基础设施、算网平台、算网应用等多个层面提供丰富多样的安全产品和解决方案。同时，针对垂直行业用户的安全需求，提供具有行业特点的算网安全服务，从而形成体系化的算网安全产品矩阵。

以深信服科技发布的零信任访问控制系统"aTrust"为例，它以身份访问控制技术为基石，提供网络隐身、动态自适应认证、终端动态环境检测、全周期业务准入、智能权限基线、动态访问控制、多源信任评估等核心能力，这些核心能力共同为算网融合环境下的网络安全提供了有力保障。

12.2 标准现状

从 2019 年开始，国际和国内主要标准组织纷纷开展了算网融合及其相关领

域的标准研究，并取得了丰硕的成果。其中，国际相关标准组织包括国际电信联盟（ITU）、国际互联网工程任务组（IETF）等，国内标准组织包括中国通信标准化协会（CCSA）、中国通信学会等，标准内容涵盖系统架构、功能要求、技术要求及应用场景等。

ITU 从 2019 年至今已经立项及发布 10 余项算力网络相关标准，主要分布在工作组 SG11（负责信令要求、协议和测试规范）和 SG13（负责未来网络和新兴网络技术），内容涉及顶层架构、功能要求、工作流程等，有代表性的包括 Y.2501《算力网络框架与架构》、Q.4140《算力网络服务部署信令要求》。

IETF 虽然目前还未发布算力网络相关标准，但有多项在研标准已取得阶段性成果，主要工作组包括路由领域（RTG）工作组和算力感知网络（CAN）工作组，内容涉及资源调度、路由通知等，有代表性的包括 RTG 工作组在研的计算集群网络路由技术标准和 CAN 工作组在研的算力路由技术标准。

CCSA 从 2021 年开始算力网络的标准制定工作，目前已经立项及发布 40 余项标准，主要技术工作委员会包括 TC1（互联网与应用）、TC3（网络与业务能力）和 TC7（网络管理与运营支撑），内容涉及算力网络整体架构、关键部件技术要求、运营管理架构、协议接口要求等，有代表性的包括 YD/T 4255—2023《算力网络总体技术要求》、YD/T 6044—2024《算力网络 算力度量与算力建模技术要求》、YD/T 6047—2024《算力网络运营管理 总体技术要求》、YD/T 6251—2024《算力网络 算力路由协议技术要求 BGP 协议扩展》。

作为全球领先的通信和信息技术服务提供商，中国移动持续推进算力网络标准体系建设，并协同开源生态构建，引领全球产业界形成合力。

在国际标准方面，中国移动在 ITU 牵头建立算力网络国际标准体系，成功确立统一术语"算网融合"（CNC），覆盖 IMT-2030 及未来网络、下一代网络、新型计算等技术领域，涉及需求、架构、服务保障、信令协议、管理编排等内容。同时，中国移动联合多家单位在 IETF 成立网内计算研究组，主要面向数据中心内部，研究网络设备集成计算能力的需求和应用场景，并扩展至在网计算等领域。2022 年 3 月，中国移动在 IETF 第 113 次会议中牵头发起 CAN 的小型讨论会，推动算力感知和算力路由在需求、场景等方面达成共识。

在国内标准方面，中国移动在 CCSA 的 TC1、TC3、TC7 分别牵头多项行业

标准，已初步完成算力网络应用、算力网络技术、算力网络运营管理三大技术标准体系的构建；在 IMT-2030（6G）推进组已正式启动 6G 网络中的算网一体需求和关键技术研究；在工业互联网产业联盟（AII）和开放数据中心委员会（ODCC）已完成算力网络相关项目立项，涵盖面向工业互联网的算力网络技术、可编程算力路由网关等方向。

在开源方面，中国移动在 Linux 基金会、OpenInfra 基金会等多个开源社区致力于推动算力网络开源社区与标准的协同，并推动开源社区关注算力网络演进过程中对技术创新的新需求。2020 年，中国移动牵头在 Linux 基金会成立首个电信云原生项目 XGVela，推动移动网络云原生化发展。2021 年 4 月，中国移动正式发布全球首个 SRv6 系统开源项目 G-SRv6，加快 SRv6 商用进程。2022 年 7 月，中国移动联合华为、中兴、英特尔等 19 家企业在开源基础设施基金会（OIF）成立算力网络开源工作组，推动算力网络关键技术开源参考实现。同时，中国移动积极参与云化、虚拟化技术研究，参与贡献 Kubernetes、KubeEdge 等多个项目，目前已经成为 OpenInfra 基金会 OpenStack 项目在国内最大的生产环境使用者，还在社区积极分享落地实施过程中自动化集成运维的经验。在边缘计算领域，中国移动与合作伙伴共同发起 EdgeGallery 边缘计算开源项目，并且在 Linux 基金会边缘计算开源项目 Akraino Edge Stack Release 3 阶段牵头多个端到端集成的蓝图项目，持续推动跨物联网、电信、企业和云生态系统的跨行业合作。

12.3　挑战与未来发展

12.3.1　挑战

算力网络是网络强国、数字中国、智慧社会等国家战略的重要组成部分，是"东数西算"工程部署的重要支撑。算力网络是信息科技创新的新方向，有望推动大量融合技术和原创技术的突破。算力网络是行业发展的新引擎，可以极大地拓宽行业应用领域、提升行业价值，促进产业高速发展。行业内部希望推动算力网络发展，使其成为继水网、电网之后的国家新型基础设施，提供"一点接入、即取即用"的社会级服务，最终实现"网络无所不达、算力无所不在、智能无所不及"的发展愿景。

算力网络并非仅是算力和网络技术的简单叠加，而是深度融合计算、网络、存储及平台技术，同时它是一个涵盖标准规范、业务场景、商业模式、合作生态等多层面的综合性、系统性的工程，需长期发展演进及产业生态协同。要实现算力网络的愿景和目标，目前还面临以下 3 方面的挑战。

1. 技术挑战：跨领域架构融通和算网一体化技术尚需突破

算力网络涉及多个技术领域，当前算力和网络各自的技术体系、架构设计和发展路径存在差异，编排调度机制、运营优化体系相对独立，算力网络统一架构、技术标准和开源生态等还不完善。近中期首先需要解决技术架构的融合问题，实现算网的统一度量、智能化调度和组合服务；面向远期，为了实现算网一体化服务，算力网络衍生出一系列前沿技术，如算力原生、算力路由、在网计算等。大部分交叉领域的理论研究和技术攻关等工作仍处于起步阶段，攻克这些核心技术还面临一些挑战和困难。

2. 产业挑战：产业对算力网络理解尚需要加强碰撞，需要凝聚产业共识

当前产业对算力网络的概念还存在不同理解，部分观点认为算力网络仅是云网融合架构下的一种技术形态，或者是 6G 技术体系中的一部分；还有部分观点认为算力网络主要是对 IDC、云计算、大数据等方面进行的布局规划，强调构建对算力进行有效连接和调配的网络。中国移动提出的算力网络是一种深度融合的新型信息基础设施，涵盖丰富技术和创新服务。算力网络是对传统行业的一次全方位"技术改造"，并面临着多样性芯片供应链的鲁棒性和安全性风险以及软硬件产业链和 DOICT 数据技术、信息技术、通信技术、运营技术等跨界融通挑战。因此，算力网络的推进需要开放思想，加强国家政策引导，凝聚产学研各界力量，加速达成对算力网络概念的共识，促进产业成熟。

3. 生态挑战：算网创新服务涉及跨产业链的生态繁荣，行业应用尚待激发培育

算力网络给产业现有服务和商业模式带来了全新挑战，需要对产业价值链的各个环节进行重构升级。在当前行业数字化发展阶段，企业应用上云模式已相对成熟，企业和用户对算网一体化的极致化体验需求也正在逐步释放，而新的服务

业态还需要应用创新来激发。为盘活社会算力，基于共享经济模式的算力生态需要进一步激发多角色参与的市场活力，实现跨服务主体的统一运营，最终促进以算力为中心的应用大规模落地。

12.3.2 未来发展

未来，算力网络产业链需要围绕技术、产业、生态这 3 个方面开展工作，产业链上的各方共同构建算力网络技术体系，共同推动算力网络产业成熟和生态繁荣。

1. 共同构建算力网络技术体系

构建算力网络技术体系，强化顶层设计，整合多方力量，共同攻关基础设施、编排管理、运营服务等领域所涉及的关键技术，完善技术体系。实现算力网络"三个统一"，即明确统一的技术路线，搭建统一的目标架构，制定统一的标准体系，支撑国家新型算力枢纽设施的建设和"东数西算"工程的实施，助力网络强国、数字中国、智慧社会发展战略的落地。

2. 共同推动算力网络产业成熟

协同攻关算力产业链共性难题，推动产业链上下游在产供销等环节的有效衔接，提升产业链韧性。加强新技术对产业的渗透程度，拓展新技术在产业中的应用广度，探索跨行业、跨产业的算力网络联合试验示范。强化产业链的"三个协同"，即协同提升产业链鲁棒性、协同深化产业链融合创新、协同推动产业链跨域融通，共促算力网络绿色、安全、健康发展。

3. 共同推动算力网络生态繁荣

实现跨运营主体的算力资源统一编排调用。算力供给侧通过整合内外部资源、盘活社会闲置算力，提升全产业的算力供给能力。算力消费侧需要推动算力网络服务在国家治理、社会民生、传统产业等多领域的升级改造，拓展国内外新消费市场，挖掘更多应用领域。构建算力网络的"三个多元"体系，即多元供给、多元服务、多元业态，带动行业进入供给和消费良性互促的产业生态，提升算力网络带来的产业和社会价值。

参 考 文 献

[1] 王晓云，段晓东，张昊，等. 算力时代：一场新的产业革命[M]. 北京：中信出版集团，2022.

[2] 国家信息中心信息化和产业发展部，浪潮信息. 智能计算中心规划建设指南[R]. 2020.

[3] 中国移动通信集团有限公司. 中国移动 NICC（新型智算中心）技术体系白皮书[R]. 2023.

[4] 华为技术有限公司. IP 网络系列丛书——SRv6[EB/OL]. 2023.

[5] 中国移动通信集团有限公司. 算力网络技术白皮书[R]. 2022.

[6] ITU-R. Framework and overall objectives of the future development of IMT for 2030 and beyond[R]. 2023.

[7] YUKUN S, BO L, JUNLIN L, et al. Computing Power Network: A Survey[J]. China Communications, 2024, 21(9): 109-145.

[8] CERF V, KAHN R. A Protocol for Packet Network Intercommunication[J]. ACM SIGCOMM Computer Communication Review, 2005, 35(2): 71-82.

[9] ZHU S, YU T, XU T, et al. Intelligent Computing: The Latest Advances, Challenges, and Future[J]. Intelligent Computing, 2023(2): 6.

[10] 郑纬民. "迈向教育科学研究新范式"线上论坛系列报告——人工智能算力基础设施的设计、评测与优化[R]. 2022.

[11] IDC，浪潮信息，清华大学全球产业研究院. 2021—2022 全球计算力指数评估报告[R]. 2022.

[12] 国家信息中心信息化和产业发展部，浪潮信息. 智能计算中心创新发展指南[R]. 2023.

[13] 中国信息通信研究院. 中国算力发展指数白皮书[R]. 2022.

[14] GHOLAMI A, YAO Z W, KIM S, et al. AI and Memory Wall[J]. IEEE Micro, 2024.

[15] 艾瑞咨询. 2021 年中国人工智能产业研究报告（IV）[R]. 2021.

[16] 量子计算赋能金融科技，图灵量子硬核发布两大应用模块[EB/OL]. 2022.

[17] 腾讯云，中国信息通信研究院云计算与大数据研究所. 分布式云发展白皮书（2022 年）[R]. 2022.

[18] ITU-T. Computing power network-Framework and architecture[S]. 2021.

[19] 3GPP. System Architecture for the 5G System (5GS) Stage 2[S]. 2018.

[20] 中国信息通信研究院产业与规划所，内蒙古和林格尔新区管理委员会. 中国绿色算力发展研究报告（2023 年）[R]. 2023.

[21] 李雨航，郭鹏程. 云安全的发展与未来趋势[J]. 中国信息安全，2022（5）：39-42.

[22] 周宇，郑良谦，黄蓉波. 云原生安全运营探索[J]. 保密科学技术，2022，142（07）：47-51.

[23] 腾讯安全，中国信息通信研究院. "云"原生安全白皮书[R]. 2020.

[24] 田江林. 云安全体系架构及关键技术[J]. 电子技术与软件工程，2021（01）：243-244.

[25] 梁雪梅. 算力网络的概念与体系架构探讨[J]. 通信与信息技术，2022（5）：32-35.

[26] 中国移动通信集团有限公司. 算力网络白皮书[R]. 2021.

[27] 中国移动通信集团有限公司. 算网大脑白皮书[R]. 2022.

[28] 中国信息通信研究院. 算网融合技术与产业研究报告（2022 年）[R]. 2022.

[29] 算网融合产业及标准推进委员会. 算网基础设施研究报告（2022 年）[R]. 2022.

[30] 中国联合网络通信有限公司研究院，中国联合网络通信有限公司广东省分公司，华为技术有限公司. 云网融合向算网一体技术演进白皮书[R]. 2021.

[31] 算网融合产业及标准推进委员会. 算网融合技术与产业白皮书（2022 年）[R]. 2022.

[32] 中国电信集团公司. 云网融合 2030 技术白皮书[R]. 2020.

[33] 中国信息通信研究院. 中国数字经济产业发展研究报告（2023 年）[R]. 2023.

[34] 工业和信息化部电子第五研究所. 中国数字经济发展指数报告（2023）[R]. 2023.

[35] 中国信息通信研究院. 中国算力发展指数白皮书（2023 年）[R]. 2023.

[36] 阿里云基础产品委员会. 云网络：数字经济的连接[M]. 北京：电子工业出版社，2021.

[37] 张逸然，耿慧拯，粟粟，等. 算力网络业务安全技术研究[J]. 移动通信，2022，46（11）：90-96.

[38] 中国信息通信研究院. 数据要素白皮书（2022 年）[R]. 2022.

[39] 中国信息通信研究院，华为技术有限公司，京东方科技集团股份有限公司. 虚拟（增强）现实白皮书 [R]. 2021.

[40] IDC，中国信息通信研究院.2022 年全球云游戏产业深度观察及趋势研判[R]. 2022.

[41] 中国信息通信研究院，国家广播电视总局广播电视科学研究院，中国新闻出版传媒集团有限公司，等. 云游戏产业发展白皮书——5G 助力云游戏产业快速发展（2019 年）[R]. 2019.

[42] 中大咨询研究院. "东数西算"工程正式启动，数据中心产业发展趋势全面解读[EB/OL]. 2022.

[43] "东数西算"工程全面启动[N]. 人民日报，2022.

[44] 通信产业网. 中兴通讯：算力网络为运营商实现"第二曲线"增长注入新动能[EB/OL]. 2022.

[45] 中国移动通信集团有限公司. 2023 算力并网白皮书[R]. 2023.

[46] 中国信息通信研究院. 中国综合算力评价白皮书（2023 年）[R]. 2023.

[47] IMT-2030（6G）推进组. 6G 网络架构愿景与关键技术展望白皮书[R]. 2021.

[48] VON NEUMANN J. First Draft of a Report on the EDVAC[R]. 1945.

[49] TURING A. On Computable Numbers, with an Application to the Entscheidungs problem[J]. London Mathematical Society, 1937(42): 230-265.

[50] MOORE G E. Cramming More Components Onto Integrated Circuits[J]. Electronics, 1965, 38(8): 114-117.

[51] 中国移动通信集团有限公司，中国信息通信研究院，深圳云豹智能有限公司. 云计算通用可编程 DPU 发展白皮书（2023 年）[R]. 2023.

[52] BOSSHART P, GIBB G, KIM H S, et al. Forwarding Metamorphosis: Fast Programmable Match-Action Processing in Hardware for SDN[C]. ACM SIGCOMM 2013.

255

[53] 中移智库，中国移动通信集团有限公司研究院. 在网计算（NACA）技术白皮书（2023 年）[R]. 2023.

[54] WILKES M V. The memory wall and the CMOS end-point[J]. ACM SIGARCH Computer Architecture News, 1995, 23(4): 4-6.

[55] JELOKA S, AKESH N B, S YLVESTER D, et al. A 28nm Configurable Memory (TCAM/BCAM/SRAM) Using Push-Rule 6T bit Cell Enabling Logic-in-Memory[J]. IEEE Journal of Solid-State Circuits, 2016, 51(4): 1009-1021.

[56] AMBROGIO S, NARAYANAN P, TSAI H, et al. Equivalent-accuracy accelerated neural- network training using analogue memory[J]. Nature, 2018, 558(7708).

[57] 刘韵洁. 面向工业制造的确定性网络技术发展研究[J]. 中国工程科学，2021(2).

[58] 雷波，陈运清. 边缘计算与算力网络[M]. 北京：电子工业出版社，2020.

[59] 中国移动通信集团有限公司. 中国移动 6G 网络架构技术白皮书 2022 版[R]. 2022.

[60] ZHU S M, LU J Y,LYU B, et al. Zoonet: A Proactive Telemetry System for Large-Scale Cloud Networks[D]. ACM CoNEXT 2022.

[61] PAN T, YU N, JIA C, et al. Sailfish: Accelerating Cloud-Scale Multi-Tenant Multi-Service Gateways with Programmable Switches[J]. Proceedings of the 2021 ACM SIGCOMM 2021 Conference, 2021.

[62] 刘俊，曾少华. 一种新的 SDN 架构下端到端网络主动测量机制[J]. 计算技术与自动化，2016.

[63] 黄晓鹏，黄传河，农黄武，等. SDN 中的端到端时延[J]. 计算机工程与科学，2016.

[64] 谢朝阳. 5G 边缘云计算：规划、实施、运维[M]. 北京：电子工业出版社，2021.

[65] 中国信息通信研究院云计算与大数据研究所. 算力电力协同发展研究报告（2025 年）[R]. 2025.

缩 略 语

术语	英文全称	中文解释
AI	Artificial Intelligence	人工智能
AR	Augmented Reality	增强现实
ARPANET	Advanced Research Project Agency Network	[美国国防部]高级研究计划局网络
ATM	Asynchronous Transfer Mode	异步传输模式
BFD	Bidirectional Forwarding Detection	双向转发检测
BGP	Border Gateway Protocol	边界网关协议
CAN	Computing Aware Networking	算力感知网络
CDMA	Code Division Multiple Access	码分多址
CEN	Cloud Enterprise Network	云企业网
CPE	Customer Premises Equipment	客户终端设备
CPU	Central Processing Unit	中央处理器
CV	Computer Vision	计算机视觉
DCI	Data Center Interconnect	数据中心互联
DNS	Domain Name System	域名系统
EIP	Elastic IP Address	弹性公网IP
FDD-LTE	Frequency Division Duplex-Long Term Evolution	频分双工长期演进
GA	Global Accelerator	全球加速
GLONASS	Global Orbiting Navigation Satellite System	全球轨道卫星导航系统
GNSS	Global Navigation Satellite System	全球导航卫星系统
GPT	Generative Pre-trained Transformer	生成式预训练转换器
GPU	Graphics Processing Unit	图形处理单元
GSM	Global System for Mobile Communications	全球移动通信系统
HIS	Hospital Information System	医院信息系统
HTTP	HyperText Transfer Protocol	超文本传送协议

术语	英文全称	中文解释
IaaS	Infrastructure as a Service	基础设施即服务
IB	InfiniBand	无限带宽
IDC	Internet Data Center	互联网数据中心
IGP	Interior Gateway Protocol	内部网关协议
IMT	International Mobile Telecommunications	国际移动电信
IP-RAN	IP-Radio Access Network	IP 无线接入网
KPI	Key Performance Index	关键绩效指标
LIS	Laboratory Information System	实验室信息系统
MQ	Message Queue	消息队列
MSTP	Multi-Service Transport Platform	多业务传送平台
NAT	Network Address Translation	网络地址转换
NLP	Natural Language Processing	自然语言处理
NWDAF	Network Data Analytics Function	网络数据分析功能
OTN	Optical Transport Network	光传送网
OXC	Optical Cross Connect	光交叉连接
PaaS	Platform as a Service	平台即服务
PACS	Picture Archiving and Communication System	医学影像存储与传输系统
PC	Personal Computer	个人计算机
PCIe	Peripheral Component Interconnect Express	高速串行计算机扩展总线标准
PDH	Plesiochronous Digital Hierarchy	准同步数字系列
PDM-QPSK	Polarization Division Multiplexed Quadrature Phase-Shift Keying	偏振复用-正交相移键控
PON	Passive Optical Network	无源光网络
PTN	Packet Transport Network	分组传送网
PUE	Power Usage Effectiveness	电源使用效率
QoS	Quality of Service	服务质量
QPSK	Quadrature Phase Shift Keying	正交相移键控
RDMA	Remote Direct Memory Access	远程直接存储器访问
RoCE	RDMA over Converged Ethernet	基于融合以太网的远程直接存储器访问
RSVP	Resource Reservation Protocol	资源预留协议

术语	英文全称	中文解释
SaaS	Software as a Service	软件即服务
SDH	Synchronous Digital Hierarchy	同步数字系列
SD-WAN	Software-Defined Wide Area Network	软件定义广域网
SLB	Server Load Balancer	负载均衡
SPN	Slicing Packet Network	切片分组网
SR MPLS	Segment Routing Multi-Protocol Label Switching	基于多协议标签交换的段路由
SRH	Segment Routing Header	段路由报文头
SRv6	Segment Routing IPv6	基于 IPv6 的段路由
TCP/IP	Transmission Control Protocol/Internet Protocol	传输控制协议/网际协议
TD-LTE	TD-SCDMA Long Term Evolution	TD-SCDMA 长期演进
TD-SCDMA	Time Division-Synchronous Code Division Multiple Access	时分同步码分多址
UPF	User Plane Function	用户面功能
VPC	Virtual Private Cloud	虚拟私有云
VR	Virtual Reality	虚拟现实
WDM	Wavelength Division Multiplexing	波分复用
WDM-OTN	Wavelength Division Multiplexing-Optical Transport Network	波分复用光传送网
XR	Extended Reality	扩展现实